U0231488

"十三五"国家重点出版物
出版规划项目

"中国制造2025"
出版工程

数据驱动的
半导体制造系统调度

李莉 于青云 马玉敏 乔非 著

化学工业出版社

·北 京·

内 容 简 介

    本书对复杂的半导体制造系统智能调度问题从理论到方法再到应用，进行了系统论述。主要内容包括数据驱动的半导体制造系统调度框架、半导体制造系统数据预处理的方法、半导体生产线性能指标相关性分析、智能化投料控制策略、一种模拟信息素机制的动态派工规则、基于负载均衡的半导体生产线的动态调度和性能指标驱动的半导体生产线动态调度方法、大数据环境下的半导体制造系统调度发展趋势。

    本书面向从事半导体制造系统计划、调度和优化等相关领域研究工作的科研人员，自动控制、工业工程等专业院校研究生的教师，制造管理及微电子制造行业生产管理或工程技术人员等，力求在半导体制造系统及其智能调度的理论方法、技术及应用案例等方面为读者提供有价值的参考和辅助。

图书在版编目（CIP）数据

数据驱动的半导体制造系统调度/李莉等著. —北京：化学工业
出版社，2020.9
  "中国制造 2025"出版工程
  ISBN 978-7-122-37328-1

  Ⅰ.①数…　Ⅱ.①李…　Ⅲ.①数据处理-应用-半导体工艺-调
度程序　Ⅳ.①TN305

中国版本图书馆 CIP 数据核字（2020）第 116160 号

责任编辑：宋　辉	文字编辑：徐卿华
责任校对：宋　玮	装帧设计：刘丽华

出版发行：化学工业出版社（北京市东城区青年湖南街 13 号　邮政编码 100011）
印　　装：三河市延风印装有限公司
710mm×1000mm　1/16　印张 16　字数 293 千字　2020 年 12 月北京第 1 版第 1 次印刷

购书咨询：010-64518888　　　　　　　售后服务：010-64518899
网　　址：http://www.cip.com.cn

定　　价：68.00 元　　　　　　　　　　　　　　版权所有　违者必究

序

　　制造业是国民经济的主体，是立国之本、兴国之器、强国之基。近十年来，我国制造业持续快速发展，综合实力不断增强，国际地位得到大幅提升，已成为世界制造业规模最大的国家。但我国仍处于工业化进程中，大而不强的问题突出，与先进国家相比还有较大差距。为解决制造业大而不强、自主创新能力弱、关键核心技术与高端装备对外依存度高等制约我国发展的问题，国务院于 2015 年 5 月 8 日发布了"中国制造 2025"国家规划。随后，工信部发布了"中国制造 2025"规划，提出了我国制造业"三步走"的强国发展战略及 2025 年的奋斗目标、指导方针和战略路线，制定了九大战略任务、十大重点发展领域。2016 年 8 月 19 日，工信部、发展改革委、科技部、财政部四部委联合发布了"中国制造 2025"制造业创新中心、工业强基、绿色制造、智能制造和高端装备创新五大工程实施指南。

　　为了响应党中央、国务院做出的建设制造强国的重大战略部署，各地政府、企业、科研部门都在进行积极的探索和部署。加快推动新一代信息技术与制造技术融合发展，推动我国制造模式从"中国制造"向"中国智造"转变，加快实现我国制造业由大变强，正成为我们新的历史使命。当前，信息革命进程持续快速演进，物联网、云计算、大数据、人工智能等技术广泛渗透于经济社会各个领域，信息经济繁荣程度成为国家实力的重要标志。增材制造（3D 打印）、机器人与智能制造、控制和信息技术、人工智能等领域技术不断取得重大突破，推动传统工业体系分化变革，并将重塑制造业国际分工格局。制造技术与互联网等信息技术融合发展，成为新一轮科技革命和产业变革的重大趋势和主要特征。在这种中国制造业大发展、大变革背景之下，化学工业出版社主动顺应技术和产业发展趋势，组织出版《"中国制造 2025"出版工程》丛书可谓勇于引领、恰逢其时。

　　《"中国制造 2025"出版工程》丛书是紧紧围绕国务院发布的实施制造强国战略的第一个十年的行动纲领——"中国制造 2025"的一套高水平、原创性强的学术专著。丛书立足智能制造及装备、控制及信息技术两大领域，涵盖了物联网、大数据、3D 打印、机器人、智能装备、工业网络安全、知识自动化、人工智能等一系列的核心技术。丛书的选题策划紧密结合"中国制造 2025"规划及 11 个配套实施指南、行动计划或专项规划，每个分册针对各个领域的一些核心技术组织内容，集中体现了国内制造业领域的技术发展成果，旨在加强先进技术的研发、推广和应用，为"中国制造 2025"行动纲领的落地生根提供了有针对性的方向引导和系统性的技术参考。

这套书集中体现以下几大特点：

首先，丛书内容都力求原创，以网络化、智能化技术为核心，汇集了许多前沿科技，反映了国内外最新的一些技术成果，尤其国内的相关原创性科技成果得到了体现。这些图书中，包含了获得国家与省部级诸多科技奖励的许多新技术，图书的出版对新技术的推广应用很有帮助！这些内容不仅为技术人员解决实际问题，也为研究提供新方向、拓展新思路。

其次，丛书各分册在介绍相应专业领域的新技术、新理论和新方法的同时，优先介绍有应用前景的新技术及其推广应用的范例，以促进优秀科研成果向产业的转化。

丛书由我国控制工程专家孙优贤院士牵头并担任编委会主任，吴澄、王天然、郑南宁等多位院士参与策划组织工作，众多长江学者、杰青、优青等中青年学者参与具体的编写工作，具有较高的学术水平与编写质量。

相信本套丛书的出版对推动"中国制造 2025"国家重要战略规划的实施具有积极的意义，可以有效促进我国智能制造技术的研发和创新，推动装备制造业的技术转型和升级，提高产品的设计能力和技术水平，从而多角度地提升中国制造业的核心竞争力。

中国工程院院士　潘云鹤

前言

    调度问题普遍存在于工业工程中，其本质是通过对有限资源的合理配置，寻求系统目标的最大化。资源(包括物质资源和时间资源)的限制与目标(如产量、效率、速度等)的追求之间存在着广泛而多样的客观的矛盾，因此调度问题一直是学术界与工程技术界的研究热点之一。

    虽说调度问题的实际表象有多种，如生产系统调度、交通运输调度、人员时间调度、项目进度调度等，但制造系统的调度毫无疑问是众多调度问题中受关注最多、研究时间最长的一类。制造系统调度是企业生产活动组织和管理的中心问题，是提高企业综合效益的有效途径。它对提高企业生产管理水平、节省成本、改进服务质量、提高企业竞争力、加速收回投资以及获得更高的经济效益有着十分重要的意义。借助于先进的生产计划与调度方法，可以在不增加或少增加投入的基础上为企业赢得更大的产出与利润，获得更大的投资回报率。

    自1954年约翰森发表了第一篇关于生产调度的经典论文[1]以来，制造系统的调度问题走过了单机调度、多机调度、流水车间(flow-shop)调度、作业车间(job-shop)调度、柔性制造系统(FMS, Flexible Manufacturing System)调度等由简单到复杂的发展过程。其间，大量相关研究工作及成果的积累也进一步奠定了制造系统调度在调度研究领域中举足轻重的地位。如果说调度领域内许多早期的工作是在制造业的推动下发展起来的，那么不断产生于制造业的实际问题还在提出新的挑战。根据劳勒等[2]的观点，随着经典调度问题的四个基本假设(即单件加工方式、确定性、可

---

[1]   Johnson S M. Optimal two-and three-stage production schedules with setip times included. Naval Research Logistics, 1954, 11: 61-68.

[2]   Lawler E L, Lenstra J K, Rinnooy Kan A H G, et al. Sequencing and scheduling: Algorithms and complexity, in: Graves S C, et al. Handbooks in OR & MS, Volume 4. Amsterdam: Elsevier Science Publishers B V, 1993.

运算性和单目标性)不断被突破，关于调度的研究重心已逐渐由经典调度问题移向新型调度问题。本书重点讨论的半导体制造系统调度就属于这一类新型调度问题。

20世纪80年代末90年代初，美国的库玛教授[1]针对半导体、胶卷等行业的生产特点，提出了类多重入复杂制造系统的概念，并将其列为有别于flow-shop和job-shop的第三类生产制造系统。半导体制造系统作为类多重入复杂制造系统的典型代表，其调度问题具有大规模、不确定、多目标等综合复杂性，集中体现了新型调度问题的多项特征。关于半导体制造系统调度方面的研究在理论上具有极强的挑战性，而且也具有十分显著的应用意义。自我国"十五"计划开始，半导体制造业作为整个集成电路产业的基础，一直是国家大力推进的行业之一，因而急需有相应的理论、方法和应用研究对其发展提供支持和指导。而目前的实际情况是：一方面，国内外的相关研究存在着比较大的差距；另一方面，国外先进的理论方法不一定适合我国半导体制造企业的实际需求，关注的重点问题也可能不一致。

关于半导体制造系统过程调度问题，笔者早在十几年前就有所关注，基于已有的对柔性制造系统、离散事件动态系统和Petri网等方面的研究基础，已经对这一领域的问题与现状进行跟踪了解和展开初步研究。直到最近几年，随着笔者及研究团队科研工作的逐步深入，先后得到了国家重点基础研究发展计划(973计划)、国家自然科学基金和企业级合作等多项科研项目的资助，针对复杂制造过程优化调度问题的研究

---

[1] 库玛(P. R. Kumar)教授1952年生于印度。1973年获得印度马德拉斯技术研究所电子工程学士学位，分别于1975年和1977年获得华盛顿大学系统科学与数学硕士和博士学位。IEEE高级会员，Illinois大学电子与计算机工程系教授，其论文《Re-entrant Lines, Queueing Systems: Theory and Applications》(Special Issue on Queueing Networks, 1993, 13(1-3): 87-110)是半导体制造调度的经典论文。

进一步得以系统性展开。对该领域的理论、方法有了充分的调研和认识，而且积累了一定的研究成果，并与著名的半导体制造企业合作，在相关研究成果的应用实施方面进行了有益的探索尝试。本书就是在这些工作和成果的基础上撰写而成的，把近 20 年来国内外的相关研究成果和作者多年的经验积累相结合，尝试对复杂半导体制造系统智能调度问题从理论到方法再到应用进行系统化论述。全书共分为 8 章。

第 1 章对半导体制造系统调度问题进行了概述，主要介绍了半导体制造流程、半导体制造系统调度及其发展趋势。第 2 章介绍了数据驱动的半导体制造系统调度框架，实现了一种基于数据的复杂制造系统调度体系结构。第 3 章围绕半导体制造系统数据预处理进行展开，介绍了几种数据预处理方法：数据规范化、数据缺失值填补、基于数据聚类分析的异常值探测、基于变量聚类的冗余变量检测。第 4 章从长期性能指标和短期性能指标的角度，对半导体生产线性能指标相关性分析进行了介绍。第 5 章介绍了智能化投料控制策略，着重论述了基于极限学习机的投料控制策略。第 6 章以某实际生产线为背景，提出了一种基于模拟信息素机制的动态派工规则，并采用数据挖掘的方法对动态派工规则进行参数优化。第 7 章介绍了两种不同的闭环调度方法：基于负载均衡的半导体生产动态调度方法和性能驱动的半导体生产线动态调度方法。第 8 章主要介绍了大数据环境下的半导体制造系统调度发展趋势。以工业 4.0 为开端，接着介绍了工业大数据及其发展的三个阶段及大数据环境下半导体制造调度发展趋势，最后以应用实例说明了大数据环境下半导体制造调度问题。

本书面向从事半导体制造系统计划、调度和优化等相关领域研究工作的科研人员，自动控制、工业工程等专业院校研究生和教师，制造管理及微电子制造行业生产管理或工程技术人员等，力求在半导体制造系统及其智能调度的理论方法、技术及应用案例等方面为读者提供有价值的参考和辅助。

与本书相关的研究工作得到了国家自然科学基金重点项目(61034004)、国家自然科学基金面上项目(51475334、61273046)、国家自然科学基金青年科学基金项目(50905129)以及同济大学青年英才计划项目(0800219252)的资助。在本书的编写过程中，崔美姬、汤珺雅、赵晓晓、汪咏等研究生参与了部分工作，在此向他们表示感谢。

半导体制造系统智能调度是具有 NP 特征且具有高度复杂和挑战性的课题，相关的研究还在不断发展和完善之中，本书仅为笔者近年来学习和研究的一个阶段性总结，其中难免会有不足之处，敬请读者批评指正。

著　者

说明：为了便于读者学习，书中部分图片提供彩色电子版（提供电子版的图上有"电子版"字样），读者扫描下方二维码可以下载。

目录

119　第5章　数据驱动的半导体制造系统投料控制

第1章

半导体制造
系统调度

半导体是许多工业整机设备的核心，普遍应用于计算机、消费电子、网络通信、汽车、工业、医疗、军事以及政府等核心领域。随着"智能化"概念的深入人心，芯片产业的重要性日趋显著。为摆脱"缺芯之痛"，我国已从政策和资金两方面出发，大力支持国内半导体产业，争取实现自主替代。本章主要介绍半导体制造系统调度及其发展趋势，其中包括调度流程、调度特点、调度类型与调度方法、评价指标以及调度问题的研究现状。

1.1 半导体制造流程

半导体产业作为电子元器件产业中最重要的组成部分，主要由四个部分组成：集成电路（约占 81%）、光电器件（约占 10%）、分立器件（约占 6%）和传感器（约占 3%）。考虑到集成电路在半导体产业中所占的比重，通常将半导体和集成电路等价。集成电路按照产品种类主要分为四大类：逻辑器件（约占 27%）、存储器（约占 23%）、微处理器（约占 18%）、模拟器件（约占 13%）。半导体产业是以需求推进市场的，在过去四十年中，推动半导体产业增长的驱动力已由传统的 PC 及相关产业转向移动产品市场（包括智能手机及平板电脑等），未来则可能向可穿戴设备和 VR/AR 设备转移。2000～2015 年，中国半导体市场年均增速领跑全球，高达 21.4%（全球半导体年均增速为 3.6%，其中亚太约 13%，美国将近 5%，欧洲和日本都较低）；就全球市场份额而言，中国半导体市场份额从 5% 提升到 50%，成为全球半导体产业核心市场[1-3]。

2015 年集成电路三大领域均呈增长态势。设计业增速最快，销售额为 215.7 亿美元，同比增长 26.55%；芯片制造业销售额为 146.7 亿美元，同比增长 26.54%；封装测试销售额为 225.2 亿美元，同比增长 10.19%。从产业链比重来看，我国设计业占比增长最快，封装测试比重有所下滑，制造占比保持稳定。受益于政策扶持和国内经济的发展，集成电路三大结构逐步趋于优化：2015 年我国集成电路的设计占比达 36.70%、制造占比为 24.95%、封装测试占比为 38.34%；芯片销售额为 900.8 亿元，增速达 26.5%，比 2014 年的增速高出了 8 个百分点[4-7]。

集成电路产业链可以大致分为电路设计、芯片制造和封装测试三大领域。集成电路生产流程以电路设计为主导，需要多种高精设备和高纯度材料，其大致流程为：设计公司提供集成电路设计方案、芯片制造厂生产晶圆、封装厂进行集成电路封装和测试、向电子产品企业进行销售[8]。

　　半导体制造流程可以简单划分为晶圆制造和集成电路制造。其中，晶圆制造大致包含了普通硅砂（石英砂）→纯化→分子拉晶→晶柱（圆柱形晶体）→晶圆（把晶柱切割成圆形薄片）几个步骤[9]。其中，分子拉晶是指：将所获得的高纯多晶硅熔化，形成液态硅，以单晶的硅种和液体表面接触，一边旋转一边缓慢地向上拉起。最后，待离开液面的硅原子凝固后，排列整齐的单晶硅柱便完成了，其硅纯度高达99.999999%。切割晶圆是指：从单晶硅棒上切割一片确定规格的硅晶片，这些硅晶片将经过洗涤、抛光、清洁、人眼检测和机器检测，最后通过激光扫描检查表面缺陷及杂质，合格的晶圆片将交付给芯片生产厂商[10]。

　　集成电路制造工艺是本书的重点关注对象，它由多种单项工艺组合而成，主要包含三个步骤：薄膜制备工艺、图形转移工艺和掺杂工艺。其具体制造流程如图1-1所示。

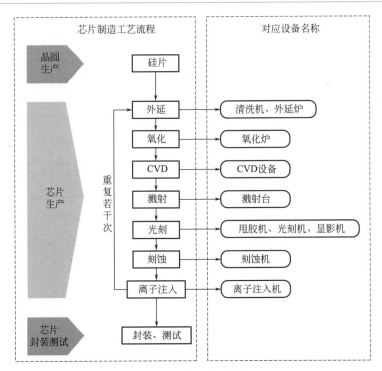

图1-1　集成电路制造流程

（1）薄膜制备工艺

薄膜制备即在晶圆片的表面上生长出数层材质不同、厚度不同的薄膜，其工艺主要有氧化、化学气相沉积（CVD）和物理气象沉积（PVD）三种方法[11]。

① 氧化：晶圆片与含氧物质（氧气或者水汽等氧化剂）在高温下进行反应，从而生成二氧化硅薄膜。

② CVD：把一种或几种含有构成薄膜元素的化合物或单质气体通入放有基材的反应室，借助空间气相化学反应，在基体表面沉积固态薄膜。

③ PVD：采用物理方法将材料源电离成离子，并通过低压气体或等离子体的作用，在基体表面沉积具有某种特殊功能的薄膜。

（2）图形转移工艺

集成电路（Integrated Circuit，IC）制造工艺中的氧化、沉积扩散、离子注入等流程对晶圆片没有选择性，都是对整个硅晶圆片进行处理，不涉及任何图形。IC制造的核心是通过图形转移工艺（主要是光刻工艺）将所设计图形转移到硅晶圆片上。作为半导体最重要的工艺步骤之一，光刻工艺是将掩模板上的图形复制到硅片上，光刻的成本约为整个硅片制造工艺成本的 1/3，所需时间约占整个硅片制造工艺的 40%～60%，其工艺步骤如下：

① 在硅晶圆片上涂上光刻胶，盖上预先制作好的有一定图形的光刻掩模板；

② 对涂有光刻胶的晶圆片进行曝光（光刻胶感光后其特性将会发生改变，正胶的感光部分变得容易溶解，而负胶则相反）；

③ 对晶圆片进行显影（正胶经过显影后被溶解，只留下未受光照部分的图形；负胶相反，受到光照的部分不容易溶解）；

④ 对晶圆片进行刻蚀，将没有被光刻胶覆盖的部分去除，进而将光刻胶上的图形转移到其下层材料；

⑤ 用去胶法把涂在晶圆片上的感光胶去掉。

（3）掺杂工艺

掺杂工艺是将可控数量的杂质掺入晶圆的特定区域中，从而改变半导体的电学性能。扩散和离子注入是半导体掺杂的两种主要工艺[12]。

① 扩散：原子、分子或离子在高温驱动下（900～1200℃）由高浓度区向低浓度区运动的过程。杂质的浓度从表面到体内呈单调下降且杂质分布由温度和扩散时间来决定。

② 离子注入：在真空系统中，通过电场对离子进行加速，并利用磁

场使其改变运动方向，从而使离子以一定的能量注入晶圆片，在固定区域形成具有特殊性质的注入层，达到掺杂的目的。

与其他制造系统相比，半导体制造系统具有以下三个明显特征。

（1）工艺流程复杂

生产工艺流程是指在生产过程中，劳动者利用生产工具将各种原材料、半成品通过一定的设备、按照一定的顺序连续进行加工，最终使之成为成品的方法与过程，也就是产品从原材料到成品的制作过程中所有要素的组合。硅片在生产线上的平均加工周期比较长，一般为 1 个月左右。硅片的工艺流程会因产品的不同而有所差异，短的加工流程包含几十步，长的则达数百步，这也导致了硅片加工周期的分散性。典型的工艺流程一般有 250～600 步，使用的设备达 60～80 种。此外，生产线上可能会存在不同的订单和产品种类。生产线上生产的产品多达几十种，且工艺流程存在大量重入现象，这会导致在制品对线上设备使用权的竞争很激烈[13]。

（2）多重入加工流程

在半导体制造业，重入是系统的本质，不同加工阶段的同类工件可能在同一设备前同时等待加工，工件在加工过程中的不同阶段可能重复访问某些设备。这主要有两个原因：一是半导体元件是层次化的结构，每一层都是以相同的方式生产，只是加入的材料不同或精度有所差异；二是半导体加工设备昂贵，需要对其进行最大化利用，造成多重入加工流程的出现。总之，重入现象使得每台设备需加工的工件数大大增加，再加上产品种类、数量及其组合，以及各产品工艺流程的复杂程度不同，使得半导体生产线的调度与控制问题变得极为复杂[14]。

（3）混合加工方式

由于半导体生产线设备类型各异，加工方式也呈现多样化。按照设备的加工方式主要分为单片加工、串行批量加工、单卡并行批量加工和多卡并行批量加工。混合加工方式的存在，进一步增大了半导体生产线调度的复杂性。目前大量的研究都是基于简化的加工方式（单卡加工和批加工）进行的。

1.2　半导体制造系统调度

生产调度作为提高企业经济效益和市场竞争力的有效途径之一，也是工业工程、管理工程、自动化等领域的研究热点。一般而言，生产调度就是针对某项可分解的生产任务，在满足工艺和资源约束的前提下，通过确定工件加工顺序和调度资源的分配，以获得生产任务执行效率或成本的优化。作为一项具有较长历史的研究命题，生产调度的需求包括：满足约束、优化性能和实用高效。其基本任务可以概括为建模和优化，即对调度问题的认识和求解。自 20 世纪 50 年代以来，国内外学者围绕这两项基本任务开展了相关的研究探索。一些先进的调度建模技术和优化方法已经付诸实践并取得成功应用[15]。

1.2.1 调度特点

半导体制造系统与传统的作业车间（job-shop）及流水车间（flow-shop）的生产模式不同。无论是作业车间还是流水车间，工艺流程上的不同工序需要在不同的设备上完成。而半导体制造系统的一个显著特点是，工件的不同工序可能重复访问同一设备，从而造成大量的重入加工流程。Kumar 于 20 世纪 90 年代将半导体制造系统定义为继作业车间和流水车间之后发展起来的第三类生产系统——重入式生产系统。随着集成电路性能的复杂化以及元件尺寸的小型化，半导体制造工艺变得更加复杂和精细[16]。因此，半导体制造被公认是当前最复杂的制造系统之一，其调度问题也得到了学术界与工业界的普遍关注，成为当今控制及工业工程领域的研究热点。

从研究调度问题的角度出发，制造系统主要有两种模式：job-shop 和 flow-shop。半导体生产线因其明显的重入特征而与上述两种典型模式有较大的区别，其调度问题不仅具有一般调度问题所具有的特点，而且还具有下述明显的特殊复杂性。

（1）非零初始状态

前已述及，半导体硅片的平均加工周期较长，一般为几十天。在这段时间内，每天都会有新的硅片不断投入生产线进行加工，而不是等生产线上所有硅片加工完毕后再投入新硅片。因此，初始对半导体生产线进行调度时，生产线上已经有大量硅片在加工，或处于待加工状态，或处于正在加工状态。这种不为零的初始状态是半导体制造系统调度问题所具有的重要特点之一。

（2）大规模

半导体生产线由上百台设备组成，每种产品的工艺流程包括几百道加工工序，而生产线上同时流动的产品种类也可能多达上百种。这使得半导体生产线的调度问题比典型调度问题的规模要大得多，从而使得问题的复杂性及求解难度大幅增长。在生产过程中，车间中的工件、设备、操作人员、物流传送系统以及缓冲区之间是相互影响相互制约的[17]。因此，不仅要考虑每个工件的装载和加工时间、设备数量、系统缓冲能力和工件加工顺序等资源因素，还要考虑人员的操作熟练程度等不确定因素，甚至要考虑各类动态事件对调度的影响。因此，车间作业的调度问题实际上是一个拥有诸多约束条件的组合优化问题。随着调度规模的增大，求得可行解所需的计算量呈指数增长，得到最优解或者近优解的可能性越来越小。

（3）不确定性

半导体生产线调度问题的不确定性主要表现在以下三个方面。

① 任务总数不确定：在实际的半导体生产线上，每天都在不断投入新的硅片进行加工，但只能知道一段时间（如一日或三日）内新投入的硅片数，而总的硅片数是不确定的。

② 不确定性事件：半导体制造系统中存在的大量不确定性事件通常会引起生产线状态的改变，因此，有必要考虑这些不确定事件对半导体制造系统调度问题的影响。

③ 工序加工时间不确定：一方面，同一道工序在不同的设备上进行加工所需的加工时间可能不同，而且随着某些零件的老化，同一工序在相同设备上的加工时间也会产生较大的变化；另一方面，某些工序在正式加工前需要进行试片（即试加工），试片时间会因试片数量的变化而变化，造成一卡硅片在本工序的加工时间不确定[18]。

（4）调度方案有效期短

调度方案的制定除了需要知道生产线上当前在制品的情况，还要有详细确定的投料计划（确定的产品种类及数量）。虽然每天都有一定数量的新硅片投入生产线进行加工，但一般情况下只能确定较短时间（如一日或三日）内的投料计划。因此，相对于半导体产品平均十几天至几十天的生产周期而言，实际半导体生产线调度方案的有效期一般较短。再加上大量不确定事件的发生，调度方案的有效期很难超过一日。

（5）局部优化问题

在车间生产中，会有诸多不同的生产任务，这些生产任务可能对调度目标有不同的要求，而且有时候这些要求之间是互斥的，比如要求生产周期短、超期订单最少、设备利用率最高等。因此，如何使得生产调度系统能够尽量多地满足这些目标，也是车间生产调度一直面临的难题[19]。由于调度方案的有效期较短，调度对生产线系统性能指标的优化只能是短期的和局部的，且只能优化部分系统性能指标，如设备利用率、总移动量、移动速率等，像平均加工周期及其方差、准时交货率、脱期率等指标则不能显著地优化。

（6）约束性

约束性主要体现在工艺路径约束和资源约束两个方面。首先，由于产品的复杂程度不同，不同产品都有其严格的工艺路径约束要求。通常情况下，各工序的先后顺序不能倒置。其次，加工原料的提供、生产设备的规模、生产设备的生产能力等，都不是无限的。因此，生产调度是在多约束条件下进行的。

总体来说，半导体制造系统调度具有明显的多重入性、制造环境的高度不确定性、制造过程的高度复杂性以及调度目标的多样性。相应地，能够响应实时运作环境的动态调度方法得到了更为充分的重视。

1.2.2 调度类型

1.2.2.1 基于调度对象的半导体生产线调度分类

半导体生产线规模庞大，设备类型各异，按照所关注问题的不同可以分为工件调度、投料控制、瓶颈调度、批加工设备调度、生产线调度和维护调度等。

（1）工件调度

工件调度策略的优劣直接影响到生产系统的性能，所以工件调度是半导体制造系统调度的研究重点。常用的工件调度方法有五种：传统运筹学、离散系统仿真、数学模型、计算智能和人工智能。

（2）投料控制

投料控制是指在一定的投料策略指导下，决定在何时投入多少原料到生产系统，以便尽可能发挥生产系统的生产能力。投料一般分为静态投料和动态投料两种方式。静态投料是根据事先设定的速率（如固定时间间隔投料或按随机分布泊松流投料）进行投料。这种投料方式因不能跟踪生产线的实际变化，容易造成工件积压，使生产线的性能下降；动态投料是根据生产线实际情况（诸如交货时间和在制品水平等性能指标），使用启发式方法进行投料。

（3）瓶颈设备调度

瓶颈设备调度是指通过解决半导体生产线中瓶颈区域的调度问题，从而推出整条生产线的优化排程方案。瓶颈处容量的损失就是整个工厂的损失，因此瓶颈设备的调度问题是十分重要的。

瓶颈识别的方法有很多，一般可以通过观察在制品的队列长度和测量机器的利用率来获知瓶颈设备。

① 分析制造系统中在制品的队列长度。在这种方法中，队列长度和等待时间中有一种是被测定的，具有最长的队列长度或等待时间的机器被认为是制造瓶颈。这种方法的优势在于通过对队列长度或等待时间的简单比较就能检测到系统的瞬时制造瓶颈；缺点是很多生产系统只有有限的在制品队列或者根本没有在制品队列，在这种情况下，队列长度的方法就不能够被用来检测制造瓶颈。

② 测量生产系统中不同机器的利用率。利用率最高的机器为制造瓶颈。然而不同机器的利用率经常是非常相近的，所以这种方法不能很确定地识别瓶颈设备。长时间的仿真也许能准确得到有意义的结果，但是这种方法受到稳态系统的局限。测利用率的方法并不能确定瞬时制造瓶颈，而只能确定在长时间内存在的瓶颈设备，因此利用这种方法来检测和监控瓶颈的转移是不合适的。

（4）批加工设备调度

批加工设备调度是半导体生产线调度的重要组成部分，对半导体生产线性能有重要影响。批量加工是半导体制造系统区别于传统制造系统的显著特点。半导体制造生产线上的多卡并行批量加工设备，如氧化炉管等，大约占设备总数的 20%～30%，其调度方案对改善半导体制造系统的性能具有重要意义。

（5）生产线调度

生产线调度关注整个半导体生产线中工件的流向及其在各设备上的加工序列，确定工件在各加工设备上的加工序列和开始加工时间，即加工排程（scheduling）、工件分派（dispatching）与工件排序（sequencing）。工件调度使用的研究方法很多，既包括传统的运筹学方法、离散事件仿真技术与启发式规则，也包括先进的人工智能、计算智能与群体智能等算法，是当前半导体制造系统调度研究的热点。

（6）设备维护调度

设备维护调度用于决定何时将设备从生产线上撤下来，进行预订的维护过程。设备维护主要有预防性维护（Preventive Maintenance，PM）

和矫正性维护（Corrective Maintenance，CM）。在预防性维护时，设备并未发生故障，其调度的最终目标是寻求计划停机时间与非计划停机时间的平衡点；矫正性维护是由于设备意外故障后，对设备进行相应的维修。后者由于是设备意外故障，会导致更高的成本。目前设备维护调度的研究主要集中于运筹学方法或启发式规则。

1.2.2.2 基于调度环境和任务的半导体生产线调度分类

基于调度环境和任务的不同，半导体制造系统调度还可分为静态调度与动态调度。

（1）静态调度

静态调度是指在制造系统状态和加工任务确定的前提下，形成优化的调度方案的过程。静态调度以某一时刻 t_0 的制造系统状态 $U(t_0)$、确定的工件信息（具体的加工任务描述）及时间长度 T_0（一般称为调度深度）为输入，在满足约束条件及优化目标的情况下，采用适当的调度算法，生成调度周期 $[t_0, t_0+T_0]$ 内的调度方案。静态调度的约束条件包括系统资源、产品的工艺流程、交货期等，优化目标包括工件的评价加工周期、交货期、制造系统的性能指标如设备利用率、生产率等。利用静态调度生成的调度方案一经产生，所有工件的加工方案就被确定了，在后续的加工过程中也不再改变。

（2）动态调度

动态调度是指根据制造系统的状态和加工任务的实际情况，动态地产生调度方案的过程。动态调度的实现方式有两种：一是在已有静态调度方案的基础上，根据制造系统的现场状态及加工任务信息，及时对静态调度方案进行调整，产生新的调度方案，这种调度过程也称为重调度；二是事先不存在静态调度方案，直接按照制造系统的实时状态及加工任务信息，为空闲设备确定加工任务，这种调度过程也称为实时调度。

以上两种方式都能够获得可操作性强的调度方案，但优化计算过程又有所不同。实时调度在决策中往往只考虑局部信息，因此得到的调度方案只是可行的，与最优调度方案可能有较大的距离；重调度则是在已有静态调度方案的基础上，根据更多的系统状态信息及加工任务信息对静态调度方案进行动态调整，得到的调度方案不仅具有可操作性，而且优化效果也比较好，更接近最优调度方案。

与静态调度相比，动态调度能够针对生产现场实际情况的变化产生更加具有可操作性的决策方案。针对动态调度的特点，以下两个因素必须予以充分考虑：一是优化过程必须充分利用能够反映制造系统状态及加工任务情况的实时信息，二是动态调度方案必须在不影响设备运行的短时间内完成。

1.2.3 调度方法

目前，调度方法可以归纳为三类：基于运筹学的方法，基于启发式规则的方法，基于人工智能、计算智能和群体智能的方法。

（1）基于运筹学的方法

该方法是将生产调度问题转化为数学规划模型，采用基于枚举思想的分支定界法或动态规划算法求解调度问题的最优解或近似最优解，属于精确算法。对于生产特点有别于传统的 job-shop 和 flow-shop 的半导体晶圆制造业，这种纯数学方法有模型抽取困难、运算量大、算法难以实现等弱点。

（2）基于启发式规则的方法

启发式规则是指选取工件的某个或者某些属性作为工件的优先级，按照优先级高低选择工件进行加工。根据调度目标的不同，半导体制造过程启发式规则可以分为基于交货期的规则、基于加工周期的规则、基于工件等待时间的规则、基于工件使用程序是否相同的规则和基于负载平衡的规则。启发式规则以其简单性和快速性成为实际半导体制造环境下动态调度的首选，但也有一定的局限性，比如只能提高产品的个别性能指标，对生产线的整体性能提高能力较弱。

由于半导体制造过程的调度优化是个非常复杂的问题，其性能好坏不仅取决于调度策略本身，而且和系统模型、处理时间的方差、实际平均加工周期与理论加工周期有关，与系统中瓶颈设备个数、需重复访问次数、紧急订单加入等因素也有着十分密切的联系。尽管启发式规则计算量小、效率高、实时性好，但是它通常仅对一个或多个目标提供可行解，缺乏对整体性能的有效把握和预见能力，其调度结果可能会与系统的全局优化有较大的偏差。因此，启发式规则通常需要与智能方法结合使用，根据系统状态在备选规则间进行选择。典型的研究方法通常是将智能方法、仿真方法和启发式规则相结合。

（3）基于人工智能、计算智能和群体智能的方法

人工智能也称机器智能，它是计算机科学、控制论、信息论、神经

生理学、心理学、语言学等多种学科互相渗透而发展起来的一门综合性学科。在半导体调度算法中常用的人工智能系统有专家系统和人工神经网络等，其中人工神经网络通常与其他方法（比如动态规划）结合起来运用。

计算智能以人类、生物的行为方式或物质的运动形态为背景，经过数学抽象建立算法模型，通过计算机的计算来求解组合最优化问题。常用的计算智能有禁忌搜索、模拟退火、遗传算法、人工免疫算法等。在半导体制造系统调度中，既可以使用单独的某种计算智能方法，也可以将不同的计算智能算法相结合或将计算智能算法与建模技术相结合共同解决调度难题，以获得更好的性能。

群体智能是受启发于群居生物的群体行为并模拟抽象而成的算法和模型，在没有集中控制且不提供全局模型的前提下，群体智能为寻找复杂的分布式问题的解决方案提供了基础。常用的群体智能有蚁群优化算法、信息素算法、粒子群优化算法等。在半导体制造系统调度中，群体智能的应用相对较少。

1.2.4 评价指标

对半导体生产线进行调度的目的是对其系统性能进行优化。结合半导体生产线的特点，用来衡量调度方案对半导体生产线系统性能影响的主要指标包括以下几项。

（1）成品率（Yield）

成品率是指合格产品占总产品的百分比，常指硅片上合格管芯的比例。成品率对半导体生产线的经济效益有重大影响；很显然，成品率越高，经济效益越高。成品率受设备工艺的影响比较大，调度方案对其影响主要是通过尽量缩短工件在车间中的停留时间，减少芯片受污染的机会，从而保证较高的成品率。

（2）在制品（Work in Process，WIP）数量

在制品数量是指生产线上所有未完成加工的工件数，即生产线上的硅片总卡数或总片数。WIP 是与加工周期相关的优化目标，应尽量控制半导体生产线的 WIP 数量与期望值相当，该值与半导体生产线的加工能力相关。在低于 WIP 期望值时，即使 WIP 数量继续降低，也不会大大缩短加工周期；在高于 WIP 数量期望目标值时，WIP 数量越多，加工周期会越长。另外，WIP 数量越高，资金占用也越多，会直接影响企业的经济效益。

（3）设备利用率（Machine Utility）

设备利用率是指设备处于加工状态的时间占其开机时间的比率，可以使用设备闲置代价来衡量。设备利用率与 WIP 数量相关，一般来说，WIP 数量大，设备利用率较高，但是当 WIP 数量饱和时，即使 WIP 数量再增加，设备利用率也不会提高。显然，设备利用率越高，则单位时间内加工的工件数量越多，创造的价值越大。

（4）平均加工周期及其方差

加工周期是指硅片从进入半导体生产线开始，到完成所有工序离开生产线所占用的时间，也叫流片时间。平均加工周期是指同一流程的多卡硅片的加工时间的平均值，其方差是指各卡硅片的加工周期与其平均加工周期的均方根。平均加工周期及其方差能够反映系统的响应能力以及准时交货能力。

（5）总移动量

一卡硅片完成一个工序的加工称为移动了一步。总移动量（Movement）是所有硅片在单位时间（如一个班次，12 小时）内移动的总步数（卡·步）。总移动量越高，表明生产线完成的加工任务数越高。Movement 是衡量半导体生产线性能的重要指标，其值越高，说明半导体生产线的加工能力越高，设备的利用率也越高。

（6）移动速率

移动速率是指单位时间（如一个班次，12 小时）内一卡硅片的平均移动量（步/卡）。移动速率越高，表明硅片在生产线上的流动速度越快，其平均加工周期则越短。

（7）生产率

生产率是指单位时间（一般为班或日）内流出生产线的卡数或硅片数。理想情况下，生产率等于投料速率。它与加工周期成反比，即加工周期越短，生产率越高。半导体生产线的生产率决定了最终产品的成本、加工周期以及客户满意度。显然，生产率越高，单位时间内创造的价值越高，生产线的加工效率越高。

（8）准时交货率

准时交货率是指准时（按时或提前）交货的工件数占完成加工的工件总数的百分比。

（9）脱期率（Tardiness）

脱期率是指脱期交货的工件数占完成加工的工件总数的百分比。

很明显，准时交货率与成品率、生产率、加工周期、在制品数量以及设备利用率等指标都有很直接或间接的关系。准时交货率与脱期率是衡量调度方案优劣的重要指标，尤其随着半导体制造业竞争的不断加剧，提高准时交货率已成为半导体厂商争夺用户、占领市场的重要战略战术指标。

需指出的是，上述反映半导体生产线系统性能优劣的指标不能同时达到最优，调度方案对这些指标的全局优化作用只能是某种意义上的折中或平衡。这是因为，这些性能指标之间存在一些制约关系，例如，若要降低产品的平均加工周期，则应降低生产线上的 WIP 数量，以使待加工工件的等待时间减少。降低 WIP 数量可降低资金占用，也可间接提高产品合格率；但 WIP 数量过低，则会降低系统的设备利用率、总移动量、移动速率和生产率，甚至可能导致准时交货率降低，并从整体上导致企业的盈利能力的下降。反过来，如果 WIP 数量过大，虽然可提高设备利用率，增加总移动量，但移动速率可能降低，平均加工周期及脱期率增加，产品合格率降低，且会大量占用企业的流动资金，影响企业的整体获利能力。因此，一个好的调度方案应该在各性能指标间进行权衡，根据具体情况尽可能优化某些重要指标，以使生产线的整体性能达到最优或近似最优。

1.3　半导体制造系统调度发展趋势

现代工业技术的发展使得制造过程、工艺和设备装置趋于复杂，已经很难通过基于机理模型的传统建模方法为系统精确建模从而优化系统运行性能。例如对于复杂硅片加工生产线，虽然运用了先进的调度思想，精心设计了调度算法并加以实现，但得到的仿真结果精度较差，难以指导实际的调度排程任务。而随着企业信息化程度的提高，制造型企业对数据采集的实时性、精确性有显著提升，从而促进基于数据的方法在生产制造过程中的应用。在半导体制造领域，由于其关键性能指标无法由机理模型描述和在线监控检测，基于数据的预测方法得到了广泛的应用。而基于数据的调度方法则更侧重将数据驱动的方法和传统调度建模优化方法相结合来求解调度问题。本节从复杂制造系统数据预处理、基于数据的调度建模、基于数据的调度优化三个方面进行综述。

1.3.1 复杂制造数据预处理

制造系统达到一定规模并且工艺流程较为复杂时，其自动化系统会出现数据量大、生产属性多、数据源中包含一定噪声数据等问题。这些问题对基于数据的调度结果有重要影响。因此，对数据源中的相关数据进行预处理是基于数据的调度的重要组成部分。复杂制造数据预处理主要集中于以下三方面：复杂制造数据属性选择、复杂制造数据聚类与复杂制造数据属性离散化。

（1）复杂制造数据属性选择

属性选择是从条件属性中选取较为重要的属性。条件属性冗余过多会导致分类或回归的精度下降、生成的规则无法使用以及规则之间的冲突较多。属性选择常用的方法包括粗糙集和计算智能。例如，Kusiak 针对半导体制造的质量问题，提出了使用粗糙集从样本数据中获取规则的方法，并使用特征转换和数据集分解技术，来提高缺陷预测的精度和效率；粗糙集的属性约简是一个 NP 难问题，Chen 等通过特征核的概念缩减了搜索空间，然后使用蚁群算法求得了属性集的约简，提高了知识约简的效率；Shiue 等建立了两阶段决策树自适应调度系统，将基于神经网络的权重特征选择算法和遗传算法用于调度属性选择，使用自组织映射（Self-Organizing Maps，SOM）进行数据聚类，应用决策树、神经网络、支持向量机这三种学习算法对每个簇进行学习实现参数优化，提高了自适应调度知识库的泛化能力，并通过仿真验证了成果的有效性。

（2）复杂制造数据聚类

聚类是对样本数据按相似度进行分类的技术，将相似的样本归属于同一类，而相似度低的样本归属于不同类。对于大规模训练样本，可以使用聚类平滑噪声数据。噪声数据会影响学习的精度，如 C4.5 在处理含有噪声的样本时会导致生成树的规模庞大，降低预测精度，需要做剪枝处理。聚类中常用的方法包括 SOM、Fuzzy-C 均值、K 均值、神经网络等。

（3）复杂制造数据属性离散化

部分算法和模型只能处理离散数据，如决策树、粗糙集等，因此有必要采用属性离散化技术将连续属性值转化为离散属性值。例如：Knooce 和 Li 在挖掘优化调度方案时，根据面向属性规约算法和决策树的特点，对属性值进行了等距离散划分；Rafinejad 提出了基于模糊 K 均值算法的属性离散化方法，使得从优化调度方案中所提取的规则能够更好地逼近优化调度方案。

现有的复杂制造预处理技术主要集中于属性选择和数据聚类，而针对制造系统的数据预处理技术还有待进一步深入研究。因为制造系统数据具有规模大、含噪声、样本分布复杂且存在缺失现象；输入变量数目多、类型多样；输入/输出变量间关系呈非线性、强耦合等特点。

1.3.2　基于数据的调度建模

基于数据的调度建模包括：①将信息系统中的数据通过模型映射的方式生成描述生产调度过程的模型；②对制造系统的不确定因素构造数据驱动的预测模型从而实现生产调度过程模型的求精；③构造数据驱动的性能指标预测模型，调用性能指标预测模型可以快速近似求得实际制造系统和生产调度过程模型在调度环境下采用调度规则的性能指标。

（1）基于数据的调度描述模型

基于数据的调度描述模型主要体现为 Petri 网模型和离散事件仿真模型。传统调度建模方式较为琐碎和僵化，一旦有设备的更替或者有新工艺的引入就需要修改整个模型；而采用基于数据的方法，可以将繁琐的建模工作集中到从数据到生产调度的映射，模型变更可以通过修改模型中的数据实现，具有较好的灵活性和扩展性。例如，Gradisar 将生产线的设备布局和加工产品的工艺流程等数据映射成描述生产过程调度的 Petri 网模型，在模型中融入了一些启发式调度规则并评价了调度性能指标，以实例说明了方法的可行性，其不足之处是没有考虑生产系统的动态信息，无法用于带有非零初始状态的制造系统的调度问题；Mueller 提出了将半导体生产线相关数据映射为面向对象 Petri 网仿真模型的方法，模型的基本元素由设备加工工序、产品工艺流程、设备以及辅助器具组成，考虑了批加工工序、工具和设备的故障时间、工件返工等因素，不足之处是对生产线作了较大的简化，同样没有考虑半导体制造系统的非零初始状态；Ye 等提出了动态建模方法，基于生产线的静态数据和动态数据构造生产线的离散事件仿真模型，可以反映生产线实际工况，其不足在于数据到模型的映射只针对特定仿真软件（Plant Simulation），转换方法的通用性有待进一步提高。

（2）复杂制造系统数据驱动的不确定性因素预测

复杂制造系统的大规模、复杂性、不确定性导致其在制造过程中会面临很多不确定因素，例如模型参数的不确定、随机事件的不确定以及产品质量的不确定。如何采用数据驱动的方法合理利用制造系统历史数据对这些不确定因素进行预测，从而提高制造过程描述模型的运行准确率是一项很有实际意义的工作。

复杂制造系统中的很多模型参数既不是固定值，也不满足特定分布，但这些参数对调度性能有重要影响。例如工件加工时间是许多调度规则中都需要使用的重要参数，而在以往的工作中或者直接使用工艺文件中的理论加工时间，或者通过求平均值，或者基于人工经验进行估计，效果均不理想。除了这些建模基础参数，很多新的调度策略也引入了新的决策参数，如加工周期、产能等，这些参数亦很难用确定的公式估计，并对调度策略的效果有直接影响。因此，如何从历史数据中挖掘这些参数的预测模型，是基于数据调度的一个重要组成部分。

（3）复杂制造系统数据驱动的性能指标预测

对于大规模复杂制造系统，通过计算机运行其生产调度模型时会存在运行时间过长的问题。以半导体制造系统为例，会涉及数百台加工设备、数千卡硅片以及上百道加工工序，以1天为调度周期就需要花费数小时运行其描述模型。为了更方便地研究这类大规模复杂制造系统的调度问题，可以通过其历史数据构造出数据驱动的预测模型来预测其性能指标（例如生产周期、在制品数量、成品率等），研究性能指标与其影响因素（调度环境与调度策略）之间的关系。

1.3.3 基于数据的调度优化

基于数据的调度优化方法是指通过数据挖掘技术从优化的调度方案中挖掘出可用于辅助调度决策的知识，其实现方式和构造数据驱动的预测模型一致。根据优化调度方案生成的方式不同，基于数据的调度优化研究主要分为：基于仿真获得的方案、基于优化算法获得的派工方案以及基于信息系统离线数据获得的方案。

（1）基于离线仿真的调度知识挖掘

诸多研究表明，不存在所谓最优的实时调度规则适应于各种类型的制造系统。实时调度规则的有效性和生产线运作状态直接相关，应根据生产的调度环境指导调度规则的选择。仿真是用于比较和选择复杂制造系统调度决策重要的技术之一。一般而言，有两种仿真方式来选择调度决策：一种是离线仿真的方式，对于不同的生产线状态采用不同的调度决策进行仿真，保留最能满足性能指标的调度决策，以此构造知识库；

另一种是在线仿真的方法，在决策点采用不同的调度决策进行仿真，选择性能指标最优的调度决策来指导实时派工。显然，离线仿真方法效率不高，所构造知识库的泛化能力也很弱，在线仿真对于仿真时间的要求较为苛刻，稍不满足就无法满足实时派工的需求。

机器学习能够良好地泛化优化的调度决策，对自适应调度系统知识库的构造起着核心的作用。然而，无论是离线学习还是在线学习，都需要依赖制造系统的调度模型，建模的质量直接影响学习效果。此外，离线学习获得的知识库会随着时间的推移有所退化，需要合理更新机制。在线学习策略虽有较高的鲁棒性，但初期优化效果不明显、学习速度慢。如何将离线学习与在线学习相结合进一步改进调度规则集的构造是值得进一步考虑的问题。

（2）基于离线优化的调度知识挖掘

随着计算机计算能力的加强，使得大规模调度问题的求解成为可能。基于优化算法求解调度问题的更大瓶颈在于实际复杂制造系统中大量的不确定性扰动因素导致得到的派工方案难以执行。如何从大量的优化方案中挖掘出调度决策，即用合适的实时调度规则来拟合优化算法，使得实时调度规则所生成的调度方案能较好地逼近优化算法的调度方案，以此进一步适应实时派工的需求，是很有实用价值的研究。

（3）基于信息系统离线数据的调度知识挖掘

企业信息系统中的离线数据蕴含了调度相关信息，也可以从中提取实时调度规则。例如，Choi 等以多重入制造系统为研究对象，考虑了制造系统的调度环境，使用决策树从离线数据中挖掘出适应调度环境的实时调度规则选择的知识；Kwak 和 Yih 使用决策树方法从制造系统历史数据中挖掘出实时调度规则对性能指标的影响，通过仿真获取长期有效的实时调度规则，并将综合考虑长期性能指标和短期性能指标的方法应用于实时调度规则的选择。Murata 针对 Flowshop 调度问题，使用决策树从实际调度方案中获得调度规则，改进了调度性能。郭庆强等基于专家经验确定调度知识中各条件属性的重要度，利用粗糙集从生产调度数据中挖掘出条件属性与决策属性之间的关系，从而提取有效的调度规则，并将该调度规则获取方法应用于某炼油厂生产过程调度知识的获取。

目前，在基于数据的调度优化方法领域取得的成果仍然停留在从既定的实时调度规则中选取特定的规则或者离线挖掘出某一特定规则运用于实际派工阶段。这种方法柔性不足，无法在生产线运作过程中作实时调整。面向的生产系统还主要集中于小型的作业车间或流水车间，有必要进一步深入研究。

1.3.4　存在问题

综上所述，随着数据分析和数据挖掘技术的发展，基于数据的方法已经在调度问题的建模和优化上有了广泛应用，能够较好地克服传统调度建模和优化方法在求解复杂生产过程调度问题时所存在的不足。但总体上，基于数据的调度方法的研究目前还处于初步阶段，理论和应用成果存在以下局限。

① 现有基于数据的调度研究侧重于将数据分析方法和特定的调度建模和优化方法相结合（例如通过参数预测的方法改进启发式调度规则，利用数据挖掘的方法构造自适应调度决策模型），缺乏总体上基于数据调度问题的解决方案。

② 在现有基于数据的调度研究中，对调度相关数据的预处理主要集中于数据聚类和特征选择，对缺失值填补、相关性分析、常值检测等数据预处理方法的关注度不足；此外，对常用算法存在的缺陷（如 K 均值聚类对初始聚类中心敏感）缺乏相应改进，以上问题在一定程度上限制了数据分析方法在实际生产系统上的应用。

③ 很多情况下，需要通过大量的离线仿真和优化生成学习样本数据。因此对于大规模复杂制造系统而言，获取学习样本数据比较困难，而表征复杂制造系统调度环境的变量较多，从这样的高维小样本学习数据中构造出具有较高泛化能力的学习器有一定困难。

1.4　本章小结

本章主要是对半导体制造系统作一个简要的概述，以达到对半导体生产流程有一个全面的认识与了解，也方便对后面章节内容的理解。

第一节首先针对半导体制造流程进行了较为详细的描述。由于整个半导体制造系统分为前端和后端两部分，其中前端包括晶圆制造，后端包括封装和测试，且前端工艺比后端工艺更为复杂。因此着重介绍了半导体制造前端工艺中的氧化、光刻、刻蚀和注入。接着介绍了半导体生产线的重入流。

第二节重点对半导体生产线调度的特点、类型、调度方法及评价指标进行了介绍。首先介绍了半导体生产线调度问题的特点；其次根据调度对象和调度环境对半导体调度进行分类，并介绍了几种常用的调度方法；最后对评价指标进行了论述。

第三节主要介绍了半导体制造系统调度发展趋势。主要包括复杂制造数据预处理、基于数据的调度建模、基于数据的调度优化。

参考文献

[1] 王中杰,吴启迪.半导体生产线控制与调度研究.计算机集成制造系统,2002,8(8):607-611.

[2] 曹国安,游海波,蒋增强,等.基于 TOC 的半导体生产线动态分层规划调度方法.组合机床与自动化加工技术,2008(10).

[3] 施斌,乔非,马玉敏.基于模糊 Petri 网推理的半导体生产线动态调度研究.机电一体化,2009,15(4):29-32.

[4] 王令群,陆小芳,郑应平.基于多 Agent 技术的半导体生产线动态调度研究.计算机工程,2007,33(13):4-6.

[5] 吴启迪,马玉敏,李莉,等.数据驱动下的半导体生产线动态调度方法.控制理论与应用,2015,32(9):1233-1239.

[6] Mönch L,Fowler J W,Dauzère-Pérès S,et al. A survey of problems, solution techniques, and future challenges in scheduling semiconductor manufacturing operations. Journal of scheduling, 2011,14(6):583-599.

[7] 马玉敏,乔非,陈曦,等.基于支持向量机的半导体生产线动态调度方法.计算机集成制造系统,2015,21(3):733-739.

[8] 贾鹏德,吴启迪,李莉.性能指标驱动的半导体生产线动态派工方法.计算机集成制造系统,2014,20(11).

[9] 苏国军,汪雄海.半导体制造系统改进 Petri 网模型的建立及优化调度.系统工程理论与实践,2011,31(7):1372-1377.

[10] 张怀,江志斌,郭乘涛,等.基于 EOPN 的晶圆制造系统实时调度仿真平台.上海交通大学学报,2006,40(11):1857-1863.

[11] 姚世清,江志斌,郭乘涛,等.晶圆制造系统中 Lot 加工序列优化的蚁群算法.上海交通大学学报,2008,42(10):1655-1659.

[12] 李鑫,周炳海,陆志强.基于事件驱动的集束型晶圆制造设备调度算法.上海交通大学学报,2009,43(6).

[13] 李程,江志斌,李友,等.基于规则的批处理设备调度方法在半导体晶圆制造系统中应用.上海交通大学学报,2013,47(2):230-235.

[14] 周光辉,张国海,王蕊,等.采用实时生产信息的单元制造任务动态调度方法.西安交通大学学报,2009,43(11).

[15] Tan W, Fan Y, Zhou M C, et al. Data-driven service composition in enterprise SOA solutions: A Petri net approach. IEEE Transactions on Automation Science and Engineering, 2010, 7(3):686-694.

[16] 卫军胡,韩九强,孙国基.半导体制造系统的优化调度模型.系统仿真学报,2001,13

(2):133-135,138.

[17]　赵婷婷. 数据驱动半导体生产线多性能指标预测方法. 北京：北京化工大学,2015.

[18]　刘雪莲. 面向半导体制造过程动态调度的关键参数预测模型研究. 北京：北京化工大学,2015.

[19]　乔非,许潇红,方明等. 半导体晶圆生产线调度的性能指标体系研究. 同济大学学报: 自然科学版,2007,35(4):537-542.

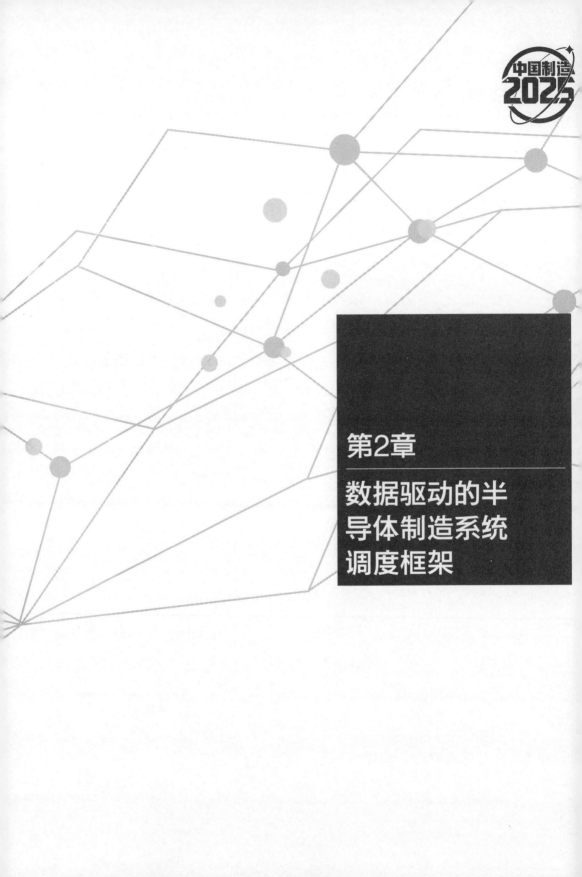

第2章

数据驱动的半
导体制造系统
调度框架

针对目前复杂制造系统调度研究存在的不足，面向半导体企业制造过程调度问题，以实际的大规模可重入复杂制造系统为研究对象，本章将介绍一种有别于传统调度的基于数据的调度体系结构，以此作为解决大规模复杂制造过程调度问题的方案，并介绍 3 种应用实例。

2.1 数据驱动的半导体制造系统调度框架设计

自 20 世纪 50 年代，制造系统调度问题被提出以来并因其具有重要的研究意义而备受学术界重视，生产调度系统也逐渐成为制造型企业重要的决策支持系统。随着研究的深入，根据时间粒度可将制造系统调度问题细分为 3 类：生产计划、生产排程和实时派工。根据调度类型可分为投料计划、工件调度和设备维护调度。针对这些不同层次和类型的调度问题，数学规划、Petri 网、仿真模型、启发式规则和人工智能方法得到了广泛应用。根据其对应的调度问题，这些模型和方法将形成生产调度系统（Production Scheduling System，PSS）中不同的调度模块，并在一些实际调度环境下取得成功应用。但与调度问题理论研究成果的多样性相比，成功解决实际制造系统调度问题的应用案例还比较单一，多数集中在数学规划和启发式调度规则为主的调度仿真系统，智能化水平不高。以 Intel 的面向半导体制造领域的先进计划调度系统（Advanced Planning Scheduling，APS）为例，APS 协同了生产计划模块、生产排程模块和实时调度模块，集成了仿真模型、启发式实时调度规则和整数规划等建模和优化方法，所采用的建模和优化方法较为传统。因此调度理论研究和实际应用之间存在鸿沟。其主要原因有如下两点：

① 对于具体调度问题，传统建模优化方法不足以应对制造系统的大规模和复杂性，对应的调度模块适用性受到局限；

② 对调度问题的研究集中于具体调度问题的建模、优化和对应调度模块的开发，而对 PSS 各个模块之间的协同交互研究得较少，即对 PSS 体系结构的研究不够充分。

体系结构[1] 是对系统（包括物理和概念层面上的对象或者实体）中各部分的基本配置和连接的描述（模型），即"一组用以描述所研究系统的不同方面和不同开发阶段的、结构化的、多层次多视图的模型和方法的集合，体现了对系统的整体描述和认识，为对系统的理解、设计、开发和构建提供工具和方法论指导"。基于此定义，将集成了多个调度模型或采用了多种调度优化方法的 PSS 界定为 PSS 体系结构。自 2000 年以来，随着制造系统复杂性的提高，为了增强调度方法的可用性，调度系统的体系结构得到关注。Pandey[2] 提出了协同生产调度、设备维护和质量控制的概念模型。Monfared[3] 提出了集成生产计划、生产调度和控制的整体方案，并基于排队论模型，同时集成了实时调度规则和模糊预测控制系统，实现了生产系统调度与控制的协同。Wang[4] 针对半导体后端制造工艺提出了一种协同产能规划的调度优化方案，通过产能规划模型推出产能约束作为调度优化模型的约束。Lalas[5] 针对纺织生产线提出了一种混合反向调度方法，首先通过产能规划模型得到有限产能值，并通过离散时间仿真系统优化有限产能约束下的实时调度规则。Lin[6] 针对薄膜晶体管液晶显示器生产线，根据月、日、实时三个时间粒度设计了三层生产计划调度系统。近年来，随着 PSS 体系结构进一步的发展和复杂化[7]，为了更好地通过调度模块之间的协同实现复杂制造系统的优化调度，PSS 体系结构有如下两种实现方式。

① 多 Agent 形式：将各个调度模块封装为 Agent，并以 Agent 协商的方式进行调度模块之间的协同。

基于黑板通信模式，Sadeh[8] 实现了敏捷制造中生产计划和排程之间的协同。基于自定义的多 Agent 通信机制，Nishioka[9] 对制造系统的生产计划和排程进行了协同分布。Gasquet[10] 将生产计划分解为预测式调度（包括关键性能指标预测）和反应调度，并通过 Agent 协商的方式执行预测调度和反应调度，从而实现生产计划和生产调度的协同。Tai[11] 将每个制造单元的相关数据和生产调度/控制方法封装为对象，以分布式的方式实现了柔性制造系统调度与控制的协同。基于多 Agent 的体系结构能够融合仿真模型和调度模块，通过 Agent 之间的协作实现调度模块之间智能化自适应协同。缺点在于现有的软件开发工具对多 Agent 系统的支持力度不够，而且多 Agent 系统通过协商的仿真方式导致决策速度变慢。因此，基于多 Agent 系统的实用性较弱。

② 组件化形式：将各个调度模块的调度方法封装为组件，根据不同制造系统的特点，进行重构，定制具有较高鲁棒性的制造系统。

Li[12] 以仿真模型为核心，根据时间粒度的不同，提出了三层调度模块体系结构（生产计划＋生产排程＋重调度）或两层调度体系结构（生产计划＋实时调度）。并在每个调度模块集成了若干种调度算法组件可供选择。Govind[13] 在 OPSched 系统中封装并集成了生产计划、近实时调度、实时派工等组件，通过选择合适的组件实现了 Intel 半导体制造系统的自动化运行并达到了较高的资源利用率。牛力[14]将规划模型、优化算法和仿真模型封装为构件，实现了基于 Web 面向服务的调度系统体系结构，具有较高的灵活性。现有的集成开发环境能够对基于组件化的开发方法提供良好的支持，因此基于组件化形式有较好的实用性。

20 世纪 90 年代以来随着数据挖掘技术的发展，基于数据的方法在制造系统调度领域已经取得了一定的应用。针对传统建模优化方法的局限性，通过引入基于数据的方法可以对其进行有效改进。但总体上，已有的基于数据的调度方法是对特定调度问题的具体调度模块的局部进行改进，而并未对现有的调度体系结构起到全面支持。

针对传统调度方法的不足和局限，本章利用制造系统中和调度相关的数据对复杂制造系统的调度问题进行全面总结，设计并实现了基于数据复杂制造系统调度的体系结构（Data-based Scheduling Architecture of Complex Manufacturing System Scheduling Architecture，DSACMS），并以一个实际的复杂硅片加工系统为例说明 DSACMS 的应用实例。

2.2 基于数据的复杂制造系统调度体系结构

2.2.1 DSACMS 概述

如图 2-1 所示，DSACMS 包含 4 部分，分别为数据层、模型层、调度方法模块和数据处理与分析模块。

（1）数据层

基于数据的调度，其前提是拥有丰富的与调度相关的数据源。数据源之一是企业中的 ERP、MES 和 SCADA 等信息系统。来自数据源的与调度相关的数据构成了 DSACMS 的数据基础。这些数据既包括离线历史数据（如工件加工历史信息、产品历史生产信息、设备历史加工信息、设备维护信息、设备故障信息等），也包括在线静态数据（如产品订单信息、产品工艺流程信息、设备加工能力信息和设备布局信息等）和在线动态数据（如设备状态信息与 WIP 状态信息等）。数据源也可以是模拟制造系统运作过程的仿真模型离线运行生成的离线仿真数据，包括离线仿真性能指标数据和离线仿真优化调度决策数据。上述数据可分别用于构造模型层中的性能指标预测模型、模型参数预测模型和自适应调度模型。

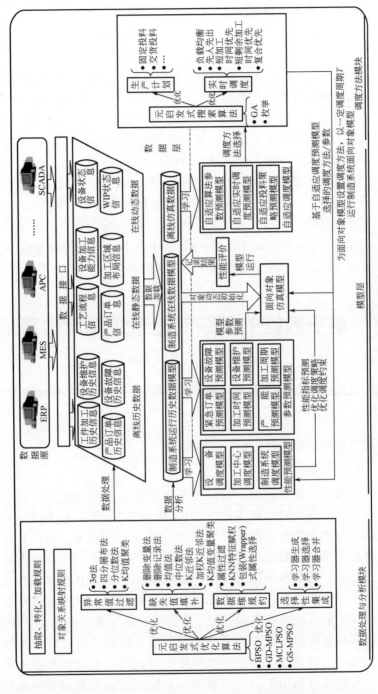

图 2-1 基于数据复杂制造系统体系结构（DSACMS）

（2）模型层

模型层包括面向对象仿真模型、参数预测模型、性能指标预测模型和自适应调度模型。

① 面向对象仿真模型　面向对象仿真模型通过对象关系映射由数据层制造系统在线数据驱动，即根据制造系统在线数据动态构造仿真模型的对象模型。仿真模型的动态过程，如工件的加工方式、调度策略的实现细节，均被固化于仿真模型，而仿真模型中的对象模型则通过动态加载制造系统的在线数据从而保证仿真模型中对象状态和不同对象之间的关系与制造系统保持同步。为了分析调度决策对制造系统调度性能指标的影响，可以通过对面向对象的仿真模型设置调度决策进行模型仿真，分析仿真输出的调度性能指标来评估调度决策。

② 数据驱动参数预测模型　数据驱动参数预测模型主要通过对制造系统运行生成的历史数据进行挖掘获得，如紧急订单、设备故障、设备维护、加工时间、产能和加工周期预测模型等。这些参数或者表征了模型的不确定事件发生概率（如前4项），或者表征了制造系统的调度参数（如后2项）。将这些参数集成到面向对象仿真模型，可以生成大量考虑不确定信息的生产系统运行样本数据，供模型与调度优化进行挖掘使用。

③ 数据驱动性能预测模型　数据驱动性能预测模型可以通过对离线历史数据或离线仿真性能指标数据进行挖掘获得。如设备、加工中心与制造系统调度模型等，通过在线调用和在线优化上述模型，可以预测设备、加工中心或制造系统的期望性能与调度约束，为优化调度决策的实时选择提供指导。

④ 数据驱动自适应调度模型　数据驱动自适应调度模型通过制造系统离线历史数据中较优调度决策的数据和离线仿真优化调度决策数据在模型层建立自适应调度模型。根据制造系统的在线调度环境，调用自适应调度模型完成实际的制造系统派工操作。在实际运用时，由于调度方法适应的调度环境特征与关注的性能指标有所不同，需要综合考虑在线数据（如设备状态信息与WIP状态信息等）与调度模型获得的性能指标、调度约束与优化调度决策，通过自适应调度模型选择合适的调度决策完成派工。

（3）调度方法模块

离线仿真数据的生成依赖于调度方法模块。而调度方法模块包含了生产计划模块和实时派工模块。连同模型层中的面向对象仿真模型和数据层中的制造系统在线数据形成了基于仿真的调度方法。生产计划模块中的算法组件确定了工件投入生产线的时间和数量,集成了投料规则或算法。生产调度模块中的规则组件用来确定工件加工优先级的计算方法,每种调度规则优化不同的性能指标。该方法的优点在于实时性好,可快速响应调度环境的变化,缺点在于制造性能指标优化程度过分依赖于投料策略和调度决策的选择。元启发式搜索算法可以通过迭代运行仿真模型获取优化的投料策略和实时调度规则配置,但多次重复运行仿真模型,尤其是复杂制造系统的仿真模型是一个耗时的过程,通过元启发式算法在线优化投料策略和实时调度规则几乎不可能,因此在模型层中提出了通过挖掘离线仿真数据构建自适应调度模型的方案。

生产计划模块和实时调度模块对性能指标的影响与调度周期有关。如果调度周期短,主要关注短期性能指标,性能指标主要依赖于初始调度环境和实时调度策略,受生产计划和不确定参数及事件的影响较小。如果调度周期长,主要关注长期性能指标,性能指标主要依赖于生产计划和实时调度策略,必须考虑不确定参数及事件的影响,而初始调度环境的影响被削弱。在不同的调度周期下,性能指标的影响因素不同。对应到模型层,根据仿真模型运行时间的不同,数据驱动性能指标预测模型可分为实时性能指标、短期性能指标和长期性能指标预测模型。根据优化迭代过程中每次运行仿真模型的时间不同,数据驱动自适应调度模型分为实时自适应调度、短期自适应调度和长期自适应调度模型。

(4)数据处理与分析模块

数据处理与分析模块用来实现数据变换和调度相关属性的抽取,包括数据的抽取、转化和加载,也包括数据模型和对象模型的映射规则,实现对象模型和关系模型之间的映射。数据处理与分析模块的核心在于数据预处理方法和数据驱动预测模型的构造方法。由于制造系统的数据普遍存在噪声、不完备、高耦合、分布不规律等问题,需要运用数据预处理技术对相关的离、在线数据进行过滤、净化、去噪和优化等处理,从而提高数据挖掘的质量。基于调度相关数据存在的问题,数据预处理模块考虑了异常值过滤、空缺值填补、数据维规约等问题,通过智能优化算法迭代,优化 K 均值数据聚类、K 均值变量聚类、K 近邻等数据预处理算法参数,提高数据预处理的质量。模型层中的预测模型需要通过数据挖掘的方法从数据层的样本中获得。由于调度性能指标和优化的调度方案需要大量的离线仿真或优化才能得到,因此,为了提高泛化能力,采用基于选择性集成的方式,即在生成个体学习器和选择最终的学习器中均引入了计算智能方法。

2.2.2 DSACMS 的形式化描述

DSACMS 可定义为四元组 DSACMS＝＜DataLevel，ModelLevel，SchModule，DataProcAnalyModule＞。其中 DataLevel 表示数据层，ModelLevel 表示模型层，DataProcAnalyModule 为数据处理和分析模块，SchModule 为调度方法模块。

（1）数据层

定义 2.1（数据模型） 数据模型 R 由一组关系模式 $R_1, \cdots, R_{NR}$ 定义，记 $R = \{R_1, \cdots, R_{NR}\}$，关系模式 R_i 由属性 $A_{Ri,1}, \cdots, A_{Ri,k}$ 定义，记 $R_i = (A_{Ri,1}, \cdots, A_{Ri,NRi})$

定义 $K(R_i) = \{A_{Ri,1}, \cdots, A_{Ri,NRi}\}$ 为 R 所有属性的集合。

定义 $PK(R_i) \subseteq \{A_{Ri,1}, \cdots, A_{Ri,NRi}\}$ 为主键，用于唯一标识 R 所定义元组。

定义 $FK(R_i) \subseteq \{A_{Ri,1}, \cdots, A_{Ri,NRi}\}$ 为外键，用于关联其他关系模式。

数据层包含三类数据模型，分别是制造系统在线数据模型 R_{MS}、制造系统历史数据模型 R_{MSRH}、学习样本数据模型 R_{LS}，记 DataLevel＝$\{R_{MS}, R_{MSRH}, R_{LS}\}$。在调度时刻 t，$\text{ins}_t(R_{MS})$ 为时刻 t 制造系统在线数据模型 R_{MS} 定义的数据库实例，数据从 MES、SCADA 系统中抽取，反映制造系统当前格局，$\text{ins}_t(R_{MSRH})$ 为当前时刻制造系统运行历史数据模型 R_{MSRH} 定义的数据库实例，包含时刻 t 之前一段时间（一般为一年或几个月）的制造系统运行记录数据，$\text{ins}_t(R_{LS})$ 为当前时刻学习样本数据模型 R_{LS} 定义的数据库实例，其中数据通过对过去某些时刻 $t'(t'<t)$ 数据库实例 $\text{ins}_{t'}(R_{MS})$ 和 $\text{ins}_{t'}(R_{MSRH})$ 进行抽取、转化、加载（Extract Transformation Loading，ETL）操作或者基于 $\text{ins}_{t'}(R_{MS})$ 运行或优化运行面向对象仿真模型生成。

① 制造系统在线数据模型 制造系统在线数据模型 $R_{MS} = \{R_{eqp}, R_{wa}, R_{op}, R_{recipe}, R_{proc}, R_{step}, R_{order}, R_{job}\}$，其中：

设备由 $R_{eqp} = (\text{eqp\_id}, \text{recipe\_id}, \text{job\_id}, \text{wa\_id}, A_{eqp,1}, \cdots, A_{eqp,Ne})$ 定义，$PK(R_{eqp}) = \{\text{eqp\_id}\}$，$FK(R_{eqp}) = \{\text{recipe\_id}, \text{job\_id}, \text{wa\_id}\} = PK(R_{recipe}) \cup PK(R_{job}) \cup PK \cup (R_{wa})$，eqp_id 为设备标识，recipe_id 表示设备当前处理的加工菜单，job_id 表示当前加工的工件，wa_id 表示设备所在加工区，$A_{eqp,1}, \cdots, A_{eqp,Ne}$ 为设备描述属性，描述例如设备类型、

加工模式等信息。

加工区由 $R_{\text{wa}}=(\text{wa\_id},A_{\text{wa},1},\cdots,A_{\text{wa},Nw})$ 定义，$PK(R_{\text{wa}})=\{\text{wa\_}$ id$\}$，wa_id 为加工区标识，$A_{\text{wa},1},\cdots,A_{\text{wa},Nw}$ 为加工区描述属性，描述加工区名称、缓冲区队长等信息。

工序由 $R_{\text{op}}=(\text{op\_id},A_{\text{op},1},\cdots,A_{\text{op},No})$ 定义，$PK(R_{\text{op}})=\{\text{op\_id}\}$，op_id 为工序标识，$A_{\text{op},1},\cdots,A_{\text{op},No}$ 为工序描述属性，描述例如工序名称、工序描述等信息。

设备的加工菜单由 $R_{\text{recipe}}=(\text{recipe\_id},\text{eqp\_id},\text{op\_id},A_{\text{recipe},1},\cdots,$ $A_{\text{recipe},Nr})$ 定义，$PK(R_{\text{recipe}})=\{\text{recipe\_id}\}$，$FK(R_{\text{recipe}})=\{\text{eqp\_id},\text{op\_}$ id$\}=PK(R_{\text{eqp}})\bigcup PK(R_{\text{op}})$，recipe_id 为加工菜单标识，eqp_id 表示菜单所属设备，op_id 表示菜单处理的工序，$A_{\text{recipe},1},\cdots,A_{\text{recipe},Nr}$ 为加工菜单描述属性，描述了加工时间等信息。

工艺流程由 $R_{\text{proc}}=(\text{proc\_id},A_{\text{proc},1},\cdots,A_{\text{proc},Np})$ 定义，$PK(R_{\text{proc}})=\{\text{proc\_id}\}$，proc_id 为工艺流程标识，$A_{\text{proc},1},\cdots,A_{\text{proc},Np}$ 为工艺流程描述属性，描述例如工艺流程步骤、光刻次数等信息。

流程的工步由 $R_{\text{step}}=(\text{step\_id},\text{proc\_id},\text{oper\_id},\text{position},A_{\text{step},1},\cdots,$ $A_{\text{step},Ns})$ 定义，$PK(R_{\text{step}})=\{\text{step\_id}\}$，$FK(R_{\text{step}})=PK(R_{\text{proc}})\bigcup PK(R_{\text{op}})=\{\text{proc\_id},\text{op\_id}\}$，step_id 为工步标识，proc_id 表示工步所属工艺流程，op_id 表示工步处理的工序，position 表示工步在工艺流程中的位置。$A_{\text{step},1},\cdots,A_{\text{step},Ns}$ 为工步描述属性，描述例如前道工步、后道工步、工艺约束等信息。

订单由 $R_{\text{order}}=(\text{order\_id},\text{proc\_id},A_{\text{order},1},\cdots,A_{\text{order},Nor})$ 定义，$PK(R_{\text{order}})=\{\text{order\_id}\}$，$FK(R_{\text{order}})=PK(R_{\text{proc}})=\{\text{proc\_id}\}$，order_id 表示订单标识，proc_id 表示订单所需的工艺流程，$A_{\text{order},1},\cdots,A_{\text{order},Nor}$ 为订单描述属性，描述例如订单到达时间、订单数量、交货期、已投料数量、预计投料时间、投料数量以及其他订单相关外部因素等信息。

工件由 $R_{\text{job}}=(\text{job\_id},\text{order\_id},\text{eqp\_id},\text{wa\_id},\text{step\_id},A_{\text{job},1},\cdots,$ $A_{\text{job},Nj})$ 定义，$PK(R_{\text{job}})=\{\text{job\_id}\}$，$FK(R_{\text{job}})=\{\text{order\_id},\text{eqp\_id},\text{wa\_}$ id,$\text{step\_id}\}=PK(R_{\text{order}})\bigcup PK(R_{\text{eqp}})\bigcup PK(R_{\text{wa}})\bigcup PK(R_{\text{step}})$，job_id 为工件标识，order_id 表示工件所属订单，eqp_id 表示正在加工工件的设备，wa_id 表示工件所在加工区，step_id 表示工件当前加工工步（当工件正在加工）或下一工步（当工件在等待加工），$A_{\text{job},1},\cdots,A_{\text{job},Nj}$ 为工件描述属性，描述例如工件当前状态等信息。

② 制造系统运行历史数据模型 制造系统运行历史数据从设备运行历史信息和工件运行历史信息两个角度来刻画，定义 $R_{\text{MSRH}}=\{R_{\text{erh}},$

R_{jrh}}，其中：

设备运行历史由 $R_{erh} = (eqp\_id, event\_type, begin\_time, end\_time, A_{erh,1}, \cdots, A_{erh,Nerh})$ 定义，eqp_id 为设备标识，$event\_type$ 表示设备所处状态，例如加工、维护、故障、测试等，$begin\_time$ 为状态开始时间，end_time 为状态结束时间。$A_{erh,1}, \cdots, A_{erh,Nerh}$ 为状态描述属性，例如加工模式、故障类型等信息。

工件运行历史由 $\boldsymbol{R}_{jrh} = (job\_id, event\_type, begin\_time, end\_time, A_{jrh,1}, \cdots, A_{jrh,Njrh})$ 定义，job_id 为工件标识，$event\_type$ 表示工件所处状态，例如加工、等待、试片、返工等，$begin\_time$ 为状态开始时间，end_time 为状态结束时间。$A_{jrh,1}, \cdots, A_{jrh,Njrh}$ 为状态描述属性，例如工艺参数设置等。

③ 学习样本数据模型　学习样本数据是构造数据驱动模型的基础，定义 $\boldsymbol{R}_{LS} = \{R_P, R_{UNC}, R_{AS}\}$，$\boldsymbol{R}_{LS}$ 中关系模式的属性可从 R_{MS} 和 R_{MSRH} 使用 ETL 得到，ETL $\in$ DataProcAnalyModule 是由一组关系代数操作组成的集合，用于抽取 $\boldsymbol{R}_{LS}$ 中属性值。

不确定因素样本数据模型为关系模式集合：

$\boldsymbol{R}_{UNC} = \{R_{unc} = (X_{unc,1}, \cdots, X_{unc,Nunc}, \boldsymbol{Y}_{unc}) \mid unc \in UNC\}$，其中，UNC 为制造系统中存在不确定因素的集合，例如设备加工时间、设备故障、紧急订单等。$\boldsymbol{X}_{unc} = (X_{unc,1}, \cdots, X_{unc,Nunc}) = ETLX_{unc}(R_{MS}, R_{ERH}, R_{JRH})$，是表征不确定因素 unc 影响因素的属性集（向量），描述例如设备连续运行时间、设备切换加工菜单频率、设备故障、设备保养等信息，$ETLX_{unc} \in ETL$ 为抽取 unc 影响因素属性的关系代数，$Y_{unc} = ETLY_{unc}(R_{MS}, R_{ERH}, R_{JRH})$ 为不确定因素发生的结果属性（变量），描述例如设备是否发生故障等信息，$ETLX_{unc} \in ETL$ 为抽取 unc 结果属性的关系代数。

性能指标预测样本数据模型 $R_P = (X_{se,1}, \cdots, X_{se,Nse}, X_{sch,1}, \cdots, X_{sch,Nsch}, Y_{p1}, \cdots, Y_{p,NP})$，其中，$\boldsymbol{X}_{se} = (X_{se,1}, \cdots, X_{se,Nse}) = ETLX_{se}(R_{MS})$ 是表示制造系统当前调度环境的属性集（向量），例如在制品分布、紧急工件分布等，$ETLX_{se} \in ETL$ 表示抽取调度环境属性的关系代数操作。$\boldsymbol{X}_{sch} = (X_{sch,1}, \cdots, X_{sch,Nsch})$ 表示调度方法设置方案的属性集（向量），例如调度方法分配（按设备或加工区），Y_{pi} 表示制造系统在调度环境 $\boldsymbol{X}_{se}$ 下采用调度方法设置方案 $\boldsymbol{X}_{sch}$ 得到的性能指标属性（变量），描述例如准时交货率、平均加工周期等调度性能指标。

自适应调度样本数据模型为关系模式集合：

$\{\boldsymbol{R}_{AS,pi} = (X_{se,1}, \cdots, X_{se,Nse}, Y_{sch,1}, \cdots, Y_{sch,Nsch}) \mid p_i \in P\}$，其中，

$Y_{sch} = (Y_{sch,1}, \cdots, Y_{sch,Nsch})$ 表示在调度环境 X_{se} 下优化性能指标 p_i 的调度方法设置方案的属性集（向量）。

（2）模型层

$$ModelLevel = (OOSM_{MS}, DDPM_{MS})$$

① 制造系统面向对象模型　制造系统的面向对象仿真模型（Object-Oriented Simulation Model，$OOSM_{MS}$）是可执行的仿真模型，根据对象建模技术的定义，$OOSM_{MS}$ 可由制造系统对象模型（C_{MS}）、制造系统动态模型（D_{MS}）、制造系统功能模型（F_{MS}）从三个方面描述：

$$OOSM_{MS} = (C_{MS}, D_{MS}, F_{MS})$$

定义 2.2（对象模型）　对象模型 C 由一组类定义描述，$C = \{C_1, \cdots C_{NC}\}$，类 C_i 可由四元组的形式定义，$C_i = <A_{Ci}, M_{Ci}, \text{Ref}_{Ci}, \text{Agg}_{Ci}>$，其中：

A_{Ci} 为描述 C_i 定义对象的属性的集合；

M_{Ci} 为 C_i 定义对象可调用的方法集合；

Ref_{Ci} 为 C_i 定义的对象引用对象的集合，记为 $c_i : C_j \in \text{Ref}_{Ci}$，即 C_j 定义的对象 $c_j (c_j : C_j)$ 被 C_i 定义的对象引用。

Agg_{Ci} 包含若干组成 C_i 的对象集合，记为 $c_k s : \text{Set} < C_k > \in \text{Agg}_{Ci}$，即 C_i 定义的对象包含了一组由 C_k 定义的对象所组成的集合（$c_k s : \text{Set} < C_k >$）。

$\text{ID}(A_{Ci}) \subseteq A_{Ci}$ 为可唯一标识 C_i 对象的属性集。

定义 2.3（对象关系映射）　$ORM \in DataPreprocAnalyModule$ 为数据模型和对象模型之间的映射 $C = ORM(R)$。

$$ORM(R_i) = C_i$$
$$ORM(K(R_{Ci}) - FK(R_{Ci})) \bigcup PK(R_{Ci}) = A_{Ci}$$
$$ORM(PK(R_{Ci})) = ID(A_{Ci})$$
$$PK(R_{Cj}) \subseteq FK(R_{Ci}) => c_i : ORM(R_{Cj}) \in \text{Ref}_{Ci}$$
$$PK(R_{Ci}) \subseteq FK(R_{Ck}) => c_k s : \text{Set} < ORM(R_{Ck}) > \in \text{Agg}_{Ci}$$

由定义 2.3 给定的映射机制可推导出制造系统面向对象模型的对象模型 C_{MS}，C_{MS} 描述了对象的类型和关联，C_{MS} 由一组类定义组成。$C_{MS} = \{C_{eqp}, C_{proc}, C_{op}, C_{wa}, C_{order}, C_{job}, C_{recipe}, C_{step}\}$，其中：

C_{eqp} 类定义了设备对象，$C_{eqp} = <A_{eqp}, M_{eqp}, \text{Ref}_{eqp}, \text{Agg}_{eqp}>$，其中，$A_{eqp} = \{eqp\_id, A_{eqp,1}, \cdots, A_{eqp,Ne}\}$ 为设备属性的集合，eqp_id 为设备标识，$A_{eqp,1}, \cdots, A_{eqp,Ne}$ 为设备描述属性；$\text{Ref}_{eqp} = \{wa : C_{wa}, recipe : C_{recipe}, job : C_{job}\}$，$wa$ 为设备所在加工区，$recipe$ 为设备当前加工菜单，

job 为设备当前加工的工件，$\text{Agg}_{\text{eqp}} = \{\text{recipes}: \text{Set}<C_{\text{recipe}}>\}$，recipes 表示设备可处理的加工菜单集合。

C_{wa} 类定义了加工区对象，$C_{\text{wa}} = <A_{\text{wa}}, M_{\text{wa}}, \text{Ref}_{\text{wa}}, \text{Agg}_{\text{wa}}>$，其中，$A_{\text{wa}} = \{\text{wa\_id}, A_{\text{wa},1}, \cdots, A_{\text{wa},Nw}\}$ 为设备属性的集合，其中 wa_id 为加工区标识，$A_{\text{wa},1}, \cdots, A_{\text{wa},Nw}$ 为描述属性；$\text{Ref}_{\text{wa}} = \varnothing$，$\text{Agg}_{\text{wa}} = \{\text{eqps}: \text{Set}<C_{\text{eqp}}>, \text{jobs}: \text{Set}<C_{\text{job}}>\}$，eqps 表示加工区包含的设备集合，jobs 表示当前位于加工区的工件集合。

C_{op} 类定义了工序对象，$C_{\text{op}} = <A_{\text{op}}, M_{\text{op}}, \text{Ref}_{\text{op}}, \text{Agg}_{\text{op}}>$，其中，$A_{\text{op}} = \{\text{op\_id}, A_{\text{op},1}, \cdots, A_{\text{op},No}\}$ 为设备属性的集合，其中，op_id 为工序标识，$A_{\text{op},1}, \cdots, A_{\text{op},No}$ 为工序描述属性；$\text{Ref}_{\text{op}} = \varnothing, \text{Agg}_{\text{op}} = \varnothing$。

C_{recipe} 类定义了加工菜单对象，$C_{\text{recipe}} = <A_{\text{recipe}}, M_{\text{recipe}}, \text{Ref}_{\text{recipe}}, \text{Agg}_{\text{recipe}}>$，其中，$A_{\text{recipe}} = \{\text{recipe\_id}, A_{\text{recipe},1}, \cdots, A_{\text{recipe},Nr}\}$ 为加工菜单属性的集合，其中，recipe_id 为加工菜单标识，$A_{\text{recipe},1}, \cdots, A_{\text{recipe},Nr}$ 为加工菜单的描述属性；$\text{Ref}_{\text{recipe}} = \{\text{eqp}: C_{\text{eqp}}, \text{op}: C_{\text{op}}\}$，eqp 表示加工菜单所在的设备，op 表示加工菜单处理的工序，$\text{Agg}_{\text{recipe}} = \varnothing$。

C_{proc} 类定义了工艺流程对象，$C_{\text{proc}} = <A_{\text{proc}}, M_{\text{proc}}, \text{Ref}_{\text{proc}}, \text{Agg}_{\text{proc}}>$，其中，$A_{\text{proc}} = \{\text{proc\_id}, A_{\text{proc},1}, \cdots, A_{\text{proc},Np}\}$ 为工艺流程属性的集合，其中 proc_id 为工艺流程标识，$A_{\text{proc},1}, \cdots, A_{\text{proc},Np}$ 为工艺流程的描述属性；$\text{Ref}_{\text{proc}} = \varnothing$，$\text{Agg}_{\text{proc}} = \{\text{steps}: \text{Set}<C_{\text{step}}>\}$ 表示与工艺流程对象包含的工步。

C_{step} 类定义了加工步骤对象，$C_{\text{step}} = <A_{\text{step}}, M_{\text{step}}, \text{Ref}_{\text{step}}, \text{Agg}_{\text{step}}>$，其中，$A_{\text{step}} = \{\text{step\_id}, \text{position}, A_{\text{step},1}, \cdots, A_{\text{step},Ns}\}$ 为工步属性的集合，其中 step_id 为工步标识，position 为工步在其所属的工艺流程中的位置，$A_{\text{step},1}, \cdots, A_{\text{step},Ns}$ 为工步的描述属性；$\text{Ref}_{\text{step}} = \{\text{proc}: \text{Proc}\}$，proc 为流程步所属的工艺流程，$\text{Agg}_{\text{step}} = \varnothing$。

C_{order} 类定义了订单对象，$C_{\text{order}} = <A_{\text{order}}, M_{\text{order}}, \text{Ref}_{\text{order}}, \text{Agg}_{\text{order}}>$，其中，$A_{\text{order}} = \{\text{order\_id}, A_{\text{order},1}, \cdots, A_{\text{order},Nor}\}$ 为订单属性的集合，其中 order_id 为订单标识，$A_{\text{order},1}, \cdots, A_{\text{order},Nor}$ 为订单的描述属性；$\text{Ref}_{\text{order}} = \{\text{proc}: \text{Proc}\}$，proc 为完成订单所需的工艺流程，$\text{Agg}_{\text{order}} = \{\text{jobs}: \text{Set}<C_{\text{job}}>\}$ 表示订单包含的工件。

C_{job} 类定义了工件对象，$C_{\text{job}} = <A_{\text{job}}, M_{\text{job}}, \text{Ref}_{\text{job}}, \text{Agg}_{\text{job}}>$，其中，$A_{\text{job}} = \{\text{job\_id}, A_{\text{job},1}, \cdots, A_{\text{job},Nj}\}$ 为工件属性的集合，其中 job_id 为工件标识，$A_{\text{job},1}, \cdots, A_{\text{job},Nj}$ 为工件的描述属性；$\text{Ref}_{\text{job}} = \{\text{order}: C_{\text{order}}, \text{eqp}: C_{\text{eqp}}, \text{wa}: C_{\text{wa}}, \text{step}: C_{\text{step}}\}, \text{Agg}_{\text{job}} = \varnothing$。

C_{MS} 定义的对象实例 $\text{obj}_t(C_{\text{MS}})$ 可通过对 R_{MS} 定义的数据库实例

$ins_t(R_{MS})$ 根据映射规则 ORM 执行转换，记为 $obj_t(C_{MS}) = TRF(ins_t(R_{MS}))$，即 t 时刻制造系统的在线数据模型实例，通过 ORM 定义的转换 TRF 可得面向对象模型中对象实例及初始化。从模型驱动架构角度，模型实例之间的转换可以从模型的定义之间的映射定义，因此，TRF 可由 ORM 定义。如图 2-2 所示。

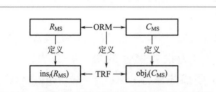

图 2-2　数据模型与关系模型的映射与转换

从调度的角度考察功能模型 F_{MS}，可将 F_{MS} 定义如下：

当调度周期 T 给定时，F_{MS} 描述了调度环境 X_{se} 下采用调度方法配置 X_{sch} 与性能指标之间的映射关系，即 $F_{MS} = \{Y_{pi} = f_{pi}(X_{se}, X_{sch}) \mid p_i \in P\}$。

② 数据驱动预测模型　模型层中的数据驱动预测模型 DDPM 包含三类模型：不确定因素估计模型（UPM），性能指标预测模型（PPM），自适应调度模型（ASPM）。即 DDPM＝（PPM，UPM，AS-PM）。DDPM 通过 DataProcAnalyModule 中的方法利用 DataLevel 定义的样本学习数据构造，preProcData ∈ DataProcAnalyModule 为数据预处理方法，BuildPredictionModel ∈ DataProcAnalyModule 为基于数据的预测建模方法。

$OOSM_{MS}$ 中包含例如工件加工时间、设备故障、紧急订单等不确定因素（UNC），为了使得 $OOSM_{MS}$ 的运行结果更为精确，可从制造系统的实际运行历史记录中得到一组数据驱动的不确定因素估计模型 UPM 表征这些不确定因素，对于 unc ∈ UNC，其数据驱动预测模型 f'_{unc} 从 $ins_t(R_{unc})$ 学习得到：

$$ins_t(R_{unc}) = \{< x_{unc,t'}, y_{unc,t'} > \mid x_{unc,t'}$$
$$= ETLX_{unc}(ins_{t'}(R_{MS}), ins_{t'}(R_{ERH}), ins_{t'}(R_{JRH})),$$
$$y_{unc,t'} = ETLY_{unc}(ins_{t'}(R_{MS}), ins_{t'}(R_{ERH}), ins_{t'}(R_{JRH}))\}$$

其中，$x_{unc,t'}$ 为 unc 的影响因素向量 X_{unc} 的取值，$y_{unc,t'}$ 为 unc 结果变量 Y_{unc} 的取值。一般情况下，$y_{unc,t'}$ 可以从历史数据中抽取，当 $y_{unc,t'}$ 难以获取时，亦可通过 $OOSM_{MS}$ 模拟实际制造系统运作得到。

通过 preProcData 对 $ins_t(R_{unc})$ 进行预处理，调用数据驱动建模方法 BuildPredictionModel 可得不确定因素 unc 的数据驱动预测模型 $f'_{unc}(X'_{unc})$：

$$Y_{unc} = f'_{unc}(X'_{unc}) = BuildPredictionModel(preProcData(ins(R_{unc})))$$

其中，X'_{unc} 是经过数据预处理的规约后的 unc 的影响因素。

从而 $\mathrm{UPM} = \{ \boldsymbol{Y}_{\mathrm{unc}} = f'_{\mathrm{unc}}(\boldsymbol{X}'_{\mathrm{unc}}) \mid \mathrm{unc} \in \mathrm{UNC} \}$

当制造系统呈现大规模且制造过程复杂时，$\mathrm{OOSM}_{\mathrm{MS}}$ 的运行时间较长，难以在线运行。已知 $\mathrm{OOSM}_{\mathrm{MS}}$ 的功能模型 F_{MS}，可从 $\mathrm{OOSM}_{\mathrm{MS}}$ 的运行历史数据中得到一组数据驱动的性能指标预测模型 PPM 作为 F_{MS} 的近似表达，通过调用 PPM 中的模型可以快速得到 F_{MS} 的近似输出。对于性能指标 p_i，其数据驱动预测模型 f'_{pi} 由 $\mathrm{ins}_t(R_{\mathrm{P}})$ 学习得到：

$\mathrm{ins}_t(R_{\mathrm{P}}) = \{ <x_{\mathrm{se},t'}, x_{\mathrm{sch}}, y_{p1,t'}, \cdots, y_{pNP,t'}> \mid x_{\mathrm{se},t'} = \mathrm{ETL}_{\mathrm{se}}(\mathrm{ins}_{t'} (R_{\mathrm{MS}})), y_{pi,t'} = f_{pi}(x_{\mathrm{se},t'}, x_{\mathrm{sch}}), p_i \in P, t' < t \}$

其中，$x_{\mathrm{se},t'}$ 为 t' 时刻调度环境向量 $\boldsymbol{X}_{\mathrm{se}}$ 的取值，从数据库实例 $\mathrm{ins}_{t'}(R_{\mathrm{MS}})$ 中抽取，x_{sch} 为调度方法设置向量 $\boldsymbol{X}_{\mathrm{sch}}$ 的取值，可以由用户指定，亦可通过枚举法遍历。$y_{pi,t'}$ 为在时刻 t'，调度环境为 $x_{\mathrm{se},t'}$ 时，采用 x_{sch} 所指定的调度方法设置，以给定的调度周期 T 运行 $\mathrm{OOSM}_{\mathrm{MS}}$ 得到的性能指标 $p_{i,t'}$ 的取值。如 x_{sch} 和实际制造系统采用的调度方法设置一致，则亦可直接从制造系统在 t' 之后 T 个时刻的 R_{MSRH} 的数据库实例中获取 p_i 的值，即从 $\mathrm{ins}_{(t'+T)} R_{\mathrm{MSRH}}$ 中获取 $p_{i,t'}$ 的值，记为 $p_{i,t'} = \mathrm{ETLY}_{pi}(\mathrm{ins}_{(t'+T)} R_{\mathrm{MSRH}})$，其中 T 为调度周期。

通过 preProcData 对 $\mathrm{ins}_t(R_{\mathrm{P}})$ 进行预处理，进一步调用数据驱动建模方法 BuildPredictionModel 可得性能指标 p_i 的数据驱动预测模型 $f'_{pi}(X'_{\mathrm{se}}, \boldsymbol{X}_{\mathrm{sch}})$：

$Y_{pi} = f'_{pi}(\boldsymbol{X}'_{\mathrm{se}}, \boldsymbol{X}_{\mathrm{sch}}) = \mathrm{BuildPredictionModel}(\mathrm{preProcData}(\mathrm{ins}_t(R_{\mathrm{P}})))$

其中，$\boldsymbol{X}'_{\mathrm{se}}$ 是经过数据预处理规约的调度环境向量。

从而 $\mathrm{PPM} = \{ Y_{pi} = f'_{pi}(\boldsymbol{X}'_{\mathrm{se}}, \boldsymbol{X}_{\mathrm{sch}}) \mid p_i \in P' \}$

其中，P' 是经过数据预处理规约的调度性能指标集。

由于制造系统的复杂性，迭代优化 $\mathrm{OOSM}_{\mathrm{MS}}$ 的调度方法设置无法在线完成。已知 $\mathrm{OOSM}_{\mathrm{MS}}$ 的功能模型 F_{MS}，可从 $\mathrm{OOSM}_{\mathrm{MS}}$ 的优化运行历史数据中得到数据驱动的自适应调度模型作为优化 F_{MS} 的方法。对于性能指标 p_i，其数据驱动自适应调度模型 $\mathrm{argmin}_{\boldsymbol{X}'_{\mathrm{sch}}} f_{pi}(\boldsymbol{X}'_{\mathrm{se}}, \boldsymbol{X}_{\mathrm{sch}})$ 由 $\mathrm{ins}_t (R_{\mathrm{AS},pi})$ 学习得到：

$\mathrm{ins}_t(R_{\mathrm{AS},pi}) = \{ <x_{\mathrm{se},t'}, y_{\mathrm{sch},t'}> \mid y_{\mathrm{sch},t'} = \mathrm{argmin}_{\boldsymbol{X}_{\mathrm{sch}}} f_{pi}(\boldsymbol{X}'_{\mathrm{se}}, \boldsymbol{X}_{\mathrm{sch}}) \}$

其中，$x_{\mathrm{se},t'}$ 为 t' 时刻调度环境向量 $\boldsymbol{X}_{\mathrm{se}}$ 的取值，从数据库实例 $\mathrm{ins}_{t'}(R_{\mathrm{MS}})$ 中抽取。$y_{\mathrm{sch},t'}$ 为在调度环境 $x_{\mathrm{se},t'}$ 下通过迭代运行 $\mathrm{OOSM}_{\mathrm{MS}}$ 可最优化（令最优化为最小化）调度性能指标 p_i 的调度方法设置。$y_{\mathrm{sch},t'}$ 亦可为在调度环境 $x_{\mathrm{se},t'}$ 下实际生产线上得到较优化调度性能指标 p_i 的调度方法设置，即当制造系统在 t' 至 $t'+T$ 时间段内性能指标 p_i 达到较好结果（由 $\mathrm{ins}_{(t'+T)} R_{\mathrm{MSRH}}$ 推断出），则将制造系统在 t' 时刻采用的调度方

法设置作为 $y_{sch,t'}$ 保存。

通过 preProcData 对 $ins_t(R_{AS,pi})$ 进行预处理，进一步调用数据驱动建模方法 BuildPredictionModel 可得自适应优化性能指标 p_i 的数据驱动预测模型 $argmin_{\boldsymbol{X}_{sch}} f_{pi}(\boldsymbol{X}'_{se}, \boldsymbol{X}_{sch})$：

$Y_{sch} = argmin_{\boldsymbol{X}'_{sch}} f_{pi}(\boldsymbol{X}'_{se}, \boldsymbol{X}_{sch}) = BuildPredictionModel(preProcData (ins(R_{AS})))$，$\boldsymbol{X}'_{se}$ 是经过数据预处理规约的调度环境变量。

由此 $ASPM = \{Y_{sch} = argmin_{\boldsymbol{X}_{sch}} f_{pi}(\boldsymbol{X}'_{se}, \boldsymbol{X}_{sch}) \mid p_i \in P\}$

（3）调度方法模块

调度方法模块包含三类方法：生产计划方法集（PlanMethods），生产调度方法集（SchMethods），元启发式搜索方法集（MHS），可用下式表示：

$$SchModule = \{PlanMethods, SchMethods, MHS\}$$

其中，PlanMethods 中的方法是用于处理订单的生产计划方法，例如半导体制造系统中的投料策略，可以采用固定投料、基于交货期的投料、多目标投料、智能投料等方法；SchMethods 实现工件调度的生产调度方法，例如半导体制造系统中的用于计算工件优先级的实时调度规则或用于工件排序的搜索方法等。PlanMethods 和 SchMethods 中的方法可以在 OOM_{MS} 中实现，PlanMethods 中的方法可以作为 C_{order} 类的成员方法实现（在 M_{order} 中实现），SchMethods 中的方法可以作为 C_{eqp} 类、C_{wa} 类或 C_{job} 类的成员方法实现（在 M_{eqp}、M_{wa} 或 M_{job} 中实现）。PlanMethods 和 SchMethods 中的方法也可封装成构件供 $OOSM_{MS}$ 调用。$OOSM_{MS}$ 对调度方法的设置（例如将实时调度规则按设备/加工区生产线进行分配）以一定形式编码，由向量 $\boldsymbol{X}_{sch}$ 表示，$\boldsymbol{X}_{sch}$ 的值可以通过枚举遍历或者用户设置的方式给定，$OOSM_{MS}$ 根据编码规则解码 $\boldsymbol{X}_{sch}$ 并调用相应的生产计划方法和生产调度方法实现调度，完成加工，得到相应性能指标。当通过迭代运行 OOM_{MS} 的方式生成数据驱动自适应调度模型学习样本时，当 $\boldsymbol{X}_{sch}$ 维度较高，$argmin_{\boldsymbol{X}_{sch}} f_{pi}(x_{se,t'}, \boldsymbol{X}_{sch})$ 很难实现，因此可通过 MHS 提供元启发式搜索方法，通过迭代优化运行 OOM_{MS} 的方式，得到较优的 $\boldsymbol{X}_{sch}$ 值作为训练样本，即 mhs $\in$ MHS，使得：

$$mhs_{\boldsymbol{X}_{sch}}(f_{pi}(x_{se,t'}, \boldsymbol{X}_{sch})) \approx argmin_{\boldsymbol{X}_{sch}} f_{pi}(x_{se,t'}, \boldsymbol{X}_{sch})$$

（4）数据处理与分析模块

调度方法模块包含五类方法：抽取转换加载方法集（ETL）、对象关系映射规则集（ORM）、数据预处理方法集（PreProcData）、预测建模方法集（BuildPredictionModel）和元启发式优化方法集（MHO），可用下式表示：

DataProcAnalyModule = {ETL，ORM，PreProcData，BuildPredictionModel，MHO}

其中，ETL 中的方法用于数据模型的转换，ORM 实现制造系统在线数据模型和面向对象模型中对象模型的映射，PreProcData 实现学习样本数据的预处理，BuildPredictionModel 从学习样本学习得到数据驱动的预测模型，MHO 针对 PreProcData 和 BuildPredictionModel 中的方法存在参数敏感等缺点，进行参数优化。例如，已知数据集 DS，$preProcData_{pars} \in$ PreProcData，pars 为 PreProcData 所需设置的参数集，则可选用 mho $\in$ MHO，通过 $mho(preProcData_{pars}(DS))$ 优化 pars 设置，提升 $preProcData_{pars}$ 对数据预处理的质量。

2.2.3 DSACMS 的对复杂制造系统调度建模与优化的支持

DSACMS 对复杂制造系统调度建模与优化的支持是通过 ModelLevel 中的模型和 SchModule 中的方法共同实现，如图 2-3 所示。基于数据的特点通过 DDPM 体现，UPM、PPM 和 $OOSM_{MS}$ 共同支持调度建模，其中，UPM 对 $OOSM_{MS}$ 实现模型求精，PPM 近似实现 F_{MS}。ASPM 和 SchModule 共同实现调度优化，ASPM 实现 SchModule 中方法的自适应设置提高调度的智能化水平。

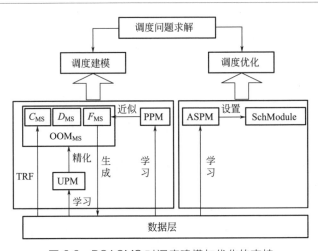

图 2-3 DSACMS 对调度建模与优化的支持

数据层中的数据可通过 ORM 映射定义的 TRF 对 C_{MS} 定义的对象模型的初始化，并可作为模型转换的媒介实现 F_{MS} 与 PPM、ASPM 之间模型转换。而模型转换的质量取决于 DataProcAnalyModel 中的方法从数据中学习出具有高泛化能力的模型。

2.2.4 DSACMS 中的关键技术

(1) OOSM$_{MS}$ 建模技术

由 OOSM$_{MS}$ 的功能模型 F_{MS} 的定义可知，运行 OOSM$_{MS}$ 的目的在于获取在特定调度环境下不同调度方法的设置方式对调度性能指标的影响，因此，OOSM$_{MS}$ 对 DSACMS 具有重要意义。在 DSACMS 的形式化描述中已经定义了 OOSM$_{MS}$ 对象模型 C_{MS} 和 OOSM$_{MS}$ 的功能模型 F_{MS}，数据模型和对象模型映射关系 ORM 可以根据当前 MES、SCADA 系统中的数据对 C_{MS} 定义的对象模型进行初始化从而使得 OOSM$_{MS}$ 可以反映制造系统的实际工况。因此 OOSM$_{MS}$ 的建模还需要完成如下两个任务：根据制造系统实际情况定义 C_{MS} 中的类的属性；根据制造系统的加工流程设计 OOSM$_{MS}$ 的动态模型 D_{MS}。高质量的 OOSM$_{MS}$ 模型可以使得 F_{MS} 能够近似模拟实际制造系统的运作结果。

(2) SchModule 的设计

SchModule 中包含了应用于 OOSM$_{MS}$ 的生产计划和调度方法，如果 SchModule 中的方法适用于 OOSM$_{MS}$，则能大幅度提高 OOSM$_{MS}$ 搜集学习样本的效率。通过基于数据驱动的预测模型自适应选择调度方案设置也可以得到更优的效果。

(3) DataProAnalyModule 的设计

虽然 OOSM$_{MS}$ 和 SchModule 对 DSACMS 有重要作用，但仍属于传统调度建模优化的范畴，DSACMS 的关键在于构造具有高泛化能力的预测模型，在不确定因素预测、性能指标预测、自适应调度预测等预测模型支持复杂制造系统的调度。DataProAnalyModule 的设计对 DSACMS 起核心作用。DSACMS 已经对 ORM 作了定义，ETL 则可以通过标准化关系查询语言（Structured Query Language，SQL），在本文余下章节，将研究使用基于计算智能的元启发式优化算法（MHO）用于数据预处理方法（preProcData）和数据建模方法（BuildPredictionModel）的参数优化，用于复杂制造系统的数据预处理与数据驱动预测模型构造。

2.3　应用实例

2.3.1　FabSys 概述

　　半导体制造系统是以单晶硅为原料，集成电路为产品的生产线，其制造过程如图 2-4 所示，将单晶硅锭切片磨光后，通过前端工艺和后端工艺对硅片进行加工，制成集成电路芯片。其中前端工艺为硅片加工工艺，包括氧化、光刻、刻蚀、离子注入、扩散、清洗等工序。后端工艺对硅片进行分割、封装、测试。相比后端工艺，前端工艺工序步骤多，工艺流程复杂，设备成本高，处理前端工艺的硅片加工生产线的调度问题是本章的研究对象。硅片加工生产线规模可达到数百台设备，每个产品需要完成数百道加工工序。

　　某硅片生产制造企业 5in、6in（1in＝25.4mm）硅片加工生产线（Fabrication System，FabSys）的基本参数如表 2-1 所示。从表 2-1 中的数据可知，FabSys 具有工艺流程复杂、多重入、多产品混合加工、设备加工类型多样等特点，此外在 FabSys 加工过程中，设备故障、订单变更、返工等不确定因素频繁发生，因此，FabSys 是典型的复杂制造系统。

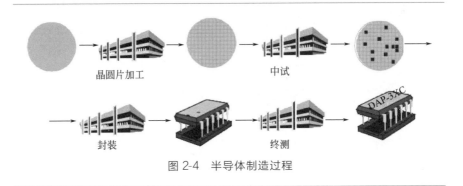

晶圆片加工　　　　　　　　　　　中试

封装　　　　　　　　　　　　　终测

图 2-4　半导体制造过程

　　FabSys 中设备处理的加工工序和图 2-4 中的前端加工工艺"晶圆片加工"相对应，这些设备按功能划分为 8 个加工区域，这些加工区域的名称和缩写如表 2-2 所示，将所有加工区的集合记为 work_areas＝{DF, IM, EP, LT, PE, PC, TF, WT}。

　　本章以上述 5in、6in 硅片加工生产线（FabSys）的调度问题为验证对象。从表 2-1 中 FabSys 的设备和在制品规模可知 FabSys 的调度问题为大规模、非零初始状态调度问题。在调度过程中，受紧急订单、设备故障等不确定事件和加工时间、剩余加工周期等不确定参数的影响，较难获取长期有效并优化全局性能指标的调度方案。这里在研究 FabSys 的调度问题时借助课题组前期自主研发的硅片加工生产线调度仿真模型（$OOSM_{fab}$），可以通过数据接口实时加载 FabSys 的实际在线生产数据，并可模拟企业生产线的运行状况。$OOSM_{fab}$ 中实现启发式调度规则和企业的通用调度规则，通过这些调度规则确定硅片在设备上的优先级，从而生成调度方案。

表 2-1　FabSys 生产线的基本参数

基本参数	数量级
设备规模/台	≥500
设备加工类型/类	5
产品类型/类	≥100
加工流程步骤/步	≥300
光刻次数/次	≥5
在制品规模/片	≥40000

表 2-2　FabSys 中的加工区及缩写

加工区名称	加工区缩写
氧化扩散区	DF
注入区	IM
外延区	EP
光刻区	LT
干法刻蚀区	PE
淀积区	PC
溅射区	TF
湿法刻蚀、湿法去胶、湿法清洗区	WT

2.3.2　FabSys 的面向对象仿真模型

基于面向对象技术的仿真模型（Object-Oriented Simulation Model,

OOSM）通过描述组成系统的对象属性、对象行为、对象关系等系统静态结构和对象交互、对象状态变化等动态过程来描述系统的运作，有良好的可扩充性和复用性，具备较高的建模效率和建模精度，也易于与优化算法、人工智能方法相结合。OOSM 是复杂制造系统仿真研究的有利工具，也是当前广泛使用的复杂制造系统仿真建模技术。统一建模语言UML（Unified Modeling Language，UML）是使用最广泛的面向对象分析与建模语言。本节在对 FabSys 充分调研且忽略部分企业细节的基础上，基于 UML 对 FabSys 进行面向对象建模，从对象模型、动态模型和功能模型三方面对 FabSys 的组成结构和运作过程进行描述。基于离散建模仿真工具 Plant Simulation 及其面向对象编程语言 Simtalk 实现 FabSys的 OOSM 系统 OOSM$_{fab}$。FabSys 的动态模型所描述的过程被封装为Simtalk 中的 Method 在 OOSM$_{fab}$ 中实现并固化，并通过 ORM 映射实现TRF 加载在线数据模型，保持 OOSM$_{fab}$ 和 FabSys 的同步。

（1）OOSM$_{fab}$ 的对象模型（C_{fab}）

参考 C_{MS}，可通过类图定义 C_{fab}。在 FabSys 的加工过程中，工件加工工艺流程（Process）、工件加工设备（Equipment）、工件（Lot）为建模的核心类，以这三种核心类构造的 FabSys 类图如图 2-5 所示。

Process 类定义了硅片的加工工艺流程，process_ID 为工艺流程编号，每个 Process 对象包含若干加工步，Step 类定义了加工步，每个加工步由加工工序（operation）和该道工序在工艺流程中的相对位置（position）所确定。Order 类定义了客户订单，包含了客户下单且具有相同Process 的硅片，定义了硅片需求数量（quantity）和硅片交货期（due_date）。Release_Plan 类定义了订单的投料计划，包括其对应订单（order）、投料时间（release_time）、投料数量（quantity）。

Equipment 类定义了硅片加工设备，每台设备都分配唯一设备编号（eqp_ID），每台设备有若干加工菜单（recipes）处理不同的加工工序。Recipe 类定义了加工菜单，eqp_ID 表示加工菜单所属的设备编号，此外加工菜单还包括加工工序（operation）和加工时间（processing_time）两个属性，由此可知，不同设备在处理不同加工工序时加工时间不唯一，从而体现了不同设备之间的可互替性和不同的加工能力。operation 为设备的当前可加工工序。processing_time 为当前工序的加工时间。这两个属性即表示设备当前使用的加工菜单。eqp_type 为设备加工类型，设备按加工单位可以分为按卡（lot）加工、按片（wafer）加工、按组批（batch）加工三种类型，eqp_status 为设备状态，设备有空闲（Idle）、就

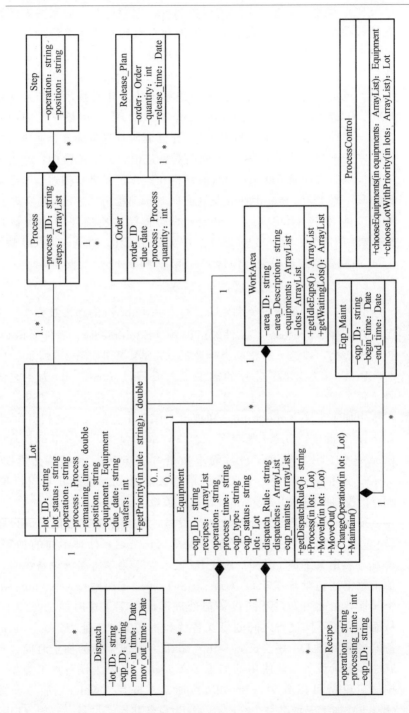

图2-5　FabSys的类图

绪（Ready）、加工（Processing）和维护（Maintain）四种状态，当 eqp_status＝Processing 时，lot 属性表示设备正在加工的硅片，否则 lot 属性为空。dispatch_rule 表示设备在选择下一个加工硅片时使用的调度规则，用以计算待加工硅片的优先级。eqp_maints 为一组设备维护计划，设备维护计划由 Eqp_Maint 类定义，在时间区间[begin_time,end_time]内，编号 eqp_ID 为设备处于保养期，无法进行派工。dispatches 为一组设备派工方案，派工方案由 Dispatch 类定义，在时间区间[mov_in_time,mov_out_time]内，硅片编号为 lot_ID 的硅片在设备编号为 eqp_ID 的设备上进行加工，lot_ID 对应的硅片和 eqp_ID 对应的设备均处于 Processing 状态。FabSys 中，设备根据功能划分成不同的加工区，WorkArea 类定义了加工区，area_ID 为加工区编号，加工区内含有设备组 equipments 和缓冲区内等待加工硅片 lots。

在 FabSys 中，硅片以卡（lot）为单位进行加工，一卡硅片最多包含 25 片硅片。Lot 类定义了 FabSys 中的在制品信息，其中 lot_ID 为一卡硅片的编号，lot_status 为工件状态，有缓冲区等待（Waiting）、加工（Processing）和维护（Maintaining）状态。当 lot_status＝Processing，opration 为当前加工工序，position 为当前加工工序在工艺流程中的相对位置，equipment 为工件所在的加工设备，remaining_time 为当前加工工序剩余的加工时间。当 lot_status＝Waiting，opration 为待加工工序，position 为待加工工序在工艺流程中的相对位置，equipment 为空。due_date 为工件交货期，wafers 表示该卡硅片包含的硅片数。

（2）$OOSM_{fab}$ 的动态模型（D_{fab}）

D_{fab} 包含描述调度派工过程的时序图和描述设备状态变换的状态图。FabSys 的调度派工过程由时序图（图 2-6）描述，FabSys 的派工过程由静态类 ProcessController 控制，首先获取加工区内空闲且近期没有维护计划的设备（getIdleEqps()），当加工区存在多个空闲设备时，则通过选择加工菜单最少的设备优先进行派工（chooseEquipments()），对于加工区内缓冲区内等待加工的硅片（getWaitingLots()），根据被选中设备的调度规则（getDispatchRule()）为每卡等待工件计算优先级（getPriority()），从等待硅片中选出具有最高优先级的硅片（chooseLotWithPriority()），将其分派给选中设备进行加工（Process()）。分配加工是异步请求，因此无需等待该硅片加工完成即可继续为剩余空闲设备进行硅片分配。

设备的状态图（图 2-7）具体展现硅片加工的细节，当硅片达到空闲设备时，首先检查设备当前加工工序和硅片待加工工序是否匹配

（Lot. operation＝Eqp. operation），如果匹配直接进入就绪状态，如果不匹配，进行加工工序切换（ChangeOperation()）后进入就绪状态。当设备就绪，则将硅片移入设备（MoveIn()）进行加工，直到完成该工序加工时间，将硅片移出设备（MoveOut()），设备重新回到空闲状态。当设备到达保养时间则进行保养（Maintain()），进入保养（Maintaining）状态，无法对保养状态的设备进行派工，当保养结束则恢复空闲（Idle）状态。

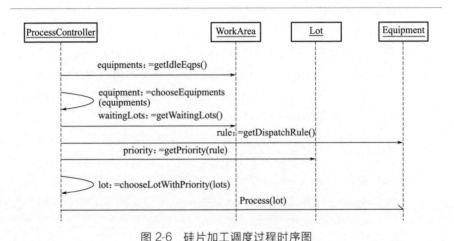

图 2-6　硅片加工调度过程时序图

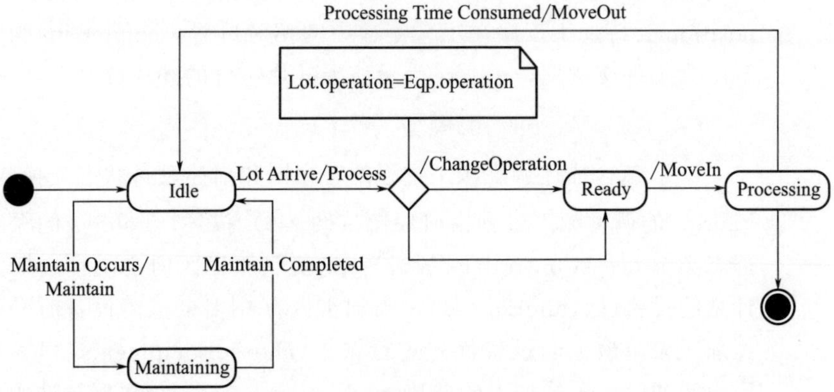

图 2-7　设备加工硅片状态图

（3）FabSys 的调度环境向量（$X_{se,fab}$）

FabSys 的调度优化问题是典型的非零初始状态调度问题，FabSys 的调度环境（例如在制品在各个加工区的分布，各个加工区的设备状态等）直接影响到优化调度的结果和性能。FabSys 的调度环境通过向量 $X_{se,fab}$

描述，在表 2-3 中总结出一组变量描述 FabSys 的调度环境，其中下标 $X\in\{5,6\}$ 表示硅片型号为 5in 或者 6in，下标 $WA\in work\_areas$ 表示加工区。可将 $\boldsymbol{X}_{se,fab}$ 的分量分为生产线调度环境变量和加工区调度环境变量。如表 2-3 和表 2-4 所示。

首先定义表 2-3 和表 2-4 中的参数：

NL　　　　系统中在制品集合

NL_X　　　系统中不同类别的在制品集合

NBL　　　系统中紧急工件集合

E　　　　系统中可用设备集合

BE　　　系统中瓶颈设备集合

D_i　　　　工件 i 的交货期

Now　　　当前决策时刻

$RPTS_{ij}$　工件 i 在设备 j 上的净加工时间

SDT_j　　设备 j 的保养时间（$24-SDT_j$，为设备 j 一天的运行时间）

NL_{WA}　　各加工区在制品集合

NBL_{WA}　各加工区紧急工件集合

E_{WA}　　各加工区可用设备集合

BE_{WA}　　各加工区瓶颈设备集合

① 生产线调度环境变量　生产线调度环境变量包含：系统中当前在制品数量、系统中在制品分类数量、系统中紧急工件数量、系统中紧急工件所占比例、系统中当前可用设备数量、系统中瓶颈设备数量、瓶颈设备所占比例、系统中工件从当前时刻到理论交货期的平均剩余时间、系统中工件从当前时刻到理论交货期的剩余时间标准差以及系统加工产能比等。

② 加工区调度环境变量　加工区调度环境变量考虑如下属性：各加工区中在制品数量、各加工区中的在制品数占总在制品数的比例、各加工区加工产能比、各加工区可用设备数量、各加工区瓶颈设备数量、各加工区瓶颈设备占该区可用设备的比例等。

表 2-3　生产线调度环境变量

属性名称	属性含义	数学描述
WIP	系统中当前在制品数量	$|NL|$
WIP_X	系统中在制品分类数量	$|NL_X|$
NoBL	系统中紧急工件数量	$|NBL|$
PoBL	系统中紧急工件所占比例	$|NBL|/|NL|$

属性名称	属性含义	数学描述
NoE	系统中当前可用设备数量	$\lvert E \rvert$
NoBE	系统中瓶颈设备数量	$\lvert BE \rvert$
PoBE	系统中瓶颈设备所占比例	$\lvert BE \rvert / \lvert E \rvert$
MeTD	系统中工件从当前时刻到理论交货期的平均剩余时间	$\left(\sum_{i \in NL} \lvert D_i - Now \rvert \right) / \lvert NL \rvert$
SdTD	系统中工件从当前时刻到理论交货期的剩余时间标准差	$\sqrt{\left(\sum_{i \in NL} \left[(D_i - Now) - MeTD \right]^2 / \lvert NL \rvert \right)}$
PC	系统加工产能比	$\sum_{i \in NL, j \in E} RPTS_{ij} / \sum_{j \in E} (24 - SDT_j)$

表 2-4　加工区调度环境变量

属性名称	属性含义	数学描述
WIP_{WA}	加工区 WA 中在制品数量	$\lvert NL_{\text{WA}} \rvert$
PoB_{WA}	加工区 WA 中的在制品占总在制品数的比例	$\lvert NL_{\text{WA}} \rvert / \lvert NL \rvert$
NoBL_{WA}	加工区 WA 紧急工件数量	$\lvert NBL_{\text{WA}} \rvert$
PoBL_{WA}	加工区 WA 紧急工件所占比例	$\lvert NBL_{\text{WA}} \rvert / \lvert NL_{\text{WA}} \rvert$
PC_{WA}	加工区 WA 加工产能比	$\sum_{i \in NL_{\text{WA}}, j \in E_{\text{WA}}} RPTS_{ij} / \sum_{j \in E_{\text{WA}}} (24 - SDT_j)$
NoE_{WA}	加工区 WA 可用设备数量	$\lvert E_{\text{WA}} \rvert$
NoBE_{WA}	加工区 WA 瓶颈设备数量	$\lvert BE_{\text{WA}} \rvert$
PoBE_{WA}	加工区 WA 瓶颈设备占该区可用设备的比例	$\lvert BE_{\text{WA}} \rvert / \lvert E_{\text{WA}} \rvert$

（4）FabSys 的调度方法模块（candidate_rule）及调度方法设置编码规则（X_{ruleset}）

由 OOSM_{fab} 的动态模型 D_{fab} 可知，FabSys 根据相应的调度规则，选择具有最高优先级的工件分配给空闲设备进行加工，从而生成调度方案，优化调度性能。在不同的调度环境下，针对不同调度目标，所采用的调度规则设置方式有所不同；同时，设备组因其工艺特性的需求不同可供选择的调度规则库也不同，能否合理选取调度策略对该生产调度周期结束后的生产线性能指标产生重要影响。OOSM_{fab} 按加工区设置实时调度规则，令 $\text{candidate\_rule}_{\text{WA}}$ 为加工区 WA 可选调度规则集合，$X_{\text{rule DF}} \in \text{candidate\_rule}_{\text{WA}}$ 表示加工区 WA 所采用的调度规则。规则设

置向量 $X_{\text{ruleset}} = (X_{\text{rule DF}}, X_{\text{rule IM}}, X_{\text{rule EP}}, X_{\text{rule LT}}, X_{\text{rule PE}}, X_{\text{rule PC}}, X_{\text{rule TF}}, X_{\text{rule WT}})$ 表示各加工区实时调度规则的设定。表 2-5 中给出了实时调度规则集(candidate_rule)。candidate_rule 在 OOSM_{fab} 中以 Method 的方式实现。

此外，订单的投料策略对性能指标也会产生影响，记为 release。由于本书主要研究 FabSys 短调度周期内的调度问题，因此 X_{ruleset} 中没有考虑投料策略。投料策略默认采用固定投料策略（Constant WIP，CONWIP），即 release＝CONWIP。

表 2-5 中用到的参数定义如下：

P_i　　工件 i 的调度优先级

D_i　　工件 i 的交货期

F_i　　工件 i 的生产周期倍增因子

Q_i　　工件 i 所属产品的目标 WIP 值

N_i　　工件 i 所属产品的当前 WIP 值

PT_{in}　　工件 i 加工第 n 道工序的时间，包括等待时间

AT_i　　工件 i 进入缓冲区的时刻

CR_{ik}　　工件 i 将要加工第 k 工序时的临界值

OD_{ik}　　工件 i 将要加工第 k 工序时的决策值

RP_i　　工件 i 的计划剩余可加工时间

NQ_i　　工件 i 待加工工序的下一道工序的设备前等待加工工件数量

Now　　当前决策时刻

AWT_{ik}　　工件 i 的加工完成第 k 工序后的等待时间

SPT_i　　工件 i 的入线时间

RPT_{ik}　　工件 i 当前已用加工的总时间，包括等待时间

$TRPT_{ik}$　　工件 i 第 k 工序后的剩余净加工时间

表 2-5　实时调度规则

规则名	规则描述	数学描述
最早交货期优先(Earlies Due Date,EDD)	是具有最早交货期的工件优先接受加工	$D_i < D_j (i \neq j) \Rightarrow P_i > P_j$
最早工序交货期优先（Earlies Operation Due Date,EODD）	具有最早工序交货期的工件优先接受加工。工件的工序交货期可由该工件的入线时间、当前已用加工的总时间和生产周期倍增因子确定	$OD_{im} < OD_{jn} (i \neq j) \Rightarrow P_i > P_j$ $OD_{ik} = SPT_i + RPT_{ik} * F_i$ $RPT_{ik} = \sum_{n=1}^{k} PT_{in}$

规则名	规则描述	数学描述
最小临界值优先（Critical Ratio, CR）	基于工件的交货期、当前时刻及该工件的剩余净加工时间来为工件的加工顺序排序	$CR_{im} < CR_{jn}(i \neq j) \Rightarrow P_i < P_j$ $CR_{ik} = (1 + TRPT_{ik})/(1 + D_i - Now); Now < D_i$
最长加工时间优先（Longest Processing Time, LPT）	工件的当前工序占用设备时间最短的优先获得加工	$ProTime_{im} < ProTime_{jn}(i \neq j) \Rightarrow P_i > P_j$
最短剩余加工时间优先（Shortest Remaining Processing Time, SRPT）	具有最短剩余加工时间的工件优先接受加工	$RP_i < RP_j(i \neq j) \Rightarrow P_i > P_j$; $RP_i = D_i - Now$
先入先出（FIFO）（First In First Out, FIFO）	先到缓冲区的工件优先接受加工	$AT_i < AT_j(i \neq j) \Rightarrow P_i > P_j$
最短等待时间优先（List Scheduling, LS）	可用等待加工的时间最短的工件优先加工。可用等待加工的时间由工件的交货期、剩余净加工时间及当前决策时刻确定	$AWT_{im} < AWT_{jn}(i \neq j) \Rightarrow P_i > P_j$ $AWT_{ik} = D_i - TRPT_{ik} - Now$
下一排队最小批量优先（Fewest Lots at the Next Queue, FLNQ）	下一排队队列最小的工件优先加工。工件的下一排队队列指工件待加工工序的下一道工序的设备前等待加工工件数量	$NQ_i < NQ_j(i \neq j) \Rightarrow P_i > P_j$
负载（Load Balance, LB）	使那些与既定的 WIP 目标偏差大的工件拥有较高的优先级	$\sum_{i \in NL} |D_i - Now| / |NL|$
通用规则（General Rule, GR）	FabSys 实际应用的调度规则，考虑了工艺约束、交货期、客户优先级、剩余工序等多个因素	

（5）FabSys 的调度性能指标（P_{fab}）

FabSys 的调度性能指标是对 FabSys 调度方案的评价依据，可以分为两类：一类是短期性能指标，如在制品数量、总移动量、平均移动量、设备利用率；另一类是长期性能指标，如平均加工周期、准时交货率。具体定义如下。

在制品水平（WIP）：生产线上所有未完成加工的工件数。生产线在制品水平应尽量与期望目标一致，太少会使设备处于空闲，不能很好地利用产能，太大则导致加工周期变长，影响交货期。

生产率（Productivity, Prod）：单位时间内生产线完工的工件数。生产率越高，单位时间内完成的工件数越多，设备利用率则越高，有助于缩短加工周期。

加工周期（Cycle Time，CT）：一个原始工件进入加工系统，到作为一个成品离开加工系统所消耗的时间。

设备利用率（Machine Utility，Utility）：设备处于加工状态的时间占其开机时间的比率。一般来说，设备利用率与 WIP 数量有关，WIP 数量越高，设备利用率越高；但是当 WIP 数量饱和时，再增加 WIP 数量，设备利用率也不会提高。

总移动量（Movement，Mov）：所有工件在单位时间内移动的总步数。总移动量越高，说明生产线完成的加工任务数越高，生产线的总移动量越多，设备利用率也越高。

平均移动量（Turn）：单位时间内一个工件的平均移动步数。移动速率越高，表明生产线的流动速率越快，有助于缩短平均加工周期。

准时交货率（On-time Delivery Rate，ODR）：准时交货的工件占完成加工工件的百分比。

将上述性能指标的集合记为 P_{fab}。

（6）FabSys 的功能模型（F_{fab}）

综上对调度环境（X_{se}）、调度方法设置编码（$X_{ruleset}$）、性能指标的定义（P_{fab}），令调度周期 $T=12h$，容易得到 $OOSM_{fab}$ 的功能模型。

$$F_{fab} = \{Y_{p_i} = f_{p_i}(X_{se,fab}, X_{ruleset}) \mid p_i \in P_{fab}\}$$

（7）FabSys 的数据模型

通过在线数据可以构造出 FabSys 的数据模型从而获取生产线建模所需的信息，其中在线静态数据反映了 FabSys 的静态属性，工艺流程信息和产品规格信息分别定义了工件的加工路径和产品类型，设备加工能力信息和加工区域布局信息定义了生产线的加工能力和设备分组布局。在线动态数据则反映了 FabSys 的调度环境，包括工件状态和设备状态。由 ORM 映射可实现动态加载在线数据模型构造仿真模型 $OOSM_{fab}$ 的对象模型。在线数据模型由表 2-6 定义，FabSys 的调度环境变量集 $X_{se,fab}$ 中变量值可从表 2-6 定义的数据获取。

表 2-6　FabSys 的在线数据模型

数据类型	信息类型	数据表	数据属性名	物理意义	是否主键	是否外键
静态数据	工艺流程信息	Process	Process_ID	工艺流程编号	√	
			Operation	工序名	√	
			Position	工序在流程中位置		

续表

数据类型	信息类型	数据表	数据属性名	物理意义	是否主键	是否外键
静态数据	产品订单信息	Order	Order_ID	订单编号	√	
			Due_Date	订单交货期		
			Quantity	订单需求工件数量		
			Process_ID	订单的工艺流程编号		√
	设备加工能力信息	Equipment	Eqp_ID	设备编号	√	
			Eqp_Type	设备加工类型		
			Area_ID	设备所在加工区编号		√
		Recipe	Eqp_ID	设备编号	√	
			Operation	工序名	√	
			Process_Time	加工时间		
	布局信息	WorkArea	Area_ID	加工区编号	√	
			Area_Description	加工区描述		
动态数据	设备状态信息	Equipment	Eqp_Status	设备状态{Processing,Ready,Idle}		
			Operation	设备当前工序		
			Process_Time	设备当前工序加工时间		
			Dispatch_Rule	设备的调度规则		
			Lot_ID	设备正在加工的工件编号		√
		Eqp_Maint	Eqp_ID	需要维护的设备编号	√	
			Begin_Time	设备维护开始时间		
			End_Time	设备维护结束时间		
	工件状态信息	Lot	Lot_ID	工件编号	√	
			Lot_Status	工件状态{Processing,Waiting}		
			Eqp_ID	工件所在加工设备编号		√
			Area_ID	工件所在加工区编号		√
			Position	当前加工工序位置,如工件等待,则为待加工工序位置		√
			Operation	当前加工工序名,如果工件等待,则为待加工工序名		
			Process_ID	工艺流程编码号		√
			Order_ID	订单编号		√

$OOSM_{fab}$ 通过设置实时调度规则和生产计划策略,指定调度周期,并通过仿真模型运作可生成如表 2-7 所示的投料计划和派工方案,$OOSM_{fab}$ 运行结果的性能指标集 P_{fab} 中定义的性能指标值可从表 2-7 定

义的数据中获取。表 2-6 和表 2-7 中所定义数据模型的实体关系图如图 2-8 所示。

FabSys 的离线历史数据记录了 FabSys 的实际运作过程，从这些历史数据中可以提炼出设备加工时间等不确定参数，设备维护、设备故障、紧急订单等不确定事件和 CT、WIP 等性能指标的预测模型，进一步提高 $OOSM_{fab}$ 的建模精度与调度效果。表 2-8 列出了 FabSys 可用作构造不确定参数和事件预测模型的离线历史数据。

表 2-7　$OOSM_{fab}$ 生成数据

信息类型	数据表	数据属性名	物理意义
派工方案	Dispatch	Eqp_ID	设备编号
		Lot_ID	设备加工工序
		Move_In_Time	工件进入设备时间
		Move_Out_Time	工件移出设备时间
投料计划	Release_Plan	Order_ID	订单编号
		Quantity	投料数量
		Release_Time	投料时间

表 2-8　FabSys 的离线历史数据

信息类型	数据表	数据属性名	物理意义
历史加工信息	Lot_Move_His	Eqp_ID	设备编号
		Operation	设备加工工序
		Process_ID	工件加工工艺编号
		Position	当前加工工序位置
		Move_In_Time	工件进入设备时间
		Move_Out_Time	工件移出设备时间
历史维护信息	Eqp_ Maint _His	Eqp_ID	设备编号
		Maint _Begin_Time	设备维护开始时间
		Maint _End_Time	设备维护结束时间
历史故障信息	Eqp_ Break_His	Eqp_ID	设备编号
		Break_Time	故障发生时间
		Recover_Time	故障恢复时间
历史订单信息	Order_His	Process_ID	工件编号
		Order_Time	下单时间
		Due_Date	订单交货期

（8）FabSys 的历史状态数据分析，以在制品分布为例

为了分析 $X_{se,fab}$ 中变量的统计特性，对各加工区在制品分布进行数

据分析。对 FabSys 的 MES 系统 2012 年 1 月 1 日到 2012 年 5 月 10 日的在线动态数据,以 4h 一次的频率进行抽样,抽取各个加工区的在制品分布 WIP_{WA},并计算在制品分布的 Pearson 相关系数矩阵并对每个加工区的在制品分布进行 Kolmogorov-Smirnov 检验,得到表 2-9 和表 2-10 所示的结果。

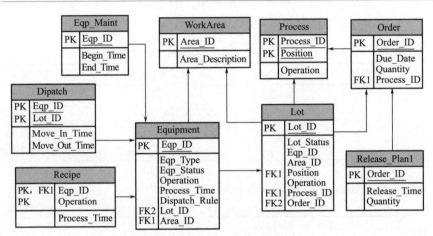

图 2-8　OOSM_{fab} 数据模型的实体关系

表 2-9　各加工区在制品分布 Pearson 相关系数矩阵

系数	WIP_{DF}	WIP_{IM}	WIP_{EP}	WIP_{LT}	WIP_{PE}	WIP_{PD}	WIP_{TF}	WIP_{WT}
WIP_{DF}	1	0.47	0.29	0.08	0.28	−0.08	−0.12	0.40
WIP_{IM}	0.47	1	−0.22	−0.36	0.16	−0.10	−0.25	0.16
WIP_{EP}	0.29	−0.22	1	0.83	−0.01	−0.27	−0.07	0.69
WIP_{LT}	0.08	−0.36	0.83	1	−0.32	−0.44	−0.16	0.63
WIP_{PE}	0.28	0.16	0.01	−0.32	1	0.35	−0.19	−0.12
WIP_{PD}	−0.08	−0.10	−0.27	−0.44	0.35	1	0.07	−0.35
WIP_{TF}	−0.12	−0.25	−0.07	−0.16	−0.19	0.07	1	0.04
WIP_{WT}	0.41	0.16	0.69	0.63	−0.12	−0.35	0.04	1

表 2-10　各加工区在制品分布 Kolmogorov-Smirnov 检验

参数	WIP_{DF}	WIP_{IM}	WIP_{EP}	WIP_{LT}	WIP_{PE}	WIP_{PD}	WIP_{TF}	WIP_{WT}
P 值	<0.05	<0.05	<0.05	<0.05	<0.05	<0.05	0.07	<0.05

由表 2-9 可知,加工区的在制品分布之间有较强的线性耦合,尤其是上下游加工区之间的耦合更强,光刻区的在制品分布和其他加工区的在制品分布的耦合性尤其突出。由表 2-10 的检验结果可知,除了 WIP_{TF}

之外的其余加工区在制品分布变量的 P 值小于 0.05，因此这些在制品分布均不服从正态分布。虽然 WIP_{TF} 服从正态分布，但其 P 值接近 0.05，WIP_{TF} 服从正态分布的置信度不高。造成这样结果的原因一方面是 FabSys 制造过程固有的复杂性，另一方面是人工操作失误等原因导致的数据噪声。

为了对高耦合、分布复杂的数据进行数据预处理和数据挖掘，提出了基于计算智能的数据预处理和数据建模方法，通过迭代的方式提高数据预处理质量和数据挖掘的泛化能力。

2.3.3　FabSys 的数据驱动预测模型

（1）FabSys 数据驱动参数预测模型

FabSys 数据驱动参数预测模型直接从 FabSys 的离线历史数据中学习获取，并通过在线动态数据驱动。以硅片加工时间为例，可利用加工历史记录，通过最小二乘法求出第 i 个影响因素的系数 α_i（α_0 为常数项）构造线性回归模型（2-1）。其中，$PT_t^{eqp\_id,op}$ 为设备编号为 eqp_id 的设备，且当前加工工序为 op 的加工时间的估计值；$duration_{op}$ 为设备保持当前加工工序的持续时间（如 $duration_{op}=0$，则还需考虑工序切换整定时间）；lot.wafer_count 为当前加工一卡硅片中包含的硅片数；$PT_{t-1}^{eqp\_id,op}$、$PT_{t-2}^{eqp\_id,op}$、$PT_{t-3}^{eqp\_id,op}$ 为设备编号为 eqp_id 的设备前三次加工工序 op 所耗费的时间。

$$PT_t^{eqp\_id,op} = \alpha_0 + \alpha_1 * duration_{op} + \alpha_2 * lot.wafer\_count + \alpha_3 * PT_{t-1}^{eqp\_id,op}$$
$$+ \alpha_4 * PT_{t-2}^{eqp\_id,op} + \alpha_5 * PT_{t-3}^{eqp\_id,op} \tag{2-1}$$

对于 $OOSM_{fab}$ 中的不确定参数和事件，均在 $OOSM_{fab}$ 运行之前预测得到，从而可提高 $OOSM_{fab}$ 运行结果的准确性。FabSys 数据驱动参数预测模型构造方法如图 2-9 所示。

（2）FabSys 数据驱动性能预测模型

对于 FabSys 这样的大规模复杂制造系统，通过 $OOSM_{fab}$ 在线仿真获取性能指标是一个耗时的过程。基于数据的性能指标预测建模方法可以快速响应、获取性能指标预测值。因此在模型层中，引入了基于数据的性能指标预测模型。整体概况如图 2-9 所示，通过大量离线仿真生成离线性能指标仿真数据，再从这些数据中进行数据挖掘，即可获取性能指标预测模型。

性能指标预测模型可分为全局性能指标预测模型和局部性能指标预测模型。根据仿真时间（或预测周期）可分为实时（预测周期以时计）

性能指标预测模型、短期（预测周期以日计）性能指标预测模型和长期（预测周期以周计）性能指标预测模型。当预测周期以时计，则全局性能指标变化不明显，主要关注局部短期性能指标。当预测周期以周计，则主要关注全局长期性能指标。当预测周期以日计，则需要兼顾全局短期性能指标和局部短期性能指标。此外，对于不同的预测模型，影响因素也不同，对预测周期以日记的全局性能指标预测模型，需要考虑 $X_{\text{se,fab}}$ 和 X_{ruleset} 的取值，对于当预测周期以周记的长期全局性能指标预测模型，还需要考虑制造系统中的不确定因素和投料策略 release。而对于预测周期较短的局部性能指标预测模型，影响因素可以通过特征选择算法从 $X_{\text{se,fab}}$ 和 X_{ruleset} 中选取若干维得到。

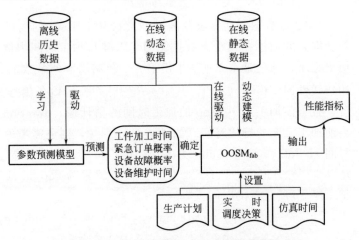

图 2-9　FabSys 数据驱动参数预测模型构造方法

图 2-10 是以日为预测周期的性能指标预测模型，以此来预测制造系统设备平均利用率。影响因素主要是 FabSys 的初始调度环境即 $X_{\text{se,fab}}$ 的取值及各加工区所采用的调度规则即 X_{ruleset} 取值。可以从大量的离线仿真生成的离线仿真性能指标中学习出性能指标预测模型 f_{Utility} 得到 Utility 的预测值：

$$Y_{\text{Utility}} = f'_{\text{Utility}}(X_{\text{se,fab}}, X_{\text{ruleset}}) \tag{2-2}$$

（3）FabSys 数据驱动自适应调度模型

由于 FabSys 规模较大，通过在线优化的方法选择出优化的调度方案非常耗时，为了能在线针对需要优化的性能指标作出快速优化调度决策，可采用离线优化的方法优化性能指标，生成离线仿真优化调度决策数据并对其进行数据挖掘，构造自适应调度模型。可以直接对应需要优化的调度性能指标根据当前调度环境作出派工决策，具体方法如图 2-11 所示。

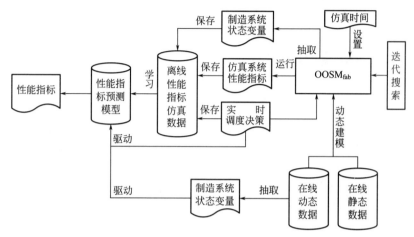

图 2-10　FabSys 数据驱动性能指标预测模型构造方法

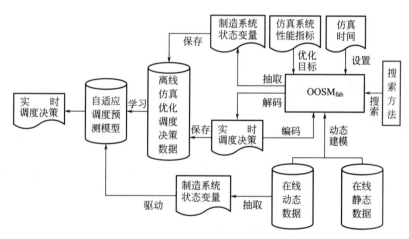

图 2-11　FabSys 数据驱动自适应调度模型构造方法

　　与性能指标预测问题不同，自适应调度模型在离线优化阶段针对性能指标进行优化，优化目标可以是单性能指标或多性能指标。在 FabSys 中，对各个加工区的调度规则进行编码，通过穷举搜索或者启发式搜索的方式，优化性能指标。得到优化的各加工区调度规则组合，保存为离线仿真优化调度决策数据。由于优化调度方案是个决策组合的形式，因此，可以将最终自适应优化调度决策问题分解为若干个分类问题，即对各个加工区的调度规则构造分类模型，必要时对分类模型进行特征选择。在需要实时派工时，使用制造系统调度环境驱动各加工区的自适应调度模型，选择优化调度规则。

2.4　本章小结

为了缩小调度理论和调度实际的鸿沟，本章提出了基于数据的调度体系结构，并详细讨论了数据层和模型层的关系，在模型层中基于数据模型作了分类讨论，试图采用基于数据建模的方式弥补传统建模方法的不足。最后介绍了一个复杂硅片加工系统 FabSys，设计并实现了其在基于数据调度体系结构下的解决方案。

参考文献

[1] 李清,陈禹六. 企业信息化总体设计[M],北京: 清华大学出版社,2004.

[2] Pandey D, Kulkarni M S, Vrat P. Joint consideration of production scheduling, maintenance and quality policies: a review and conceptual framework[J]. International Journal of Advanced Operations Management,2010,2(1):1-24.

[3] Monfared M A S,Yang J B. Design of integrated manufacturing planning,scheduling and control systems:a new framework for automation[J]. The International Journal of Advanced Manufacturing Technology,2007,33(5-6):545-559.

[4] Wang F,Chua T J,Liu W,et al. An integrated modeling framework for capacity planning and production scheduling [C]//Control and Automation,2005. IC-CA' 05. International Conference on.

IEEE,2005,2:1137-1142.

[5] Lalas C,Mourtzis D,Papakostas N,et al. A simulation-based hybrid backwards scheduling framework for manufacturing systems [J]. International Journal of Computer Integrated Manufacturing, 2006,19(8):762-774.

[6] Lin J T,Chen T L,Lin Y T. A hierarchical planning and scheduling framework for TFT-LCD production chain [C]//Service Operations and Logistics, and Informatics, 2006. SOLI' 06. IEEE International Conference on. IEEE,2006:711-716.

[7] Framinan J M, Ruiz R. Architecture of manufacturing scheduling systems:Literature review and an integrated proposal [J]. European Journal of Operational Research,2010,205(2):237-246.

[8] Sadeh N M,Hildum D W,Laliberty T J,et

al. A blackboard architecture for integrating process planning and production scheduling [J]. Concurrent Engineering, 1998,6(2):88-100.

[9] Nishioka Y. Collaborative agents for production planning and scheduling(CAPPS):a challenge to develop a new software system architecture for manufacturing management in Japan [J]. International Journal of Production Research,2004,42 (17):3355-3368.

[10] G ó mez-Gasquet P,Lario F C,Franco R D,et al. A framework for improving planning-scheduling collaboration in industrial production environment[J]. Studies in Informatics and Control, 2011, 20 (1):68.

[11] Tai T T,Boucher T O. An architecture for scheduling and control in flexible manufacturing systems using distributed objects [J]. Robotics and Automation,IEEE Transactions on, 2002, 18(4): 452-462.

[12] Li L l,Fei Q. A modular simulation system for semiconductor manufacturing scheduling[J]. Przeglad Elektrotechniczny,2012,88(1b):12-18.

[13] Govind N,Bullock E W,He L,et al. Operations management in automated semiconductor manufacturing with integrated targeting,near real-time scheduling, and dispatching [J] . Semiconductor Manufacturing, IEEE Transactions on, 2008,21(3):363-370.

[14] 牛力,周泓,贾素玲,等. 基于统一建模语言的作业排序系统模型库设计研究[J]. 计算机集成制造系统,2009,15(3):451-457.

第3章

半导体制造
系统数据预
处理

受各种因素的干扰，实际制造系统的数据质量不高。低质量的数据会导致挖掘结果不理想，因此数据预处理通常被视为数据挖掘的重要环节。数据预处理的目的在于提高数据质量，一般包括数据集成、变换、清理和规约等任务。半导体制造系统在数据采集过程中难免会发生传感器漂移、设备故障或人工失误等现象，导致数据集包含噪声。此外，生产调度相关数据需要从 MES、ERP、SCADA 等系统中集成得到，这些系统中的数据从不同层次不同角度描述了企业生产过程，导致所集成数据的属性之间有较高冗余，这些都需要通过数据预处理来解决。

3.1　概述

现代工业技术的发展使得制造过程、工艺、设备装置趋于复杂，已经很难通过机理模型这一传统建模方法为系统精确建模从而优化系统运作性能。例如对于硅片加工生产线[1]，虽然运用了先进的调度思想，精心设计了调度算法并加以实现，但得到的仿真结果精度较差，难以指导实际的调度排程任务。而随着企业信息化程度的提高，制造型企业数据的实时性、精确性有显著提升，从而促进了基于数据的方法在过程控制[2]、在线监控与故障诊断[3]、调度优化[4] 和管理决策等方面[5] 的应用。尤其是在钢铁冶金领域，由于其关键性能指标无法由机理模型描述或在线监控检测，基于数据的预测方法得到了广泛的应用[6-8]。基于数据的调度方法侧重将数据驱动的方法和传统调度建模优化方法相结合来求解调度问题，本节将从复杂制造数据属性选择、复杂制造数据聚类以及复杂制造数据属性离散化三个方面进行阐述。

（1）复杂制造数据属性选择

条件属性冗余过多会导致分类或回归的精度下降，使生成的规则无法使用，规则之间的冲突亦较多。属性选择则是从条件属性中选取较为重要的属性。属性选择常用的方法包括粗糙集和计算智能。例如，Kusiak[9-11] 针对半导体制造的质量问题，提出了基于粗糙集从样本数据中获取规则的方法，并应用特征转换和数据集分解技术，来提高缺陷预测的精度和效率；粗糙集的属性约简是一个 NP 难问题，Chen[12] 等通过特征核的概念缩减了搜索空间，然后使用蚁群算法求得了属性集的约简，提高了知识约简的效率；Shiue[13-17] 等建立了两阶段决策树自适应调度系统，将基于神经网络的权重特征选择算法和遗传算法用于调度属性选择，使用自组织映射（Self-Organizing Maps，SOM）进行数据聚类，应用决策树、神经网络及支持向量机三种学习算法对每个簇进行学习实现参数优化，提高了自适应调度知识库的泛化能力，并通过仿真验证了成果的有效性。

（2）复杂制造数据聚类

聚类是对样本数据按彼此之间的相似度进行分类的技术，使相似的样本属于同一类，而相似度低的样本属于不同的类。由于噪声数据会影响学习的精度，如 C4.5 在处理含有噪声的样本时会导致生成树的规模庞大，降低预测精度，需要做剪枝处理，因此对于大规模训练样本，可以使用聚类平滑噪声数据。聚类中常用的方法包括 SOM、Fuzzy-C 均值、K 均值和神经网络等。例如，Hu[18] 使用层次聚类的方法找出与成品率下降相关的设备；Chen[19-20] 等使用 Fuzzy-C 均值、K 均值等算法对训练样本进行聚类，然后对每个聚类训练神经网络，提升工件加工周期的预测精度。

（3）复杂制造数据属性离散化

部分算法和模型只能处理离散数据，如决策树、粗糙集等，因此有必要采用属性离散化技术将连续属性值转化为离散属性值。例如，Koonce[21] 和 Li[22] 在挖掘优化调度方案时，根据面向属性规约算法和决策树的特点，对属性值进行了等距离散划分；Rafinejad[23] 提出了基于模糊 K 均值算法的属性离散化方法，使得从优化调度方案中所提取的规则能够更好地逼近优化调度方案。

现有的复杂制造预处理技术主要集中于属性选择和数据聚类，而针对制造系统数据具有规模大、含噪声、样本分布复杂且存在缺失现象，输入变量数目多、类型多样，输入/输出变量间关系呈非线性、强耦合等特点的数据预处理技术还有待进一步深入研究。本章将针对含噪声、高冗余的生产调度数据，对应数据预处理任务提炼出数据规范化、缺失值填补、异常值检测、冗余变量检测等问题，如表 3-1 所示，并给出这些问题的求解方法，如图 3-1 所示。这些方法属于 DSACMS 中 DataProcAnaly-Module 中的 PreProcData。

表 3-1　制造系统数据预处理任务

数据预处理任务	求解方法
数据变换	数据规范化
数据清理	缺失值填补、异常值检测
数据规约	冗余变量检测

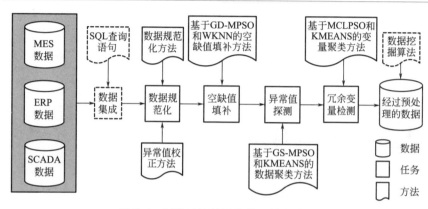

图 3-1　制造系统数据预处理技术路线

对于基于数据的调度预测建模问题（例如调度参数预测），首先需要从多个异构数据源中获取相关数据，即在 DSACMS 的 DataProcAnaly-Module 中定义的 ETL。对象生产线的信息系统均采用关系数据库存储数据，因此数据集成可以通过结构化查询语言（Structured Query Language，SQL）实现。对于集成后的数据，需要将其转换为便于数据挖掘的形式。在下面的章节将分别介绍其中的方法。

本章将采用 2 个从实际制造信息系统采集的数据集验证上述方法。其中数据集 D_1 是从 FabSys 的 MES 中采集的调度环境数据，调度环境由 $X_{\mathrm{se,fab}}$ 中的变量描述，包括 67 个状态属性，包括 2012 年 1 月 1 日～2012 年 5 月 2 日的 542 条样本数据。D_2 是取自 UCI（University of California Irvine）提供的机器学习公共测试数据集，数据集 D_2 是从某半导体生产线的监控系统采集的传感器数据，原始数据包括 591 个表示传感器的属性和 2008 年 7 月 19 日～2008 年 10 月 15 日的 1567 条样本数据，进行数据清理操作①～③后，D_2 中的数据包括 440 个传感器和 1561 条样本数据。

① 删除无效传感器：传感器的值恒定，传感器采集数据缺失值比率 ≥50%。

② 删除空缺值较多的样本数据：样本数据中≥30%的传感器属性值空缺。

③ 对剩余缺失值用传感器均值进行填补。

为了方便讨论，本文的数据集定义如下：数据集 S 是由 M 条记录所组成的集合 $S=\{x_i\}_{i=1}^M$，其中，记录 x_i 描述一个特定对象，通常由 N 维属性向量表示，$x_i=(x_{i1},x_{i2},\cdots,x_{iN})$，其中每一维表示一个属性，$N$ 表示属性向量的维度。属性是对象的抽象表示，从多元统计学的角度，第 i 个属性对应于（总体）随机变量 X_i，而数据集 S 是（总体）随机向量 $X=(X_1,X_2,\cdots,X_N)$ 的 M 个观测值组成的样本，这里所讨论的变量均为连续型随机变量。

3.2　数据规范化

3.2.1　数据规范化规则

数据规范化是指根据规则将数据集 S 的属性数据进行缩放，使其落入特定区间。数据规范化可以消除不同属性的量纲差异对数据分析结果的影响。实践证明，对于采用反向传播学习算法的多层感知机神经网络，对训练元组中度量每个属性的输入值进行规范化有助于加快学习速度；对于 K 均值聚类，数据规范化可以让所有的属性具有相同的权重。因此，数据规范化是数据分析的必要准备步骤。本节介绍两种最常用的数据规范化方法[24]，最大最小规范化和 z-score 规范化。

（1）最大最小规范化

$$x'_{li}=\frac{x_{li}-\min_{Xi}}{\max_{Xi}-\min_{Xi}}(\text{new\_max}_{Xi}-\text{new\_min}_{Xi})+\text{new\_min}_{Xi} \quad (3\text{-}1)$$

其中，x_{li} 是变量 X_i 第 l 个观测值，即数据集中第 l 条记录的属性 i 的取值；$[\min_{Xi},\max_{Xi}]$ 是随机变量 X_i 在数据集 S 中的分布区间；$[\text{new\_min}_{Xi},\text{new\_max}_{Xi}]$ 是随机变量 X_i 规范化后的分布区间。通常会把所有变量 X_i 归一化在 $[0,1]$ 区间内，以消除量纲的影响。

（2）z-score 规范化

$$x'_{li}=\frac{x_{li}-\mu_{Xi}}{\sigma_{Xi}} \quad (3\text{-}2)$$

其中，μ_{Xi} 是随机变量 X_i 的平均值；σ_{Xi} 是随机变量 X_i 的标准差。

3.2.2　变量异常值校正

在单个变量上，制造数据所包含的噪声体现在变量的数据值与其变量的总体分布产生偏离，这样的数据称之为异常值。这些异常值会严重影响规范化之后的数据分布的偏度。特别是最大最小规范化对变量异常值尤为敏感，z-score 规范化的结果也会受异常值影响。本章将采用 Rule 3.1 对变量异常值进行校正。

Rule 3.1：

$$\text{If } x_{li} > \text{ub}_{Xi}, \text{Then } x_{li} = \text{ub}_{Xi}$$

$$\text{If } x_{li} < \text{lb}_{Xi}, \text{Then } x_{li} = \text{lb}_{Xi}$$

在 Rule 3.1 中，ub_{Xi} 和 lb_{Xi} 分别是变量 X_i 的上界和下界，用来校正变量的异常值。由于历史数据量达到了一定规模，因此无法采用适用于小样本的散点图法和假设检验法来探测变量的异常值。对于 ub_{Xi} 和 lb_{Xi}，本节介绍 3σ 法和四分展布法。

（1）3σ 法

由切比雪夫不等式可知：$P(|X_i - \mu_{Xi}| \geq \varepsilon) \leq \sigma_{Xi}/\varepsilon^2$，当 $\varepsilon = 3\sigma_{Xi}$，则 $P(|X_i - \mu_{Xi}| \geq 3\sigma_{Xi}) \leq \sigma_{Xi}/9\sigma_{Xi}^2$，当 X_i 服从正态分布时，$P(|X_i - \mu_{Xi}| \geq 3\sigma_{Xi}) = 0.0027$，由此可知，$X_i$ 以较大概率分布于以均值为中心的 $3\sigma_{Xi}$ 区间之内。因此将 ub_{Xi} 和 lb_{Xi} 设置如下：

$$\text{ub}_{Xi} = \mu_{Xi} + 3\sigma_{Xi} \tag{3-3}$$

$$\text{lb}_{Xi} = \mu_{Xi} - 3\sigma_{Xi} \tag{3-4}$$

（2）四分展布法

在异常值校正中，标准差容易受到异常值的影响，因此基于上下分位数距离的四分展布法也是异常值校正的常用方法。$Q3_{Xi}$ 是变量的上四分位数，$Q1_{Xi}$ 是变量的下四分位数，d_F 是上下分位数距离，称为极差。而 ub_{Xi} 和 lb_{Xi} 可设置如下：

$$d_F = Q3_{Xi} - Q1_{Xi} \tag{3-5}$$

$$\text{ub}_{Xi} = Q1_{Xi} - 1.5d_F \tag{3-6}$$

$$\text{lb}_{Xi} = Q3_{Xi} + 1.5d_F \tag{3-7}$$

3.3 数据缺失值填补

3.3.1 数据缺失值填补方法

制造数据包含的噪声亦表现为数据的不完整性，即很多记录的属性值空缺。如果数据集中第 i 个记录的第 m 个属性为缺失值，则记为 $x_{im} =$ null。根据记录是否有缺失值，可以把数据集分为完整数据集和空缺数据集。根据变量是否有缺失值，可以把变量集分为完整变量集合和空缺变量集。具体定义如下：

$$S_{complete} = \{X_i \in S \mid \forall j, x_{ij} \neq null, 1 \leqslant i \leqslant M, 1 \leqslant j \leqslant N\} \qquad (3\text{-}8)$$

$$S_{miss} = S - S_{complete} \qquad (3\text{-}9)$$

$$X_{complete} = \{X_i \in X \mid \forall l, x_{li} \neq null, 1 \leqslant l \leqslant M, 1 \leqslant i \leqslant N\} \qquad (3\text{-}10)$$

$$X_{miss} = X - X_{complete} \qquad (3\text{-}11)$$

虽然粗糙集和神经网络在处理不完备数据集方面有一定优越性，但线性回归、决策树和支持向量机等基于数据的建模方法，在完整数据集上能取得更稳定的结果。因此，需要设计一种适用于制造数据的几种缺失值填补方法。常用的缺失值填补技术可以分为以下三类。

（1）基于规则的填补法[25]

① 全局常量填补法：对于 X_{miss} 中的变量 X_i，计算其已知数据值的均值或中位数补全缺失值。这种方式在变量缺失值较多时会降低变量的方差。

② 随机数填补法：对于 X_{miss} 中的变量 X_i，通过其已知数据值推断出 X_i 的分布，并根据该分布用随机采样的方式填补变量缺失值。这种方式在变量缺失值较多时会增大变量的方差。

③ 删除变量填补法：删除 S 中 X_{miss} 中变量对应的属性，保留 $X_{complete}$ 所对应的属性。这种方式会导致一定的数据丢失。

④ 删除记录填补法：删除 S 中 S_{miss} 的数据记录，保留 $S_{complete}$。这种方式会导致一定的数据丢失。

⑤ Hot deck 填补法：对于一个包含空值的对象，在完整数据中找到一个与它最相似的对象，然后用这个相似对象的值进行填充。不同的问题可能会选用不同的标准来判定其是否相似。该方法概念上很简单，且

利用了数据间的关系来进行空值估计。这个方法的缺点在于难以定义相似标准，主观因素较多。

（2）基于模型的填补法

在基于模型的填补法中，以 $S_{complete}$ 为训练集，$X_{complete}$ 为属性变量，$X_{miss,i} \in X_{miss}$ 为预测变量，通过训练和参数估计的方法，构造预测模型 $X_{miss,i} = f_{imputate}(X_{complete})$ 来预测 S_{miss} 中 $X_{miss,i}$ 的值。根据 $f_{imputate}$ 的不同，基于模型的填补法有以下 5 种。

① 朴素贝叶斯填补法：朴素贝叶斯分类模型可填补离散型变量。通过最大似然法估计模型参数，模型构造速度快。要求 $X_{complete}$ 中变量满足：变量之间互相独立且变量分布已知。

② 决策树填补法[26]：C4.5 决策树可以填补离散型变量。首先将变量离散化，根据变量的信息增益选择根节点，以递归的方式构造决策树，模型构造速度较快。为了避免对 $S_{complete}$ 的过拟合，通常会采用剪枝技术对决策树进行剪枝。

③ 线性回归填补法[27]：线性回归可填补连续性变量。通过最小二乘法估计模型参数，模型构造速度快，但填补之后的 $X_{miss,i}$ 和 $X_{complete}$ 中变量具有较高的线性相关性。

④ 神经网络填补法[28]：神经网络可填补离散型和连续型变量。通过反向传播法训练网络，模型训练速度慢。在优化模型结构和参数的前提下可以拟合出 $X_{complete}$ 和 $X_{miss,i}$ 之间的非线性关系，但也容易对 $S_{complete}$ 造成过拟合进而导致在 S_{miss} 上的填补不精确。

⑤ 支持向量回归填补法[29]：支持向量回归填补法可以用来填补连续型变量，使用完整数据集构造非线性支持向量回归模型来预测缺失值。支持向量回归模型通过序列最小优化方法训练模型，其训练速度和神经网络相比较快，支持向量回归是一个有效的填补方法。

（3）基于距离的填补法

KNN 填补法[30]：KNN 方法是一种常用的惰性学习方法。对于 S_{miss} 中的数据记录 x_i，通过距离公式从 $S_{complete}$ 中找到和 x_i 最相似的 K 个完整数据记录；将这 K 个数据记录在 x_i 空缺属性上取值的加权平均填补 x_i 的空缺属性。在 KNN 填补法中，数据记录之间的相似度度量只考虑 $X_{complete}$ 的变量。KNN 具有简单、不需要训练且精度高等优点，但每填补一个缺失值都需要遍历整个 $S_{complete}$，填补速度较慢，因此，基于 KNN 的填补法常与聚类方法结合使用[31]。

3.3.2　Memetic 算法和 Memetic 计算

使用智能算法在处理数据分析问题时，对于处理数据规模和维度大的数据集，计算智能算法的适应度函数会非常耗时。受数据分布的影响，有些数据集难以优化。因此如何设计性能良好、运行高效的智能算法是近年来一个重要的研究问题。Meme 是道金斯在其著作《自私的基因》[32]中定义的概念，中文译法有"觅母""文化基因"等。一个 Meme 表示一个文化进化单元，其载体可以是一本书、一段音乐。Meme 在个体的进化过程中能够对个体进行局部改良。Meme 和达尔文进化论中的基因是相对应的概念，生物进化可通过基因的重组和变异实现，而 Meme 的传播可以改良多个个体，这个过程就形成了文化进化。而人类社会就是一个生物进化和文化进化相结合的进化系统。

Moscato[33] 在研究旅行商（Travelling Sales Problem，TSP）问题时，发现遗传算法在求解 TSP 问题时，难以设计有效的交叉和变异算子来产生可行解。从而导致遗传算法在求解 TSP 问题时求解精度不高，求解效率低。为此，他首次在进化计算领域引入了 Meme 的概念，Meme 表示对个体的局部改良，在算法中被表述为局部搜索算子。实验表明，这种将遗传算法和局部搜索相结合的方式，在 TSP 问题上能有效平衡勘探（exploitation）和探测（exploration），达到更好的求解效果和效率。尽管在 TSP 问题上效果显著，但 Memetic 算法的概念提出后并没受到广泛认可，而被视为混合智能算法的一种表述形式。20 世纪 90 年代，研究人员通常以设计高效的算法作为目标，一方面，粒子群算法（Particle Swarm Optimization，PSO）[34]、蚁群优化算法（Ant Colony Optimization，ACO）[35] 等带有群体智能特征的智能算法相继被提出，同时在进化算法的改进和参数选择等方面也积累了较多的成果。此外，对复杂连续函数优化，TSP 等著名问题也归纳了大量的标准测试集，并以此作为评价算法性能的基准。而对于智能算法设计的研究，就是通过比较不同算法在这些测试集上的性能来实现的。

无免费午餐定理（No Free Lunch Theorem，NFLT）[36] 的提出，改变了进化计算的研究格局。NFLT 表明所有算法（包括参数化的实例）在所有问题上的性能总和是一致的，具体用公式(3-12)表达：

$$\sum_f P(x_m \mid f, A) = \sum_f P(x_m \mid f, B) \tag{3-12}$$

$P(x_m \mid f, A)$ 表示算法 A 可以发现优化目标 f 最优解的概率。$P(x_m \mid$

$f,B)$ 表示算法 B 发现优化目标 f 最优解的概率。式（3-12）表示，任取一对算法 A 和 B，它们在所有问题上的性能是一致的。虽然 NFLT 的提出使得设计所谓"最优"算法没有了可能性，但也揭示了对某类问题高效的算法是存在的。因此 Memetic 算法作为一种有效的计算范式得到重视。Memetic 算法设计呈现两种发展趋势。

①针对具体某一类问题进行算法设计从而提出求解具体问题的 Memetic 算法。显然这类研究方式需要对具体问题有较为深入的理解。例如 Memetic 算法在旅行商问题和流水车间调度问题[37] 等经典问题上取得了较为成功的应用；

②开发和设计适用于大多数问题且具有鲁棒性的算法，以自适应协同进化 Memetic 算法（Adaptive Coevolving Memetic Algorithm）为典型代表[38]，在自适应协同进化 Memetic 算法中，局部搜索算子的相关信息被编码到 Meme 中，在算法运行过程中，这些 Meme 和种群一起协同进化以适应问题空间，从而保证算法的鲁棒性。在涌现出各种 Memetic 算法的同时，对 Memetic 算法的理论研究也日益深入。Krasnogor 将 Memetic 算法定义为：Memetic 算法是一种特殊的进化算法，在其进化过程中，采用了局部搜索算子来改进个体。Memetic 算法的通用框架如图 3-2 所示。

```
procedure Memetic_algorithm()
begin
population initialization
localSearch
evaluation
do
    recombination
    mutation
    evaluation
    selection
while the termination criterion is not satisfied
end
```

图 3-2　Memetic 算法框架伪码

在该 Memetic 算法框架中，除了必要的初始化（initialization）、优化目标评价（evaluation）等基本元素以及重组（recombination）、变异（mutation）、选择（selection）等进化计算的常用算子，也包含了对个体的局部搜索（localsearch）。例如 Petalas 基于 PSO 和随机游走局部搜索实现了 Memetic PSO 算法。

根据上述定义和框架，Memetic 算法具有两个特征：①Memetic 算法首先是一种基于种群（population-based）的进化算法；②Meme 在 Memetic 算法表示局部搜索。Ong[39] 则在 Memetic 算法和协同进化算法的基础上，从面向问题求解的角度提出了 Memetic 计算的概念，将 Memetic 计算定义为使用 Meme 来求解问题的计算范式。Meme 在 Memetic 计算中定义为编码于"计算表示"中的信息单元，并以算子、学习策略、局部搜索等形式存在。Memetic 计算通过 Meme 之间的互相协作交互实现。在 Memetic 计算中，Meme 的定义由局部搜索扩展至任意搜索或学习策略，交叉、变异等算子皆可称之为 Meme。此外，Memetic 计算并不要求算法是基于种群。由此 Memetic 计算是对 Memetic 算法的一种泛化。

Icca[40] 指出，在 Memetic 计算框架下研究的算法都采用了多种 Meme 协同的方式实现优化，涉及较多的算子和参数设置，导致算法设计相对复杂，因此 Icca 将奥卡姆剃刀（Ockham's Razor）的思想引入了 Memetic 计算，而 Icca 认为，在 Memetic 计算中，下述三种 Meme 对于设计简单高效的算法是充分和必要的。

① 长距离探测（long distance exploration）：在搜索过程中以较大的搜索步长或较大的变化概率产生新解。

② 中距离探测（middle distance exploration）：在搜索过程中以适中的搜索步长或适中的变化概率产生新解。

③ 短距离探测（short distance exploration）：在搜索过程中以较小的搜索步长或较小的变化概率产生新解。

本章在设计面向数据分析的智能算法时遵循了 Icca 的设计准则，设计选取相应的 Meme，并在 Memetic 算法和 Memetic 计算的框架下，研究了不同 Meme 之间的协同方式，提出了两种基于种群的 Memetic 算法：基于高斯变异和深度优先搜索的 Memetic PSO（Gaussian Mutation and Deepest Local Search based Memetic PSO，GS-MPSO）和基于广泛学习的 Memetic PSO（Memetic Comprehensive Learning PSO，MCLPSO）。并通过复杂函数优化问题验证了这两种算法的性能和效率。

3.3.3　基于高斯变异和深度优先搜索的属性加权 K 近邻缺失值填补方法（GS-MPSO-KNN）

K 近邻是示例学习或惰性学习的一种学习方式，在缺失值填补中有广泛应用[41]，本节采用基于赋权 KNN 的填补。为了进一步提高赋权 KNN 的预测精度，将应用基于智能算法的特征赋权技术。

对于 $x_{im}=$ null 的记录 x_i，从数据集 S 的其他记录中，根据相似性度量选择其 K 个最相近的记录 $neighbor_{i1}$，$neighbor_{i2}$，$\cdots$，$neighbor_{ik}$。在本节中采用赋权欧拉公式作为相似性度量方法，即赋权 K 近邻（Weighted K Nearest Neighbors，WKNN），fw_j 表示 X_{complete} 中第 j 个属性的权重，fw_j 的值越大则属性 j 的权重越高。x_i 的 K 个邻居的加权求和由

式(3-13) 求得，$w_j = 1/d(x_i, \text{neighbor}_{ij})$，$\hat{x}_{im}$ 是 x_{im} 的估计值。为了方便讨论，本节假设只有变量 X_m 包含空缺值，即 $X_{\text{miss}} = \{X_m\}$，$X_{\text{complete}} = X - \{X_m\}$。

$$\hat{x}_{im} = \sum_{k=1}^{K} w_k \, \text{neighbor}_{ikm} \Big/ \sum_{k=1}^{K} w_k \qquad (3\text{-}13)$$

$$d(x_i, x_j) = \sqrt{\sum_{k=1}^{D} f w_j (x_{ik} - x_{jk})^2} \qquad (3\text{-}14)$$

本节提出基于 GS-MPSO 和 WKNN 的填补方法，GS-MPSO-WKNN 具体可以分为两个阶段：训练和缺失值填补。

第一阶段（训练）：采用 GS-MPSO 优化每个特征 j 的权重 $f w_j$ 提高基于 KNN 方法预测精度。

① 编码方式：粒子 i 的解 solution_i 被编码成 D 维向量[42]，$\text{solution}_i = (f w_{i1}, f w_{i2}, \cdots, f w_{iD})$，$D = |X_{\text{complete}}|$，$f w_{ij}$ 是 solution_i 对 X_{complete} 中第 j 个变量的权重赋值，$0 \leqslant f w_{ij} \leqslant 1$，$\text{solution}_i$ 是对所有属性的权重赋值。粒子 i 的位置向量 pos_i 和最优位置 pbest_i 均可表示为 solution_i。

② 目标函数：GS-MPSO-KNN 通过调整 X_{complete} 中变量在距离公式(3-14) 中的权重来拟合 S_{complete}。粒子 i 的解 solution_i 的目标函数值通过留一（Leave-One-Out）交叉验证法确定。具体求解步骤如下。

步骤 1：对于每个 S_{complete} 中的样本 x_i，通过其在 X_{complete} 上的赋权距离函数式(3-14) 从 $S - \{x_i\}$ 中找其 K 个最相近的邻居 neighbor_{i1}，neighbor_{i2}，$\cdots$，neighbor_{iK}。式(3-14) 中的权重 $f w_j$ 的值赋为 $f w_{ij}$，即 solution_i 的第 j 个分量。

步骤 2：以 neighbor_{i1}，neighbor_{i2}，$\cdots$，neighbor_{iK} 在第 m 个属性上值的加权和作为 x_{im} 的估计值 $\hat{x}_{im}$，即式(3-13)。

步骤 3：求出所有记录 x 在第 m 个属性上的估计值，以预测值和实际值的最小均方差作为 solution_i 的目标函数值，即式(3-15)。

$$\text{MSE}(S_{\text{complete}}) = \sqrt{\frac{\sum_{X_i \in S_{\text{complete}}} (x_{im} - \hat{x}_{im})^2}{|S_{\text{complete}}|}} \qquad (3\text{-}15)$$

GS-MPSO-KNN 的目标函数流程如图 3-3 所示。由此，通过 GS-MPSO-KNN 可以优化得到一组 D 维的特征权重 $(w_1, w_2, \cdots, w_D)$。

第二阶段（缺失值填补）：针对 S_{miss} 中的每个数据记录 x_{im}，根据式(3-14) 从 S_{complete} 中找到 K 个最相邻的数据记录，按照式(3-13) 求得

```
function f(solution: sol)
begin
    for each x_i in S_complete
        find K nearest instance in S_complete - {x_i} for x_i by(3-13)
        /*the weight f_wj for the jth variable in X_complete is specified by jth value of sol */
        compute x̂_im for x_im by(3-12)
    endfor
    return the result of(3-14)as the value off
end
```

图 3-3　GS-MPSO-KNN 的优化目标函数 f

该缺失值的估计量 $\hat{x}_{im}$，由此完成数据集中的缺失值填补。GS-MPSO-WKNN 的实现过程如图 3-4 所示。

```
procedure GS-MPSO-WKNN()
begin
    call GS-MPSO to evolving a vector of weights(w_1, w_2, ···, w_D)
    for each x_i in S_miss
        find K nearest instance in S_complete for x_i by(3-13)
        /*the weight f_wj for the jth variable in X_complete is specified by w_j */
        compute x̂_im for x_im by(3-12)
    endfor
end
```

图 3-4　GS-MPSO-WKNN 实现伪码

3.3.4　数值验证

为了验证 GS-MPSO-KNN 的填补准确性，采用制造系统中包含空缺值最多的传感器数据集 D_2 作为测试集。具体实验验证步骤如下。

步骤 1：对具有较大变异系数，（标准差与均值之比）的三个传感器属性（X_5、X_{12}、X_{204}），按缺失值比例 10%、20%、30%、40%、50% 随机标注缺失值。

步骤 2：调用 GS-MPSO-WKNN 或其他方法补全这组被标注缺失值。

步骤 3：根据均方误差（Mean Square Error，MSE）和平均绝对误差（Mean Absolutely Error，MAE）来评估填补精度。

$$\mathrm{MSE}(S_{\mathrm{miss}}) = \sqrt{\frac{\sum_{X_i \in S_{\mathrm{miss}}}(x_{im} - \hat{x}_{im})^2}{|S_{\mathrm{miss}}|}} \tag{3-16}$$

$$\mathrm{MAE}(S_{\mathrm{miss}}) = \frac{\sum_{X_i \in S_{\mathrm{miss}}} |x_{im} - \hat{x}_{im}|}{|S_{\mathrm{miss}}|} \tag{3-17}$$

为了客观评估 GS-MPSO-WKNN 的填补精度，将 GS-MPSO-WKNN 与以下几种方法进行比较。

① 基于模型的填补方法：线性回归（Linear Regression，LR）填补法，支持向量回归（Support Vector Regression，SVR）填补法。

② 基于距离的填补方法：KNN 填补法。

GS-MPSO-KNN 的最大迭代次数设为 100，优化目标 f 中 K 近邻的 $K = 20$，参数设置如表 3-2 所示。

表 3-2 算法参数设置

函数	全局最优 x^*	$f(x^*)$	搜索空间	初始化空间
f_1	$[0,0,\cdots,0]$	0	$[-100,100]^D$	$[-100,50]^D$
f_2	$[0,0,\cdots,0]$	0	$[-100,100]^D$	$[-100,50]^D$
f_3	$[0,0,\cdots,0]$	0	$[-100,100]^D$	$[-100,50]^D$
f_4	$[0,0,\cdots,0]$	0	$[-10,10]^D$	$[-10,5]^D$
f_5	$[0,0,\cdots,0]$	0	$[-100,100]^D$	$[-100,50]^D$
f_6	$[1,1,\cdots,1]$	0	$[-2.048,2.048]^D$	$[-2.048,1]^D$
f_7	$[0,0,\cdots,0]$	0	$[-32.768,32.768]^D$	$[-32.768,16]^D$
f_8	$[0,0,\cdots,0]$	0	$[-600,600]^D$	$[-600,300]^D$
f_9	$[0,0,\cdots,0]$	0	$[-100,100]^D$	$[-100,50]^D$
f_{10}	$[0,0,\cdots,0]$	0	$[-0.5,0.5]^D$	$[-0.5,0.2]^D$
f_{11}	$[0,0,\cdots,0]$	0	$[-100,100]^D$	$[-100,50]^D$
f_{12}	$[0,0,\cdots,0]$	0	$[-5.12,5.12]^D$	$[-5.12,2]^D$
f_{13}	$[0,0,\cdots,0]$	0	$[-5.12,5.12]^D$	$[-5.12,2]^D$
f_{14}	$[420.96,420.96,\cdots,420.96]$	0	$[-500,500]^D$	$[-500,500]^D$
f_{15}	$[1,1,\cdots,1]$	0	$[-50,50]^D$	$[-50,50]^D$
f_{16}	$[1,1,\cdots,1]$	0	$[-50,50]^D$	$[-50,50]^D$

缺失值填补的结果见表 3-3～表 3-5，可以得出以下结论。

• 当缺失值比例为 10% 时，SVR 填补法准确率最高，但当数据缺失值比例上升时，SVR 填补法的退化非常明显，随着缺失值比例的提高，学习样本减少，会使得 SVR 预测模型陷入过拟合。

• LR 填补准确率的变化和 SVR 类似，但 LR 填补法的准确率不如 SVR 填补法，显然，简单的线性模型不适用于复杂传感器数据补全问题。

- KNN 填补法在缺失值比例较小的情况下和 SVR 填补法相比准确率较低，但随着缺失值比例的提高，KNN 填补法体现出较好的鲁棒性，在缺失值比例达到 20%、30%、40%、50% 的情况下，都能取得稳定的填补准确率。

- 在任一种缺失值比例情况下，GS-MPSO-WKNN 和 KNN 相比都有更高的准确率，在缺失值比例为 10% 时，GS-MPSO-WKNN 的填补准确率和 SVR 填补法接近。随着缺失值比例的提高，GS-MPSO-WKNN 保持较高鲁棒性的同时达到了较高的填补准确率。GS-MPSO-WKNN 使用类似 KNN 的决策方式，可以有效避免过拟合，同时充分利用完整数据，进行属性权重的提取，对显著影响缺失值的属性赋予更高的权重。由此可见，GS-MPSO-WKNN 非常适合用来填补制造系统传感器的缺失值。

表 3-3 对 X_5 进行缺失值填补的结果

MSE	10%	20%	30%	40%	50%
LR	1.46E+01	3.19E+01	1.22E+02	7.76E+01	5.64E+01
SVR	1.24E+01	2.23E+01	8.48E+00	6.14E+00	4.10E+01
KNN	1.01E+01	9.49E+00	8.63E+00	7.68E+00	8.01E+00
GS-MPSO-WKNN	**8.98E+00**	**9.15E+00**	**8.16E+00**	**6.75E+00**	**7.78E+00**
MAE	10%	20%	30%	40%	50%
LR	7.93E+00	9.66E+00	6.03E+00	1.12E+01	9.89E+00
SVR	**7.16E+00**	8.17E+00	**5.49E+00**	6.19E+00	8.41E+00
KNN	8.14E+00	7.73E+00	6.85E+00	5.97E+00	6.18E+00
GS-MPSO-WKNN	7.18E+00	**7.38E+00**	6.49E+00	**5.17E+00**	**5.95E+00**

表 3-4 对 X_{12} 进行缺失值填补的结果

MSE	10%	20%	30%	40%	50%
LR	4.47E+00	9.44E+01	8.61E+01	7.04E+01	9.77E+01
SVR	**3.20E+00**	1.22E+01	2.03E+01	1.70E+01	8.12E+01
KNN	3.39E+00	2.88E+00	2.68E+00	2.52E+00	2.55E+00
GS-MPSO-WKNN	3.24E+00	**2.73E+00**	**2.52E+00**	**2.37E+00**	**2.40E+00**
MAE	10%	20%	30%	40%	50%
LR	2.98E+00	1.33E+01	1.28E+01	9.34E+00	1.05E+01
SVR	**2.38E+00**	3.66E+00	4.67E+00	3.39E+00	9.21E+00
KNN	2.69E+00	2.26E+00	2.14E+00	1.98E+00	2.02E+00
GS-MPSO-WKNN	2.54E+00	**2.15E+00**	**2.01E+00**	**1.85E+00**	**1.88E+00**

表 3-5 对 X_{204} 进行缺失值填补的结果

MSE	10%	20%	30%	40%	50%
LR	1.15E+02	3.27E+02	4.53E+02	5.58E+02	6.89E+02
SVR	1.13E+02	2.96E+02	2.74E+02	5.04E+02	6.65E+02
KNN	1.14E+02	8.71E+01	7.50E+01	2.52E+01	2.55E+01
GS-MPSO-WKNN	**1.12E+02**	**8.67E+01**	**7.23E+01**	**2.37E+01**	**2.40E+01**
MAE	10%	20%	30%	40%	50%
LR	4.07E+01	6.62E+01	7.10E+01	7.47E+01	8.56E+01
SVR	**3.85E+01**	6.00E+01	5.01E+01	6.29E+01	7.56E+01
KNN	4.66E+01	4.18E+01	3.81E+01	3.63E+01	3.53E+01
GS-MPSO-WKNN	4.26E+01	**3.94E+01**	**3.29E+01**	**3.18E+01**	**3.02E+01**

3.4 基于数据聚类分析的异常值探测

3.4.1 基于数据聚类的异常值探测

数据聚类或聚类分析是将数据记录分配给不同的聚类簇，同属一个聚类簇的数据具有较高相似度，而分属不同聚类簇的数据相似度较低。聚类是探测性数据挖掘的重要任务，在数据分析的很多领域都有较高应用，将数据集 S 聚成 K 类可定义为对数据集 S 进行 K 块划分，以 $\mathrm{Partition}_K$ 表示对数据集的聚类结果，即：

$$\mathrm{Partition}_K = (\mathrm{Cluster}_1, \mathrm{Cluster}_2, \cdots, \mathrm{Cluster}_K), \forall k, \mathrm{Cluster}_k \subseteq S,$$
$$1 \leqslant k \leqslant K$$

并且满足如下约束：

$$\forall k, \mathrm{Cluster}_k \neq \varnothing, 1 \leqslant k \leqslant K$$
$$\mathrm{Cluster}_i \cap \mathrm{Cluster}_j = \varnothing, 1 \leqslant i, j \leqslant K, i \neq j$$
$$\bigcup_{k=1}^{K} \mathrm{Cluster}_k = S$$

上述定义的聚类通常被称为硬聚类。在硬聚类中，每个数据隶属于特定的聚类簇。聚类是通过聚类算法根据相似度度量实现的，聚类的结果则通过聚类准则进行评估。通常，聚类准则也是根据相似度度量定义的，本节将采用式(3-18) 所述的欧式距离作为相似度度量方法，并采用式(3-19) 作为聚类准则，其中，$\mathrm{centroid}_j$ 是 $\mathrm{Cluster}_j$ 的聚类中心。J ($\mathrm{Partition}_K$) 的值越小，表示每个聚类簇的内聚性越高。

$$d(X_i, X_j) = \sqrt{\sum_{k=1}^{D} (x_{ik} - x_{jk})^2} \tag{3-18}$$

$$J(\text{Partition}_K) = \frac{\sum_{\text{Cluster}_j \in \text{Partition}_K} [\sum_{x_i \in \text{Cluster}_j} d(x_i, \text{centroid}_j)] / |\text{Cluster}_j|}{K}$$

$$\tag{3-19}$$

基于聚类的异常值探测可通过 Rule 3.2 实现，当数据样本和聚类中心的距离超过一定阈值时，则认为该样本为异常值。距离阈值 α 可定义为 3 倍聚类中心平均聚类，见式(3-20)。

Rule 3.2:

If $x_i \in \text{Cluster}_k \wedge d(x_i, \text{centroid}_k) > \alpha$, Then x_i is outlier

$$\alpha = 3 * [\sum_{x_i \in \text{Cluster}_j} d(x_i, \text{centroid}_j)] / |\text{Cluster}_j| \tag{3-20}$$

3.4.2 K 均值聚类

K 均值聚类是最简单且最常用的聚类算法之一[43]，其中聚类个数 K 由用户指定。具体步骤如下。

步骤 1: 对于聚类簇 Cluster_1，Cluster_2，$\cdots$，Cluster_K，初始聚类中心为（centroid_1，centroid_2，$\cdots$，centroid_K）。

步骤 2: 将 S 中的每个数据 x_i 分配给能最小化 $d(x_i, \text{centroid}_j)$ 的聚类簇 Cluster_j；

步骤 3: 对每个聚类簇，采用式(3-21) 更新其聚类中心：

$$\text{centroid}_j = \frac{1}{|\text{Cluster}_j|} \sum_{x_i \in \text{Cluster}_j} x_i \tag{3-21}$$

步骤 4: 重复迭代步骤 3 和步骤 4，直至所有聚类簇的聚类中心不再变化。

由上述步骤可知，K 均值聚类是一个迭代分配数据并更新聚类簇中心的过程。K 均值的具体实现过程如图 3-5 所示。

K 均值算法简单快速，应用极广，但存在如下不足：

① 聚类个数 K 选择不当会导致较差聚类效果；

② 聚类效果一定程度上取决于选择的相似度度量方法；

③ 聚类结果对初始 K 个聚类中心敏感。

K 一般通过试凑法进行调节，而相似度度量的选择依赖于数据集的先验知识。K 均值算法对初始聚类敏感容易使聚类准则函数陷入局部最优，而优化方法可以用于初始聚类中心设置，减弱算法对初始聚类中心的敏感，进一步最小化聚类准则函数。

```
procedure KMEANS(K initial centroids: centroid₁, centroid₂, ⋯, centroid_K)
  do
    for i=1 to K
      Clusterᵢ=∅
    endfor
    for i=1 to M
      find the cluster Clusterⱼ that minimize d(xᵢ, centroidⱼ)
      Clusterⱼ={xᵢ} ∪ Clusterⱼ
    endfor
    for i=1 to K
      recalculate the centroidⱼ according to(3-19)
    endfor
  while(the stop criterion is not met)
end
```

图 3-5　K 均值算法实现伪码

3.4.3 基于 GS-MPSO 和 K 均值聚类的数据聚类算法 (GS-MPSO-KMEANS)

GS-MPSO 中使用深度优先搜索，在高维问题优化中效率不高，因此，将 GS-MPSO 的深度优先搜索更换成基于广泛学习的 Memetic PSO 中采用的基于模拟退火局部搜索 SA_local_search，即得 GS-MPSO-KMEANS：

① 长距离探测：带压缩因子 PSO。

② 中距离探测：高斯变异算子。

③ 短距离探测：基于模拟退火的局部搜索。

GS-MPSO-KMEANS 采用和 GS-MPSO 相同的 meme 协同交互策略，在 PSO 进化的每一代，SA_local_search 只应用于希望粒子，对有希望的区域进行细粒度的搜索。而变异算子只应用于停滞粒子，由于停滞粒子无法从其邻居中改进其 $pbest_i$，从而使得停滞粒子产生跳跃，搜索新的区域。

GS-MPSO-KMEANS 是基于 GS-MPSO 和 KMEANS 的聚类算法，通过优化 KMEANS 的初始聚类中心最小化聚类准则函数。

① 编码方式：粒子 i 的解被编码成 D 维向量，$D=K*N$，K 为聚类簇的个数，N 为数据维度[44]。$solution_i=(centroid_{i1}, centroid_{i2}, \cdots, centroid_{iK})$，$centroid_{iK}$ 是 $solution_i$ 对第 k 个聚类簇的聚类中心 $centroid_k$ 的初始化赋值，粒子 i 的解给定了每个聚类簇聚类中心的初始值。粒子 i 的位置向量 pos_i 和最优位置 $pbest_i$ 均可表示为 $solution_i$。

② 目标函数：GS-MPSO-KMEANS 通过调整 KMEANS 的初始聚类中心来优化聚类准则 $J(Partition_K)$ 以提高变量聚类的质量。容易将粒子 i 的

解分解成 K 个聚类中心，$\text{centroid}_{i1}, \text{centroid}_{i2}, \cdots, \text{centroid}_{iK}$，以 centroid_{i1}，$\text{centroid}_{i2}, \cdots, \text{centroid}_{iK}$ 为参数调用 KMEANS 可得变量聚类 Partition_K 及其聚类准则 $J(\text{Partition}_K)$，以 $J(\text{Partition}_K)$ 为目标函数值。

根据上述讨论，图 3-6 给出了 GS-MPSO-KMEANS 的目标函数流程。

```
function f(solution: sol)
begin
    decompose sol and get centroid₁, centroid₂, ···, centroidₖ
    Partitionₖ=KMEANS(centroid₁, centroid₂, ···, centroidₖ)
    return the result of J(Partitionₖ)as the value off
end
```

图 3-6 GS-MPSO-KMEANS 的目标函数 f 实现伪码

3.4.4 数值验证

本节采用 D_1、D_2 数据集验证 GS-MPSO-KMEANS 的聚类性能。聚类个数分别设为 5、10、15。将 KMEANS 与 cf-PSO-KMEANS 及 GS-MPSO-KMEANS 进行比较，其中 cf-PSO-KMEANS 是基于 cf-PSO 和 KMEANS 数据聚类算法。

GS-MPSO-KMEANS 的最大迭代次数设为 100，其余参数设置与表 3-2 保持一致。对每个数据集，各算法均运行 100 次。各算法对聚类准则函数优化值的均值与方差如表 3-6 所示。

通过表 3-6 可知，不含优化初始聚类中心的 KMEANS 在优化聚类准则方面和另两种优化初始聚类中心的智能算法 cf-PSO-KMEANS 和 GS-MPSO-KMEANS 相比有较大差距。当聚类个数增加时，GS-MPSO-KMEANS 和 cf-PSO-KMEANS 都能找到更紧凑的聚类进一步优化聚类准则，但 KMEANS 在聚类个数增加时无法进一步优化聚类准则。GS-MPSO-KMEANS 比 cf-PSO-KMEANS 具有更强的优化聚类准则的能力，但在 $D_1(K=5)$ 时，GS-MPSO-KMEANS 和 cf-PSO-KMEANS 相比提升幅度并不明显，这是由于 D_1 的样本数量较少，当聚类数少时，可能的聚类组合也相对较少，cf-PSO-KMEANS 在此情形下也能得到很好的优化效果。但在 $D_1(K=10)$、$D_2(K=5)$、$D_2(K=10)$、$D_2(K=20)$ 等情形下，GS-MPSO-KMEANS 的优化能力和 cf-PSO-KMEANS 相比有显著提升，并且在提升平均聚类准则函数时，能够有效降低方差，说明 GS-MPSO-KMEANS 是一种稳定的聚类方法。

表 3-6　数据聚类结果

算法	$D_1(K=5)$	$D_1(K=10)$	$D_1(K=20)$	$D_2(K=5)$	$D_2(K=10)$	$D_2(K=20)$
KMEANS	1.18E+00 $\pm$3.70E−02	1.05E+00 $\pm$3.10E−02	1.01E+00 $\pm$6.02E−02	2.32E+00 $\pm$2.69E−01	2.37E+00 $\pm$1.95E−01	2.19E+00 $\pm$7.36E−01
GS-MPSO	**9.27E−01** **$\pm$5.04E−02**	**7.54E−01** **$\pm$6.33E−02**	**7.22E−01** **$\pm$3.18E−02**	**6.17E−01** **$\pm$6.04E−02**	**5.03E−01** **$\pm$5.34E−02**	**4.48E−01** **$\pm$8.50E−02**
cf-PSO	9.34E−01 $\pm$5.71E−02	8.28E−01 $\pm$3.80E−02	7.34E−01 $\pm$4.36E−02	6.53E−01 $\pm$1.19E−01	5.34E−01 $\pm$7.12E−01	4.92E−01 $\pm$7.12E−01

3.5　基于变量聚类的冗余变量检测

3.5.1　主成分分析

在变量聚类中，通常通过主成分分析（Principle Component Analysis，PCA）[45] 求得一组变量的第一主成分作为这组变量的聚类中心。PCA 是一种常用降维方法，可以使用较少的属性代替原来较多的属性，而这些较少的属性可以尽可能多地反映原来较多属性的信息，且相互之间线性无关。本质上 PCA 是通过坐标变换实现的，数据沿着新的坐标轴可以实现方差最大化，而数据在这些坐标轴上的投影就是主成分。PCA 的基本原理如下。

已知数据集 $S=\{x_i\}_{i=1}^{M}$，$x_i \in R^N$，PCA 通过变换式（3-22）将样本 x_i 变换成 x_i'

$$x_i' = x_i U' \tag{3-22}$$

其中，U' 是从 U 选取部分列的子阵，U 是一个 $N \times N$ 维正交矩阵，第 j 列 U_j 是样本协方差矩阵 C 的第 j 个特征向量。

C 是数据集 S 的样本协方差矩阵，$C=(c_{ij})_{N \times N}$，c_{ij} 定义见式（3-23）。

$$c_{ij} = \frac{1}{M-1} \sum_{k=1}^{M} (x_{ki} - \mu_{Xi})(x_{kj} - \mu_{Xj}) \tag{3-23}$$

由式（3-23）可知，C 是一个实对称矩阵，由实对称矩阵的性质可知：C 有 N 个实特征根（含重根），特征向量都是实向量，且不同特征值对应的特征向量是正交的。由特征值分解可得式（3-24）。

$$\lambda_j U_j = C U_j, j=1,2,\cdots,N, \lambda_1 \geqslant \lambda_2 \geqslant \cdots \geqslant \lambda_N \tag{3-24}$$

其中，λ_j 是 C 的特征值，U_j 是 λ_j 对应的特征向量。令 $\lambda_1 \geqslant \lambda_2 \geqslant \cdots \geqslant \lambda_N$，则 $U = (U_1, U_2, \cdots, U_N)$ 根据对应特征值由大到小排列。S 在 U_1 方向的投影具有最大方差，S 在 U_2 方向投影具有第二大的方差，以此类推。特征向量之间是两两正交的，根据相应特征值大小从 U 中筛选出 T 个特征向量，$U' = (U_1, U_2, \cdots, U_T)$，降维后的数据集就是 S 在 U' 上的投影。

$$S' = SU' \tag{3-25}$$

根据上述原理，容易归纳出第一主成分的求解步骤如下。

步骤 1：求得样本数据集 S 的样本协方差矩阵 C。

步骤 2：根据 Jacobi 迭代法计算 C 的特征值，$\lambda_1 \geqslant \lambda_2 \geqslant \cdots \geqslant \lambda_N$。

步骤 3：选取最大特征值 λ_1 对应的特征向量 U_1。

步骤 4：计算样本数据在 U_1 的投影，得到第一主成分（First Principle Component，FPC）：$\text{FPC}(S) = SU_1$。

基于上述讨论，第一主成分的实现伪码如图 3-7 所示。

```
function FPC(Dataset: S)
begin
    compute covariance matric C for S
    compute eigenvalues λ₁, λ₂, ···, λ_N for C, and λ₁≥λ₂≥···≥λ_N
    get eigenvectors U₁, U₂, ···, U_N
    return the SU₁ as the first principle component of S
end
```

图 3-7　第一主成分的实现伪码

3.5.2　基于 K 均值聚类和 PCA 的变量聚类

变量聚类是探测型数据挖掘的一种方法，通过将线性相关性较强的变量聚成一类从而实现冗余变量检测。将变量聚成 K 类可定义为对变量集合 X 进行 K 块划分，本节用 Partition_K 表示对变量集的聚类结果。

$$\text{Partition}_K = (\text{Cluster}_1, \text{Cluster}_2, \cdots, \text{Cluster}_K),$$
$$\forall k, \text{Cluster}_K \subseteq X, 1 \leqslant k \leqslant K$$

并且满足如下约束：

$$\forall k, \text{Cluster}_k \neq \varnothing, 1 \leqslant k \leqslant K$$
$$\text{Cluster}_i \bigcap \text{Cluster}_j = \varnothing, 1 \leqslant i, j \leqslant K, i \neq j$$
$$\bigcup_{k=1}^{K} \text{Cluster}_k = X$$

同属一个聚类簇的变量之间具有较强的相关性，而分属不同聚类簇的变量之间的相关性较弱。最著名的变量聚类工具是 SAS 软件中的 VARCLUS 过程[46]，本节主要介绍基于 K 均值聚类的变量聚类算法 KMEANSVAR。KMEANSVAR 对变量之间的距离度量，聚类簇的聚类中心更新以及聚类准则定义如下。

① 距离：通过 Pearson 相关系数式（3-26）定义变量之间的距离 $d(.)$，如式（3-27）所示。相关性越高，变量之间的距离越近；相关性越小，变量之间的距离越远。

$$\text{Pearson}(X_i, X_j) = \frac{\sum_{k=1}^{M}(x_{ki} - \mu_{Xi})(x_{kj} - \mu_{Xj})}{\sqrt{\sum_{k=1}^{M}(x_{ki} - \mu_{Xi})^2}\sqrt{\sum_{k=1}^{M}(x_{kj} - \mu_{Xj})^2}}$$

$$(3\text{-}26)$$

$$d(X_i, X_j) = 1 - \text{Pearson}(X_i, X_j)^2 \qquad (3\text{-}27)$$

② 聚类中心更新：求得同属一类聚类簇的变量的第一主成分，更新聚类中心。

$$\text{Cluster}_k = \{X_{k1}, X_{k2}, \cdots, X_{kP}\}$$

数据集 S_{Cluster_k} 是由随机向量 $(X_{k1}, X_{k2}, \cdots, X_{kP})$ 中 M 个观测值组成的样本数据，即在原数据集 S 上保留 $X_{k1}, X_{k2}, \cdots, X_{kP}$ 所对应的属性并删除其他属性。根据上述第一主成分方法，以 $\text{FPC}(S_{\text{Cluster}_k})$ 作为 Cluster_k 的新的聚类中心。

③ 聚类准则：通过上述对变量相似度定义和变量聚类中心的更新规则，可以定义聚类准则来度量变量聚类的质量，良好的聚类会使得聚类准则最大化。聚类簇 Cluster_k 的同质性 $H(\text{Cluster}_k)$ 可通过聚类簇的成员变量和聚类中心 Pearson 相关性的平方和来度量，见式（3-28），其中 centroid_k 就是聚类簇 Cluster_k 的聚类中心。

$$H(\text{Cluster}_k) = \sum_{X_{ki} \in \text{Cluster}_k} \text{Pearson}^2(X_{ki}, \text{centroid}_k) \qquad (3\text{-}28)$$

聚类的同质性 $H(\text{Partition}_k)$：通过对该聚类形成的所有聚类簇的同质性指标求和得到式（3-29）。

$$H(\text{Partition}_k) = \sum_{\text{Cluster}_k \in \text{Partition}_k} H(\text{Cluster}_k) \qquad (3\text{-}29)$$

基于上述讨论，KMEANSVAR 可以通过如下步骤实现。

步骤 1：初始化 K 个聚类簇 Cluster_1，Cluster_2，$\cdots$，Cluster_K 的聚类中心 $\text{centroid}_1, \text{centroid}_2, \cdots, \text{centroid}_K$。

步骤 2：清空每个聚类簇。

步骤 3：对于变量集 X 中每个变量 X_i，通过式（3-30）求得 X_i 最近的聚类 $\text{Cluster}_{\text{nearest}}$，并将其分配给 $\text{Cluster}_{\text{nearest}}$。

$$\mathrm{Cluster_{nearest}}=\mathrm{argmin}_{\mathrm{Cluster}_k\in\mathrm{Partition}_k}(d(X_i,\mathrm{Cluster}_k)) \qquad (3\text{-}30)$$

$$\mathrm{Cluster_{nearest}}=\mathrm{Cluster_{nearest}}\bigcup X_i \qquad (3\text{-}31)$$

其中，变量与聚类簇的距离定义为变量与聚类中心的距离，即

$$d(X_i,\mathrm{Cluster}_k)=d(X_i,\mathrm{centroid}_k)$$

步骤 4：对于聚类簇 $\mathrm{Cluster}_k$，通过求得其成员变量的第一主成分 $\mathrm{FPC}(S_{\mathrm{Cluster\_}k})$ 作为聚类簇 $\mathrm{Cluster}_k$ 的新聚类中心 $\mathrm{centroid}_k$。

步骤 5：反复迭代步骤 2～步骤 4，直至每个聚类簇的聚类中心不再变化或达到最大迭代次数。

基于上述讨论，KMEANSVAR 实现伪码如图 3-8 所示。

```
procedure KMEANSVAR(K initial centroids: centroid₁, centroid₂, ⋯, centroidₖ)
  do
    for k=1 to K
        Clusterₖ= ∅
    endfor
    for i=1 to N
        Cluster_nearest=argmin_Clusterₖ∈Partitionₖ(d(Xᵢ, Clusterₖ))
        Cluster_nearest={xᵢ} ∪ Cluster_nearest
    endfor
    for k=1 to K
        recalculate the centroidₖ  by FPC(S_Cluster_k)
    endfor
  while(the stop criterion is not met)
  return Partitionₖ={Cluster₁, Cluster₂, ⋯, Clusterₖ} as result
end
```

图 3-8　KMENASVAR 实现伪码

3.5.3　基于 MCLPSO 的变量聚类算法（MCLPSO-KMEANSVAR）

虽然基于 K 均值聚类和 PCA 的变量聚类算法能够对变量进行有效聚类，但和传统的 K 均值算法一样，KMEANSVAR 对初始聚类中心较为敏感，容易陷入局部最优，导致聚类效果不好。为了克服此缺点，本节提出了基于 MCLPSO 的变量聚类算法，MCLPSO-KMEANSVAR。

① 编码方式：粒子 i 的解被编码成 D 维向量，$D=K*M$，K 为聚类簇的个数，M 为变量的观测值数量。$\mathrm{solution}_i=(\mathrm{centroid}_{i1},\mathrm{centroid}_{i2},\cdots,\mathrm{centroid}_{iK})$，$\mathrm{centroid}_{iK}$ 是粒子 i 的解 $\mathrm{solution}_i$ 对第 K 个聚类簇的聚类中心 $\mathrm{centroid}_k$ 的初始化赋值，粒子 i 的解给定了每个聚类簇聚类中心的初始值。粒子 i 的位置向量 pos_i 和最优位置 pbest_i 均可表

示为 $solution_i$。

② 目标函数：MCLPSO-KMEANSVAR 通过调整 KMEANSVAR 的初始聚类中心来优化聚类准则 $H(Partition_K)$，以提高变量聚类的效果。容易将粒子 i 的解分解成 K 个聚类中心，$centroid_{i1}$，$centroid_{i2}$，…，$centroid_{iK}$，以 $centroid_{i1}$，$centroid_{i2}$，…，$centroid_{iK}$ 为参数调用 KMEANSVAR 可得变量聚类 $Partition_K$ 及其聚类准则 $H(Partition_K)$，以 $1/H(Partition_K)$ 为目标函数值。

基于上述讨论，图 3-9 中给出了 MCLPSO-KMEANSVAR 的目标函数流程。

```
function f(solution：sol)
begin
    decompose sol and get centroid₁, centroid₂, …, centroidₖ
    Partitionₖ=KMEANSVAR(centroid₁, centroid₂, …, centroidₖ)
    return the result of 1/H(Partitionₖ)as the value off
end
```

图 3-9 MCLPSO-KMEANSVAR 的目标函数流程

3.5.4 数值验证

为了验证 MCLPSO-KMEANSVAR 的聚类性能，本节采用 D_1、D_2 数据集作验证。聚类个数分别设为 5、10、15。将 KMEANSVAR 与 CLPSO-KMEANS 及 MCLPSO-KMEANSVAR 进行比较，其中 CLPSO-KMEANS 是基于 CLPSO 和 KMEANS 的数据聚类算法。

MCLPSO-KMEANSVAR 的最大迭代次数设为 100，因此在 MCLPSO-KMEANSVAR 中 Chaotic_local_search 不会被调用。其余参数设置与表 3-2 保持一致。对每个数据集，各算法均运行 100 次。各算法对聚类准则优化值的均值与方差如表 3-7 所示。

表 3-7 变量聚类结果

算法	$D_1(K=5)$	$D_1(K=10)$	$D_1(K=20)$	$D_2(K=5)$	$D_2(K=10)$	$D_2(K=20)$
MCLPSO-KMEANSVAR	**3.44E+01** ±**2.12E−01**	**4.45E+01** ±**4.06E−01**	**5.15E+01** ±**5.29E−01**	**4.36E+01** ±**4.01E−01**	**6.51E+01** ±**4.22E+00**	**1.02E+02** ±**3.04E+00**
CLPSO-KMEANSVAR	**3.44E+01** ±**2.10E−01**	4.44E+01 ±3.92E−01	5.13E+01 ±5.12E−01	4.35E+01 ±6.01E−01	6.41E+01 ±3.42 E+00	1.01E+02 ±3.04 E+00

续表

算法	$D_1(K=5)$	$D_1(K=10)$	$D_1(K=20)$	$D_2(K=5)$	$D_2(K=10)$	$D_2(K=20)$
KMEANSVAR	3.41E+01 ±4.40E−01	4.32E+01 ±1.43E+00	4.44E+01 ±1.99E+00	3.99E+01 ±2.64 E+00	6.00E+01 ±4.64 E+00	4.94E+01 ±3.44 E+00

由表 3-7 可知，对大量高维且具有实际意义的制造系统数据集 D_1 和 D_2 进行变量聚类时，KMEANSVAR 与 CLPSO-KMEANSVAR 和 MCLP-SO-KMEANSVAR 相比有较大差距，而 MCLPSO-KMEANSVAR 比 CLP-SO-KMEANSVAR 具有更强的优化聚类准则的能力。但在 D_1 和 D_2 上，MCLPSO-KMEANSVAR 在聚类数为 5 的情况下几乎没有优势，是因为聚类个数越少，可能的聚类组合也越少，则很容易通过智能搜索到较优聚类，但 KMEANS 即使在聚类个数较少的情况下对聚类准则函数的优化结果也不理想。当聚类个数增加时，MCLPSO-KMEANSVAR 的优化能力得以体现。MCLPSO-KMEANSVAR 在优化聚类准则的同时，并不能有效降低方差。从 MCLPSO-KMEANSVAR、CLPSO-KMEANSVAR 和 KMEANS-VAR 在 D_2 的聚类箱线图分布可知，KMEANSVAR 最缺乏稳定性。CLP-SO-KMEANSVAR 的求解结果的分布趋于扁平、性能更稳定；但当聚类问题复杂时（$K=10$，$K=20$），MCLPSO-KMEANSVAR 的优化结果总体优于 CLPSO-KMEANSVAR，MCLPSO-KMEANSVAR 能以更高的概率搜索到较优解。如图 3-10～图 3-12 所示。

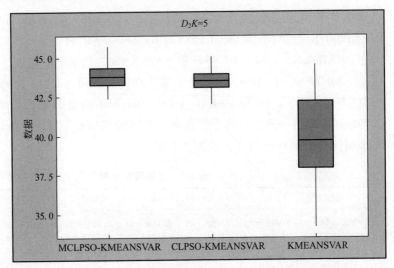

图 3-10　MCLPSO-KMEANSVAR 等算法在 D_2 数据集的运行结果（$K=5$）

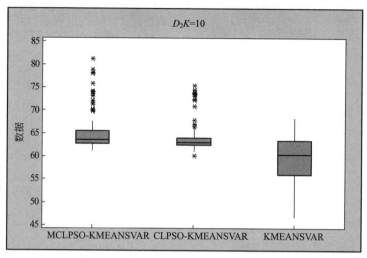

图 3-11　MCLPSO-KMEANSVAR 等算法在 D_2 数据集的运行结果（$K=10$）

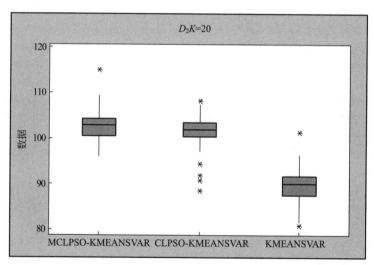

图 3-12　MCLPSO-KMEANSVAR 等算法在 D_2 数据集的运行结果（$K=20$）

3.6 本章小结

本章重点介绍了针对数据规范化、数据清理、数据规约等问题的数据预处理技术。首先介绍了常用的基于规则的数据规范化方法。针对数据清理问题，基于 Memetic 算法，提出了 GS-MPSO-WKNN 缺失值填补方法；提出 GS-MPSO-KMEANS 的数据聚类方法用于异常值探测。针对数据规约问题，提出了基于 MCLPSO-KMEANSVAR 的变量聚类方法用于冗余变量检测。基于两个实际制造系统的数据集，验证了上述方法在数据预处理方面的有效性。

参考文献

[1] 吴启迪,乔非,李莉,等. 基于数据的复杂制造过程调度 [J]. 自动化学报, 2009, 35(6): 807-813.

[2] 刘民. 基于数据的生产过程调度方法研究综述[J]. 自动化学报,2009(6):785-806.

[3] 柴天佑. 生产制造全流程优化控制对控制与优化理论方法的挑战[J]. 自动化学报, 2009(6):641-649.

[4] 刘强,柴天佑,秦泗钊,等. 基于数据和知识的工业过程监视及故障诊断综述[J]. 控制与决策,2010,25(6):801-807.

[5] 王红卫,祁超,魏永长,等. 基于数据的决策方法综述 [J]. 自动化学报, 2009, 35(6): 820-833.

[6] 郜传厚,渐令,陈积明,等. 复杂高炉炼铁过程的数据驱动建模及预测算法[J]. 自动化学报,2009,35(6):725-730.

[7] 刘颖,赵珺,王伟,等. 基于数据的改进回声状态网络在高炉煤气发生量预测中的应用[J]. 自动化学报,2009,35(6):731-738.

[8] 桂卫华,阳春华,李勇刚,等. 基于数据驱动的铜闪速熔炼过程操作模式优化及应用[J]. 自动化学报,2009,35(6):717-724.

[9] Kusiak A. A data mining tool for semiconductor Manufacturing [J]. IEEE Transactions on electronics packing manufacturing,2001,24(1),44-50.

[10] Kusiak A. Decomposition in data mining an industrial case study [J]. IEEE Transactions on electronics packing manufacturing,2000,23(4),345-353.

[11] Kusiak A. Feature transformation methods in data mining [J]. IEEE Transactions on electronics packing manufacturing,2001,24(3):214-221.

[12] Chen Y M, Miao D Q, Wang R Z. A rough set approach to feature selection based on ant colony optimization [J]. Pattern Recognition Letters, 2010, 31, 226-233.

[13] Shiue Y R, Su C T. Attribute selection for neural network based adaptive scheduling systems in flexible manufacturing systems [J]. International Journal of Advanced Manufacturing Technology,2002,20:532-544.

[14] Shiue Y R, Guh R S. The optimization of attribute selection in decision tree-based production control systems [J]. International Journal of Advanced Manufacturing Technology,2006,28:737-746.

[15] Shiue Y R, Guh R S. Learning based multi pass adaptive scheduling for a dynamic manufacturing cell environ-

ment,robotics [J]. Computer-Integrated Manufacturing,2006,33:203-216.

[16]　Shiue Y R. Development of two-level decision tree-based real-time scheduling system under product mix variety environment [J]. Robotics and Computer-Integrated Manufacturing, 2009, 25: 709-720.

[17]　Shiue Y R,Guh R S,Tseng T Y. A GA based learning bias selection mechanism for real time scheduling systems [J]. Expert Systems with Applications, 2009,36:11451-11460.

[18]　Hu C H,Su S F. Hierarchical Clustering Methods for Semiconductor Manufacturing Data [C]//Proceedings of the 2004 IEEE International Conference on Networking, Sensing Control. Taiwan, 2004:1063-1068.

[19]　Chen T. Predicting wafer-lot output time with a hybrid FCM-FBPN approach [J]. IEEE Transactions on System,Man and Cybernetics-Part B: Cybernetics, 2007, 37(4):784-793.

[20]　Chen T. An intelligent hybrid system for wafer lot output time prediction [J]. Advanced Engineering Informatics, 2007, 21:55-65.

[21]　Koonce D A,Tsai S C. Using data mining to find patterns in genetic algorithm solutions to a job shop schedule [J]. Computers and Industrial Engineering 2000,38:361-374.

[22]　Li X N. Application of data mining in scheduling of single machine system [Ph. D. dissertation]. Lowa State University,USA,2006.

[23]　Rafinejad S N,Ramtin F,Arabani A B. A new approach to generate rules in genetic algorithm solution to a job shop schedule by fuzzy clustering [C]//Proceedings of the World Congress on Engineering and Computer Science. USA,2009.

[24]　Han J,Kamber M,Pei J. Data mining: concepts and techniques[M]. San Francisco:Morgan kaufmann,2006.

[25]　刘云霞. 数据归约的统计方法研究及应用 [D]. 厦门:厦门大学,2007.

[26]　Lakshminarayan K,Harp S A,Goldman R P, et al. Imputation of Missing Data Using Machine Learning Techniques [C]//KDD. 1996:140-145.

[27]　Royston P. Multiple imputation of missing values [J]. Stata Journal, 2004, 4: 227-241.

[28]　Nelwamondo F V,Mohamed S,Marwala T. Missing data:A comparison of neural network and expectation maximisation techniques [J]. arXiv preprint arXiv: 0704. 3474,2007.

[29]　Wang X,Deng X,Liu Y,et al. A method for missing data interpolation by SVR. Electrical & Electronics Engineering (EEESYM), 2012 IEEE Symposium on. IEEE,2012:132-135.

[30]　Garcí a-Laencina P J,Sancho-Gómez J L,Figueiras-Vidal A R,et al. K nearest neighbours with mutual information for simultaneous classification and missing data imputation. Neurocomputing,2009, 72(7):1483-1493.

[31]　Keerin P, Kurutach W, Boongoen T. Cluster-based KNN missing value imputation for DNA microarray data[C]// Systems, Man, and Cybernetics (SMC), 2012 IEEE International Conference on. IEEE,2012:445-450.

[32]　Dawkins R,The Selfish Gene. New York: Oxford Univ Press,1976.

[33]　Moscato. On evolution,search,optimization, GAs and martial arts: toward

memetic algorithms. California Inst Technol, Pasadena, CA, Tech Rep Caltech Concurrent Comput Prog Rep, 1989:826

[34] Kennedy J, Eberhart R C. Particle swarm optimization. In Proceedings of IEEE International Conference on Neural Networks, IV, 1995:1942-1948.

[35] Dorigo M, Maniezzo V, Colorni A. Ant system:optimization by a colony of cooperating agents. IEEE Transactions on Systems, Man, and Cybernetics-Part B, 1996, 26(1):29-41.

[36] Wolpert D H, Macready W G. No free lunch theorems for optimization. IEEE Trans Evol Comput, 1997, 1:67-82.

[37] Liu B, Wang L, Jin Y H. An effective PSO-based memetic algorithm for flow shop scheduling[J]. Systems, Man, and Cybernetics, Part B: Cybernetics, IEEE Transactions on, 2007, 37(1):18-27.

[38] Smith J E. Coevolving memetic algorithms:a review and progress report[J]. Systems, Man, and Cybernetics, Part B: Cybernetics, IEEE Transactions on, 2007, 37(1):6-17.

[39] Ong Y S, Lim M H, Chen X S, Research Frontier: Memetic Computation-Past, Present & Future. IEEE Computational Intelligence Magazine, 2010, 5 (2): 24-36.

[40] Icca G, Neri F, Minino E. et al. Ockham's razor in memetic computing: Three stage optimal memetic exploration. Information Sciences, 2012, 188:17-42.

[41] Kelly J D. A hybrid genetic algorithm for classification. Proceedings of the 12th international joint conference on artificial intelligence, 1991, 645-650.

[42] Ren J T, Zhuo X L, Xu X L, et al. PSO based feature weighting algorithm for KNN. Computer Science, 2007 (in Chinese), 34(5).

[43] Merwe D W, Engelbrecht A P. Data clustering using particle swarm optimization. IEEE Congress on Evolutionary Computation, 2003, 215-220.

[44] MacQueen J B. Some methods for classification and analysis of multivariate observations. In Proceedings of 5th Berkeley Symposium on Mathematical Statistics and Probability. University of California Press, 1967:281-297.

[45] Jolliffe I. Principal component analysis [M]. John Wiley & Sons, 2005.

[46] Sarle W S. The VARCLUS Procedure. SAS/STAT User's Guide. SAS Institute [J]. Inc, Cary, NC, USA, 1990.

第4章

半导体生产
线性能指标
相关性分析

半导体生产线是一种加工设备繁多、工艺流程极为复杂的典型复杂制造系统。生产线上同时在加工的产品类型通常多达十几种，这使得在制品对在线设备的使用权竞争愈加激烈。半导体生产线的调度方案和派工策略将极大影响当前生产线工况、设备排队队长、工件等待时间，进而全局影响整个生产线的运行效率。以上因素使得生产数据信息冗余度高、内联关系复杂，进而使得性能指标之间的关系变得错综复杂。为了更好地利用性能指标之间的隐含关系，本章介绍了常见的半导体制造系统性能指标并对其进行了相关性分析。

4.1 半导体制造系统性能指标

性能指标是基于实际生产数据统计而得，反映当前制造系统运行效率的评价指标[1-3]。优化性能指标是研究半导体生产调度的最终目的，即提高效率、增加产能、使得整个制造系统高效良好运作[4-6]。结合相关文献[7]，将性能指标评价体系进行归纳分类，如图 4-1 所示。

针对半导体制造系统，按照统计周期的不同，可将性能指标分为短期性能指标和长期性能指标[8]。其中，短期性能指标通过对较短周期内的生产数据进行分析统计而得到，能够直接而清晰地反映出当前生产线的客观生产状况、体现生产线运作效率，从而反映日生产计划调度方案的优劣。长期性能指标是指需要通过较长的制造周期才能统计获得的、能综合体现当前生产线的日投料计划和调度策略的实施效果[9]，是企业和客户最为关心的指标。按照实际用途不同可进一步将评价指标细分为四类。其中，短期性能指标主要包括与生产线、设备和工件相关的指标[10]；长期性能指标主要是指与产品直接相关的指标[11]。

（1）生产线相关的性能指标

生产线相关的性能指标能够反映调度方案对当前生产线的调控效果，主要包括日在制品数量（Work in Process，WIP）、日移动步数（MOVE）、日出片量（Throughput，TH）、日平均移动速率（Turn）等。

在制品数量（WIP）：当前已投入半导体生产线且尚未完成全部加工步骤的工件数量总和，即生产线上的硅片总卡数或总片数。其值为各缓冲区内等待加工的工件数量与各设备上正在加工的工件数量之和，如式（4-1）

和式（4-2）所示。

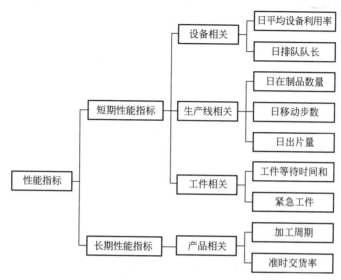

图 4-1 半导体生产线性能指标评价体系

$$W_t = \sum_{j=1}^{n_t} W_{t,j} + W_{t,\text{wait}} \tag{4-1}$$

$$W_f = \sum_t W_t \tag{4-2}$$

其中，$W_{t,j}$ 指在设备 j 上正在加工的在制品数量；n_t 表示加工区 t 内的设备总数；$W_{t,\text{wait}}$ 表示加工区 t 内缓冲区的在制品数；W_t 指加工区 t 内的在制品数量；W_f 表示生产线总在制品数。

日移动步数（Move）：以 24h 为统计周期，计算生产线上所有工件的移动步数，如式（4-3）所示。某工件在某设备上完成一个加工步骤称作一个移动。日移动量越高，表明生产线完成的加工任务越多。Move 是衡量半导体生产线性能的重要指标，其值越高，代表工件等待时间越短，生产线的加工能力越高，设备的利用率也越高。

$$\text{Move} = \sum_i \sum_j \sigma_j \times P_{i,j} \tag{4-3}$$

Move 表示 24h 内生产线的日移动步数；σ_j 表示第 i 台设备第 j 次加工是否完成，完成为 1，未完成为 0；$P_{i,j}$ 表示第 i 台设备第 j 次加工的工件数量。

日出片量（TH）：当天生产线上完成所有加工步骤的工件数量，其统计方式如式（4-4）所示。

$$\text{TH}_{24h} = \sum_i W_{x=0} \tag{4-4}$$

其中，$W_{x=0}$ 表示生产线最后一个加工区，即测试区内所有剩余加工步数为零的工件数。

日平均移动速率：指 24h 内平均每个工件的移动步数，其统计方式如式(4-5)所示。

$$v_{24h} = \text{Move}/W_f \tag{4-5}$$

其中，Move 表示生产线的日移动步数；W_f 表示当日在制品数量。

（2）设备相关的性能指标

半导体制造业属于资本密集型产业，故生产者追求设备的高效利用，包括设备利用率（Equipment Utility）和设备排队队长等。其中设备利用率反映了系统的实际运作效率，是与设备相关的最重要的性能指标。

日平均设备利用率(EQU_UTI)：以 24h 为统计周期，某设备实际用于加工工件的时间占当天总开机时间的比值，其统计方式如式(4-6)所示。

$$P_u = \sum_{i=1}^{m} \frac{T_{ih}}{T_{op}} \times 100\% \tag{4-6}$$

其中，P_u 指设备 u 的利用率；T_{ih} 指设备第 i 次操作所需时间；m 为该设备当天的总操作次数；T_{op} 指设备当天的开机时间。

日排队队长（QL）：以 24h 为统计周期，计算当前生产线上所有未在设备上加工、在相应缓冲区内等待加工的工件数量，其统计方式如式(4-1)中的 $W_{t,\text{wait}}$。

（3）工件相关的性能指标

工件相关的性能指标能够反映每卡晶圆片在生产线全生命周期中的工艺流程和加工情况，主要包括工件等待时间、当前剩余加工步数、交货期、是否为紧急工件等信息。

工件等待时间：指工件投入生产线后，在所有缓冲区排队等待加工时间之和。

$$\text{WT} = \sum_{i=1}^{n} t_i \tag{4-7}$$

其中，n 表示加工区总个数，t_i 表示在第 i 个加工区的缓冲区排队等待加工的时间。

工件在缓冲区的等待时间总和是半导体制造中可变成本的客观体现，能够反映工件在整条生产线上被浪费的时间。实际生产中，可以观察到硅片完工的事件是离散且非均匀的，这是因为硅片在加工的全生命周期中的等待时间是离散的。加工时间的长短取决于当前生产线各瓶颈设备区的拥塞程度，即每卡工件的排队时长。瓶颈设备区的产生和拥塞程度取决于当前的调度策略、所有种类产品对瓶颈设备访问的频繁程度和工艺时长。而拥塞程度又决定了工件的在某设备区的等待时间。因此等待时间是当前生产方案的综合结果，是工件相关的重要性能指标，受其他短期性能指标直接或间接影响。

（4）产品相关的性能指标

产品相关的性能指标是和最终成品直接相关的半导体生产线性能指标，主要包括加工周期（Cycle Time）和准时交货率（On Time Delivery Rate）等。

加工周期（CT）：硅片从投入生产线至完成所有加工步骤所需的时间。

$$CT_i = t_{i,\text{out}} - t_{i,\text{in}} \tag{4-8}$$

其中，CT_i 表示工件 i 的加工周期；$t_{i,\text{out}}$ 表示工件 i 完成所有加工工序的时刻；$t_{i,\text{in}}$ 表示工件 i 进入生产线开始准备加工的时刻。

晶圆的平均加工周期较长，通常为 1～3 个月不等。对加工周期的精确把握是企业保持竞争力的关键。半导体制造系统具有规模庞大、加工工艺复杂、流程重入性的特点，使其加工周期不仅取决于自身的工艺需求，同时还取决于当前调度方案的优劣，即加工周期将随当前生产线实时工况的改变而变化。

准时交货率（ODR）：反映的是该晶圆加工厂对生产任务的完成程度，通常需要更长的制造周期才能统计得到，是调度方案优劣的长期表现，其统计方式如式(4-9)所示。

$$ODR_{z,T_d} = \frac{n_1}{n_1 + n_2} \tag{4-9}$$

其中，ODR_{z,T_d} 指 T_d 周期内的 z 类产品的准时交货率；n_1 表示 z 类产品内所有准时交货的工件数；n_2 表示 z 类产品内所有未准时交货的工件数。

性能指标是半导体制造系统里调度方案与派工规则优劣的评价指标。通常这些指标的波动能快速反映出调度规则的改变。从工厂角度出发，它们是易于收集且能直观体现生产线状况的有价值数据。由于生产线数据繁多精细，数字化工厂数据采集频率更高、颗粒度更精细，在带来更全更细的数据的同时，也使得短期性能指标的内联关系更加错综复杂、数据之间的耦合程度更高，给量化性能指标间的数学关系带来了难度。

此外，长短期性能指标之间不可避免地存在一些制约关系，因此上述反映半导体生产线运行性能优劣的指标不可能同时达到最优[12]。各类调度方案的设计和优化都是为达到各性能指标之间的折中和平衡[13]。例如，若要缩短晶圆的平均加工周期，就应当降低生产线在制品水平，从而使得工件减少等待时间；降低在制品数量可降低工厂生产运营成本，同时可以有效提高成品率；但若在制品水平过低，生产线的设备利用率会被显著降低，从而影响日移动步数和生产率[14]。生产效率的降低将大大削弱企业的盈利能力，导致资金回笼周期增长。相反，如果在制品水平过高，虽然设备利用率、日移动步数得到了提高，但可能降低生产线移动速率，平均加工周期反而增加，降低成品率，且降低了企业资金的流动性，影响工厂的盈利能力[15]。各性能指标间的平衡是良好的调度方案所应当追求的，在此基础上关注某些关键性能指标的优化，以使生产线的整体性能达到全局近似最优[16]。因此，对性能指标的内在关联的数学建模可量化指标间的约束关系，从而在设计调度方案更有侧重性地关注某些关键指标，获得全局最优的效果。

4.2　半导体生产线性能指标的统计分析

本节将以某半导体生产企业的历史数据为对象，进行性能指标的统计与相关性分析。数据样本为 2013 年 1～12 月生产线数据，每隔 4h 采集一次线上 31 种类型的生产数据，以 csv 文件分别导出，每天含 6 个数据集。该生产数据集几乎涵盖了当前生产线的所有信息，其中反映生产线实际状况的主要包括在制品信息表、设备信息表、移动历史信息表和数据采集时间表。本节所关注的性能指标的统计主要基于这四张表，表 4-1 中列出了每张表里所用到的重点参数信息。其中，在制品信息表提供了当前时刻生产线在制品的基本信息，以流水信息的形式呈现；设备信息表涵盖了与加工相关的设备工艺信息；移动历史信息表中则记录了工件在生产线上的移动历史；数据采集时间表记录了本次数据集的采集时间。

表 4-1　生产数据信息表

数据表名	参数
在制品信息表 t_wip.csv	该卡工件卡号
	该卡工件版本号
	该卡工件所含晶圆片片数
	该卡工件目前所在站点号
	该卡工件正在执行的工艺大组号
	该卡工件的卡类型

续表

数据表名	参数
在制品信息表 t_wip. csv	卡状态
	剩余步数
	该卡工件的合同交货期
	该卡工件进入生产线的时间
设备信息表 t_equipment. csv	设备的描述信息
	设备所在加工区分类
	设备加工能力
移动历史信息表 t_move_history. csv	卡号
	设备号
	站点
	加工菜单
	工件出入设备时间
	工件移入日期
当前数据采集时间表 t_time. csv	数据采集时间

　　首先对某一类型的生产数据，如在制品信息表，把所有采集到的生产数据信息按照时间顺序合并成一张表，涵盖该生产线指标的全年信息。然后根据性能指标统计方式，获取所需的长短期性能指标数据。

4.2.1　短期性能指标

　　（1）在制品数量

　　将每日采样的 6 个时刻数据表按表名 t_wip. csv 合并。在每一张表的属性"卡状态"下进行筛选，选出"卡状态"为"正在加工"和"等待中"的卡，同时去掉重复的卡号。统计出每日在制品片数。

　　（2）日移动步数

　　将每日采样的 6 个时刻数据表按照表名 t_wip. csv 合并，在每张表的属性"卡状态"下进行筛选，选出"卡状态"为"正在加工"的卡流水信息。每个 MOVE 表示某工件每完成一道工序的加工，按天统计。

　　图 4-2 是 WIP 与 MOVE 的全年关系趋势图，其中虚线拟合了它们之间变化的线性趋势。左图是按照时间来拟合的，表示按时间顺序的全年在制品数量 WIP 和日移动步数 MOVE 的关系。右图不考虑时间顺序，

仅研究随着在制品数量的增加，日移动步数的变化趋势，根据趋势线可以看到 MOVE 随 WIP 基本成单调增加的关系。在年初生产线重新开工且无新片投入，故在制品数量很低。

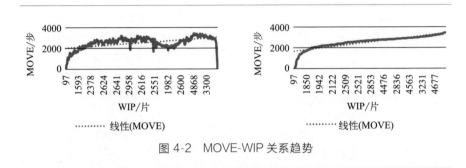

图 4-2　MOVE-WIP 关系趋势

（3）排队队长

将每一天采样的 6 个时刻数据下的 t_wip.csv 提取出来，在每张表的属性"卡状态"下进行筛选，选出"卡状态"为"等待中"的卡。对于排队队长，本章对每天的 6 张 t_wip.csv 都统计一次排队队长，然后取平均值作为当日排队队长。全年 MOVE 随 QL 数量变化如图 4-3 所示。

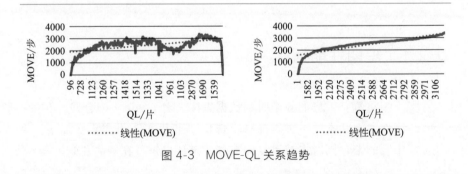

图 4-3　MOVE-QL 关系趋势

图 4-3 是 QL 与 MOVE 的全年关系趋势图，其中虚线拟合了它们之间变化的线性趋势。与图 4-2 相类似，左图按时间顺序罗列；右图不考虑时间顺序，仅研究随着在制品数量的增加，日移动步数的变化趋势。可以看到，随着日排队队长的增加，日移动步数也增多，但增加速度变缓。这说明生产线并没有因为排队队长的增加而导致生产线超载，只是降低了移动速率而已。

图 4-4 是全年日在制品数量和日排队队长数量，其中蓝线（上方曲

线）代表在制品数量走势，橙线（下方曲线）代表日排队队长走势。由图可以发现两者的趋势几乎一致，两者的差也基本保持稳定。两者的差表示每天正在设备上加工的片数，说明该企业全年大部分时间的日加工片数是比较稳定的。

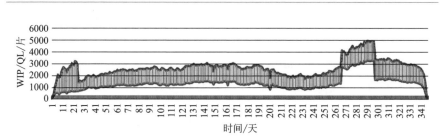

图 4-4　全年日在制品数量和日排队队长（电子版）

（4）设备利用率

对于设备利用率，在 t_move_history.csv 中可找到某工件进出设备的时间，对每个设备求出当日设备利用率，即以设备号作识别来统计。图 4-5 是某设备 6 月设备利用率走势。由图可知，设备利用率并不稳定，在一个月内随时间推移变化起伏很大。

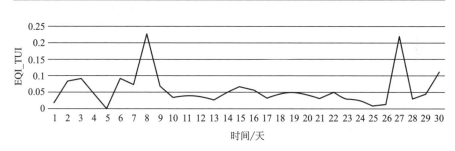

图 4-5　某设备 6 月利用率走势

在许多制造系统中，生产线瓶颈设备分布的潜在数据模式是单一的，即生产线上的所有瓶颈环节可抽象简化为单一瓶颈节点的生产模型。而在另一些制造系统中，由于瓶颈设备的分散存在且瓶颈设备发生时间不稳定，会导致系统无法简化成单瓶颈生产模型。这也意味着，不同生产模型下的生产数据的内在关系不同，应当有针对性地根据生产模型特点设计建模方法。

定义月利用率大于 60% 的设备为瓶颈设备。图 4-6 选取了与日移动步数相关性较高的三个设备，展现了它们在全年成为生产线瓶颈的情况。"1"表示该设备月利用率大于 60%，成为瓶颈设备。"0"表示该设备月利用率小于 60%，为非瓶颈设备。通过对设备利用率的直接观察，发现生产线上设备的利用率并不稳定，即并不是始终为瓶颈设备。设备利用率在全年变化起伏很大，成为瓶颈的概率并不稳定。这使得无法识别并确定生产线瓶颈设备的潜在数据模式特征。针对该实际半导体生产系统，其潜在的瓶颈分布模式必定符合上述两种生产模型之一。故实际对性能指标进行预测建模时，应当就单瓶颈、多瓶颈生产模型对预测方法进行区分。

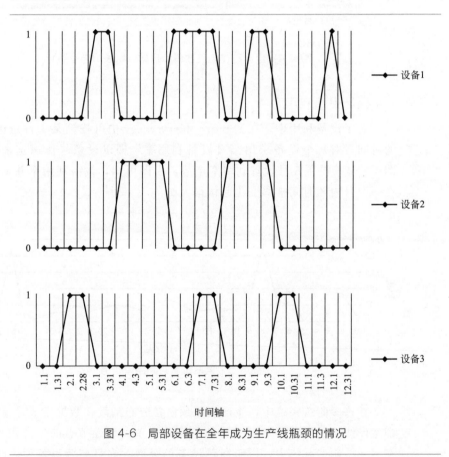

图 4-6 局部设备在全年成为生产线瓶颈的情况

（5）工件等待加工时间

工件等待加工时间由工件在生产线的停留时间（即加工周期）与在设备上加工时间作差而得。通过对每一卡工件在全生产周期中的信息统计，可知该工件在所有使用设备的出入时间，通过对它们加和可得工件实际加工时间。图 4-7 是各产品版本在生产线上的平均等待时间统计图。

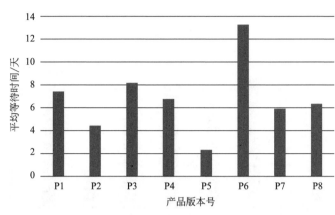

图 4-7　各产品版本在生产线上的平均等待时间统计图

4.2.2　长期性能指标

（1）加工周期

合并全年的 t_equipment.csv 数据集，然后查询出所有在测试区的设备，然后在 t_wip.csv 中筛选出符合以下条件的工件：其正在加工的设备属于测试区且剩余加工步数等于零的工件。记录其流水信息中的最后一条，同时记录下相应的用于计算加工周期和准时交货率的信息（卡号、该卡所包含的晶圆片片数、数据采集时间、该卡工件进入生产线的时间和该卡工件的合同交货期）。

$$加工周期＝工件完成加工时刻－工件进入生产线时刻 \qquad (4-10)$$

对于不同产品版本的每卡工件，分别统计其加工周期，并精确到天。对全年内所有完工工件的生产数据信息，按照产品版本进行分类。图 4-8 是各产品版本的平均加工时间统计图。

（2）出片量

根据上文已经得出完工卡信息，如完工时间和该卡所包含的晶圆片片数。图 4-9 是该生产线全年出片量统计图。

（3）准时交货率

同样根据上文已经得出的完工卡信息作判断。若数据采集时间不晚于该卡工件合同交货期，则判定该卡工件准时交货；若数据采集时间晚于该卡工件合同交货期，则判定该卡工件拖期。

$$准时交货率＝准时交货卡数/所有完工卡数 \qquad (4-11)$$

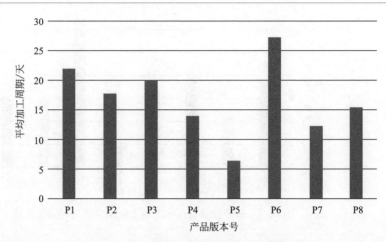

图 4-8　各产品版本的平均加工时间统计图

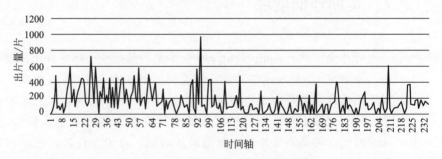

图 4-9　该生产线全年出片量统计图

对于不同版本的产品，如按照它的平均加工周期为该版本准时交货率的统计周期，会导致统计出来的准时交货率数据较少，所以用滚动的方式来生成训练集。滚动周期为 1 天，滚动窗口为该版本产品的平均加工周期。每过一天就统计一次该版本在其平均加工周期内的准时交货率，并记录统计周期短期性能指标值，包括日在制品数量、日排队队长、日出片量和日移动步数，为后续研究做好准备。图 4-10 是各产品版本的平均准时交货率统计图。由图可知，该生产线上的 8 种产品的准时交货率都在 90％以上，普遍较高且较稳定。

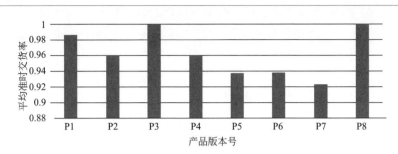

图 4-10　各产品版本的平均准时交货率统计图

4.3　基于相关系数法的性能指标相关性分析

生产线中有众多性能指标，研究它们之间的相关性是非常有必要的。本节利用相关系数分析方法来分析它们之间的相关性。

相关系数分析方法的原理描述如下。

对于矩阵 A 和 B，两者之间的相关性系数为

$$R = \frac{C(B,A)}{\sqrt{C(B,B)C(A,A)}}$$

其中 $C = \text{cov}(A,B)$ 是指矩阵 A 和 B 的协方差。

R 的值在 $[-1，1]$ 之间，其中"1"代表矩阵 A 和 B 呈最大正相关，"-1"代表两者呈最大负相关。

本章将对两个实际生产线进行仿真获取相应的性能指标数据，在此基础上分析性能指标的相关性。

① 某半导体生产线（BL6）：该生产线包含 119 台设备，按照设备功能划分为 19 个工作区且生产线上有 10 种工件，在 FIFO、EDD、SPT、LS 和 CR 五种派工规则以及 WIP 分别为 6000（轻载）、7000（满载）和 8000（超载）三种工况共 15 种情况下，进行 90 天的仿真，得到仿真数据，去掉生产线前 30 天的预热期数据，取生产线稳定后（后 60 天）的数据。

② 标准半导体生产线 MIMAC：该生产线包含 229 台设备，按照可替换设备划分为 104 个设备组（一个设备组中的设备均为可替换设备），且生产线上有 9 种工件。在 FIFO、EDD、SPT、LS 和 CR 五种派工规则以及 WIP 分别为 4000 片、5000 片、6000 片、7000 片和 8000 片五种工况，一共 25 种情况下，进行 90 天的仿真，得到大量数据，去掉生产线

前 30 天的预热期数据，取生产线稳定后（后 60 天）的数据。

生产线中的所有短期性能指标均为按天得到，即一天统计一次。长期性能指标十天统计一次。

4.3.1　相关性分析框图

如图 4-11 所示，设计一个用相关性系数分析法处理仿真数据的框架。对半导体生产线（BL6）和标准半导体生产线（MIMAC）所得数据，分别用此框图流程进行相关性分析。

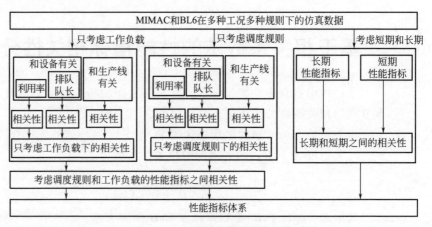

图 4-11　相关性系数法处理数据的框图

主要流程如下：

① 相关性分析过程被分为三个部分，前两个部分分别是针对不同工况和派工规则，着重于短期性能指标，第三部分是考虑长期性能指标和短期性能指标之间的关系；

② 用相关性系数法分别得到各块的相关性；

③ 进行整个生产线包括工况和派工规则结合下的相关性分析；

④ 得到长期和短期性能指标之间的相关性；

⑤ 建立性能指标体系。

4.3.2　考虑工况的性能指标相关性分析

在本章节中选取日平均利用率大于 55％的设备进行相关性分析，所选的设备如表 4-2 所示。

表 4-2 选择出的设备以及其对应的工作区

工作区	设备名
光刻区	BL_6TELC1
	BL_6STP08
	BL_6TELC2
	BL_6TELD1
	BL_6STP09
	BL_6ADI01
	BL_6TELD2
干刻区	BL_6GAN03
	BL_6OVN10
湿刻区	BL_6WET22
	BL_6WET21

如表 4-2 所示，选择出的 11 个设备分布在三个加工区：光刻区、干刻区和湿刻区。

（1）设备相关性能指标相关性分析

针对所选择的 11 台设备，统计其在不同工况（轻载、满载、超载）下的设备利用率，利用相关系数法计算其之间的相关系数。结果以矩阵的形式表示，分别如式（4-12）、式（4-13）和式（4-14）所示。

$$\boldsymbol{A} = \begin{bmatrix} a_{11} & \cdots & a_{1n} \\ \vdots & \ddots & \vdots \\ a_{111} & \cdots & a_{1111} \end{bmatrix}$$

$$= \begin{bmatrix} 1 & 0 & 0 & 0 & 0 & 0 & 0 & 0 & 0 & 0 & 0 \\ 0.71 & 1 & 0 & 0 & 0 & 0 & 0 & 0 & 0 & 0 & 0 \\ 0.92 & 0.69 & 1 & 0 & 0 & 0 & 0 & 0 & 0 & 0 & 0 \\ 0.81 & 0.77 & 0.80 & 1 & 0 & 0 & 0 & 0 & 0 & 0 & 0 \\ 0.83 & 0.74 & 0.84 & 0.86 & 1 & 0 & 0 & 0 & 0 & 0 & 0 \\ 0.77 & 0.66 & 0.77 & 0.88 & 0.79 & 1 & 0 & 0 & 0 & 0 & 0 \\ 0.83 & 0.73 & 0.85 & 0.90 & 0.87 & 0.90 & 1 & 0 & 0 & 0 & 0 \\ 0 & 0 & 0 & 0 & 0 & 0 & 0 & 1 & 0 & 0 & 0 \\ 0 & 0 & 0 & 0 & 0 & 0 & 0 & 0.81 & 1 & 0 & 0 \\ 0 & 0 & 0 & 0 & 0 & 0 & 0 & 0 & 0 & 1 & 0 \\ 0 & 0 & 0 & 0 & 0 & 0 & 0 & 0.55 & 0 & 0.75 & 1 \end{bmatrix}$$

$$(4\text{-}12)$$

其中 a_{mn} 代表第 m 个和第 n 个元素之间的相关系数。为了使得到的矩阵更加直观，小于 0.5 的数值赋值为 0。矩阵的行和列的元素从上到下分别代表设备 BL_6TELC1、BL_6STP08、BL_6TELC2、BL_6TELD1、BL_6STP09、BL_6ADI01、BL_6TELD2、BL_6GAN03、BL_6OVN10、BL_6WET22 和 BL_6WET21 的利用率。例如 a_{11} 等于 1，意思为设备 BL_6TELC1 的利用率和它本身利用率的相关系数为 1。又如 a_{21} 等于

0.71，意思为设备 BL_6STP08 和 BL_6TELC1 利用率的相关系数为 0.71。若没有特殊说明，规则下同。

$$\boldsymbol{A} = \begin{bmatrix} a_{11} & \cdots & a_{1n} \\ \vdots & \ddots & \vdots \\ a_{111} & \cdots & a_{1111} \end{bmatrix}$$

$$= \begin{bmatrix} 1 & 0 & 0 & 0 & 0 & 0 & 0 & 0 & 0 & 0 & 0 \\ 0.71 & 1 & 0 & 0 & 0 & 0 & 0 & 0 & 0 & 0 & 0 \\ 0.92 & 0.69 & 1 & 0 & 0 & 0 & 0 & 0 & 0 & 0 & 0 \\ 0.81 & 0.81 & 0.80 & 1 & 0 & 0 & 0 & 0 & 0 & 0 & 0 \\ 0.81 & 0.81 & 0.84 & 0.84 & 1 & 0 & 0 & 0 & 0 & 0 & 0 \\ 0.76 & 0.70 & 0.78 & 0.88 & 0.79 & 1 & 0 & 0 & 0 & 0 & 0 \\ 0.80 & 0.77 & 0.82 & 0.92 & 0.86 & 0.91 & 1 & 0 & 0 & 0 & 0 \\ 0 & 0 & 0 & 0 & 0 & 0 & 0 & 1 & 0 & 0 & 0 \\ 0 & 0 & 0 & 0 & 0 & 0 & 0 & 0.80 & 1 & 0 & 0 \\ 0 & 0 & 0 & 0 & 0 & 0 & 0 & 0 & 0 & 1 & 0 \\ 0 & 0 & 0 & 0 & 0 & 0 & 0 & 0.54 & 0 & 0.74 & 1 \end{bmatrix}$$

$$(4\text{-}13)$$

$$\boldsymbol{A} = \begin{bmatrix} a_{11} & \cdots & a_{1n} \\ \vdots & \ddots & \vdots \\ a_{111} & \cdots & a_{1111} \end{bmatrix}$$

$$= \begin{bmatrix} 1 & 0 & 0 & 0 & 0 & 0 & 0 & 0 & 0 & 0 & 0 \\ 0.71 & 1 & 0 & 0 & 0 & 0 & 0 & 0 & 0 & 0 & 0 \\ 0.92 & 0.69 & 1 & 0 & 0 & 0 & 0 & 0 & 0 & 0 & 0 \\ 0.81 & 0.81 & 0.80 & 1 & 0 & 0 & 0 & 0 & 0 & 0 & 0 \\ 0.81 & 0.81 & 0.84 & 0.84 & 1 & 0 & 0 & 0 & 0 & 0 & 0 \\ 0.76 & 0.70 & 0.78 & 0.88 & 0.79 & 1 & 0 & 0 & 0 & 0 & 0 \\ 0.80 & 0.77 & 0.82 & 0.92 & 0.86 & 0.91 & 1 & 0 & 0 & 0 & 0 \\ 0 & 0 & 0 & 0 & 0 & 0 & 0 & 1 & 0 & 0 & 0 \\ 0 & 0 & 0 & 0 & 0 & 0 & 0 & 0.80 & 1 & 0 & 0 \\ 0 & 0 & 0 & 0 & 0 & 0 & 0 & 0 & 0 & 1 & 0 \\ 0 & 0 & 0 & 0 & 0 & 0 & 0 & 0.54 & 0 & 0.74 & 1 \end{bmatrix}$$

$$(4\text{-}14)$$

特别指出以下两点。

① 事实上，上述 3 个矩阵是对称矩阵，为了更加直观，将对称矩阵

的上半部分赋值为 0。

② 设备和生产线相关性能分析中的矩阵是以矩阵组的形式表示，每组有三个矩阵，分别代表 WIP 为 6000 片、7000 片和 8000 片工况下的相关系数。

如矩阵（4-12）、（4-13）和（4-14）所示，位于同一个加工区中的设备利用率之间的相关系数更高。以光刻区设备举例，三种工况下，光刻区中的 7 个设备利用率两两的相关系数都比较大（大于 0.7）。另外两个区（湿刻区和干刻区）中的设备利用率相关性也是如此。

根据矩阵（4-12）～矩阵（4-14）得出结论 1。

结论 1：同一个加工区的设备利用率之间的相关性较大。因此可以定义：加工区的利用率取值为该加工区内所有设备利用率的平均值。

（2）生产线相关性能指标相关性分析

本节对 WIP、MOV 和 TH 进行相关性分析，结果如矩阵（4-15）、（4-16）和（4-17）所示。

$$\mathbf{A}=\begin{bmatrix} a_{11} & a_{12} & a_{13} \\ a_{21} & a_{22} & a_{23} \\ a_{31} & a_{32} & a_{33} \end{bmatrix}=\begin{bmatrix} 1 & 0.11 & -0.12 \\ 0.11 & 1 & -0.19 \\ -0.12 & -0.19 & 1 \end{bmatrix} \tag{4-15}$$

$$\mathbf{A}=\begin{bmatrix} a_{11} & a_{12} & a_{13} \\ a_{21} & a_{22} & a_{23} \\ a_{31} & a_{32} & a_{33} \end{bmatrix}=\begin{bmatrix} 1 & -0.03 & -0.02 \\ -0.03 & 1 & 0.05 \\ -0.02 & 0.05 & 1 \end{bmatrix} \tag{4-16}$$

$$\mathbf{A}=\begin{bmatrix} a_{11} & a_{12} & a_{13} \\ a_{21} & a_{22} & a_{23} \\ a_{31} & a_{32} & a_{33} \end{bmatrix}=\begin{bmatrix} 1 & -0.01 & 0.001 \\ -0.01 & 1 & -0.16 \\ 0.001 & -0.16 & 1 \end{bmatrix} \tag{4-17}$$

矩阵（4-15）、（4-16）和（4-17）的行和列分别代表 WIP、MOV 和 TH。

根据以上的数据，得出结论 2。

结论 2：三种工况下三个性能指标之间的相关系数非常小，接近于 0。说明它们之间的相关性非常低，不能相互替代，也即三个指标均应作为衡量调度算法优劣的性能指标。

（3）三种工况下所有短期性能指标之间的两两相关性

WIP、MOV、TH 以及光刻区利用率、湿刻区利用率和干刻区利用率之间的两两相关系数如矩阵（4-18）、（4-19）和（4-20）所示。

$$A = \begin{bmatrix} a_{11} & \cdots & a_{16} \\ \vdots & \ddots & \vdots \\ a_{61} & \cdots & a_{66} \end{bmatrix} = \begin{bmatrix} 1 & 0 & 0 & 0 & 0 & 0 \\ 0 & 1 & 0 & 0 & 0 & 0 \\ 0 & 0 & 1 & 0 & 0 & 0 \\ 0 & 0.69 & 0 & 1 & 0 & 0 \\ 0 & 0 & 0 & 0 & 1 & 0 \\ 0 & 0 & 0 & 0 & 0 & 1 \end{bmatrix} \tag{4-18}$$

$$A = \begin{bmatrix} a_{11} & \cdots & a_{16} \\ \vdots & \ddots & \vdots \\ a_{61} & \cdots & a_{66} \end{bmatrix} = \begin{bmatrix} 1 & 0 & 0 & 0 & 0 & 0 \\ 0 & 1 & 0 & 0 & 0 & 0 \\ 0 & 0 & 1 & 0 & 0 & 0 \\ 0 & 0.67 & 0 & 1 & 0 & 0 \\ 0 & 0 & 0 & 0 & 1 & 0 \\ 0 & 0.53 & 0 & 0 & 0 & 1 \end{bmatrix} \tag{4-19}$$

$$A = \begin{bmatrix} a_{11} & \cdots & a_{16} \\ \vdots & \ddots & \vdots \\ a_{61} & \cdots & a_{66} \end{bmatrix} = \begin{bmatrix} 1 & 0 & 0 & 0 & 0 & 0 \\ 0 & 1 & 0 & 0 & 0 & 0 \\ 0 & 0 & 1 & 0 & 0 & 0 \\ 0 & 0.68 & 0 & 1 & 0 & 0 \\ 0 & 0 & 0 & 0 & 1 & 0 \\ 0 & 0 & 0 & 0 & 0 & 1 \end{bmatrix} \tag{4-20}$$

如矩阵（4-18）、（4-19）和（4-20）显示，三种工况下 MOV 和光刻区之间的相关系数的值都非常高，接近于 0.7。由此得出结论 3。

结论 3：MOV 和光刻区利用率的正相关性非常大，在以后的调度中优化 MOV 一定要考虑光刻区的利用率对 MOV 的影响。

4.3.3　考虑派工规则的性能指标相关性分析

本节的处理步骤和 4.3.2 节类似。本节中设备相关性能指标相关性以及生产线相关性能指标相关性的处理结果和 4.3.2 节中部分（1）和（2）一致。此处不再给出结果矩阵。得出结论 4 和 5。

结论 4：不同派工规则下，同一个加工区的设备利用率之间的相关性大。因此可定义，工作区的利用率是区中的设备利用率的平均值。

结论 5：不同派工规则下三个性能指标之间的相关系数非常小，接近于 0。说明它们之间的相关性非常低，不能相互替代，由此这三个指标均应作为衡量调度算法优劣的性能指标。

然后在不同派工规则下考虑所有短期性能指标（WIP、MOV、TP 以及光刻区利用率、湿刻区利用率和干刻区利用率）两两相关性结果如矩阵（4-21）所示。

$$A = \begin{bmatrix} a_{11} & \cdots & a_{16} \\ \vdots & \ddots & \vdots \\ a_{61} & \cdots & a_{66} \end{bmatrix} = \begin{bmatrix} 1 & 0 & 0 & 0 & 0 & 0 \\ 0 & 1 & 0 & 0 & 0 & 0 \\ 0 & 0 & 1 & 0 & 0 & 0 \\ 0 & 0 & 0 & 1 & 0 & 0 \\ 0 & 0 & 0 & 0 & 1 & 0 \\ 0 & 0 & 0 & 0 & 0 & 1 \end{bmatrix} \qquad (4\text{-}21)$$

实际上此处应该有五个矩阵，分别代表在 FIFO、EDD、SPT、LS 以及 CR 不同派工规则下的结果。但是在每种派工规则下的结果矩阵是一致的，所以此处仅列出一个矩阵。

由矩阵（4-21）可以得出结论 6。

结论 6：六个性能指标之间的相关性均小于 0.5，意味着它们之间的两两相关性非常弱，可以忽略。

因此它们之间没有可以两两替换或者两两之间影响非常大的情况。这也意味着，在今后的调度优化中（仅考虑派工规则的情况下），如果将加工区利用率作为衡量标准，光刻区、湿刻区以及干刻区利用率应该分别予以考虑，且 WIP、MOV 与 TH 值均对这三个指标没有直接大的影响。

4.3.4 综合考虑工况以及派工规则的性能指标相关性分析

把三种工况和五种派工规则结合起来对整个生产线所有性能指标进行相关性分析，结果如矩阵（4-22）所示：

$$A = \begin{bmatrix} a_{11} & \cdots & a_{16} \\ \vdots & \ddots & \vdots \\ a_{61} & \cdots & a_{66} \end{bmatrix} = \begin{bmatrix} 1 & 0 & 0 & 0 & 0 & 0 \\ 0 & 1 & 0 & 0 & 0 & 0 \\ 0 & 0 & 1 & 0 & 0 & 0 \\ 0 & 0 & 0 & 1 & 0 & 0 \\ 0 & 0 & 0 & 0 & 1 & 0 \\ 0 & 0 & 0 & 0 & 0 & 1 \end{bmatrix} \qquad (4\text{-}22)$$

由矩阵（4-22）可以得出结论 7。

结论 7：六个性能指标之间的相关性均小于 0.5。意味着它们之间的两两相关性非常弱，可以忽略。这也意味着，它们之间没有可以两两替换或者两两之间影响非常大的情况，因此今后的调度优化中，考虑情况和结论 6 相似。

4.3.5　长期性能指标和短期性能指标相关性分析

本节进行短期性能指标 MOV 以及长期性能指标 CT、TH 和 ODR 之间的相关性分析。

只考虑三种工况情况下 MOV 与 CT、TH 和 ODR 之间相关性结果：随着工况的增加，MOV 和 CT 的相关系数分别为 0.52、0.50 和 0.45。其他的相关系数接近于零。

只考虑五种派工规则情况下 MOV 与 CT、TH 和 ODR 之间相关性结果：不同的派工规则下 MOV 和长期指标相关性不同。如 FIFO 和 LS 规则下，MOV 和 CT 有强的相关性。在 LS 下，MOV 和 TP 有很强的相关性。

综合三种工况和五种派工规则一起考虑的情况下：CT 和 ODR 之间呈负相关。

对长期性能指标和短期性能指标相关性分析，得出结论 8。

结论 8：MOV 和 CT 的关系受工况大小的影响，CT 和 ODR 呈负相关。

4.3.6　基于 MIMAC 生产线的性能指标相关性分析

（1）设备利用率相关性分析

选择 MIMAC 模型下设备利用率高于 0.8 的共 19 个设备，见表 4-3。

表 4-3　MIMAC 设备利用率大于 0.8 的设备

设备	设备
WC10123_DNS_3_1	WC13621_IPC_3200_1
WC10123_DNS_3_2	WC13621_IPC_3200_2
WC11029_ASM_C1_D1_1	WC15122_LTS_1_1
WC11029_ASM_C1_D1_2	WC15122_LTS_1_2
WC11125_ASM_E1_E2_H4_1	WC17041_KEITH450—425_1
WC11125_ASM_E1_E2_H4_2	WC17041_KEITH450—425_2
WC12022_AUTO_CL_dot_1	WC17041_KEITH450—425_3
WC12022_AUTO_CL_dot_2	WC20550_CAN_0_52_i_line_1
WC13024_AME_4_5_7_8_1	WC20550_CAN_0_52_i_line_2
WC13024_AME_4_5_7_8_2	

其设备利用率相关系数矩阵如式（4-23）所示。

$$\mathbf{A} = \begin{bmatrix} 1 & 0 & 0 & 0 & 0 & 0 & 0 & 0 & 0 & 0 & 0 & 0 & 0 & 0 & 0 & 0 & 0 & 0 & 0 \\ 0.61 & 1 & 0 & 0 & 0 & 0 & 0 & 0 & 0 & 0 & 0 & 0 & 0 & 0 & 0 & 0 & 0 & 0 & 0 \\ 0 & 0 & 1 & 0 & 0 & 0 & 0 & 0 & 0 & 0 & 0 & 0 & 0 & 0 & 0 & 0 & 0 & 0 & 0 \\ 0 & 0 & 0.78 & 1 & 0 & 0 & 0 & 0 & 0 & 0 & 0 & 0 & 0 & 0 & 0 & 0 & 0 & 0 & 0 \\ 0 & 0 & 0 & 1 & 1 & 0 & 0 & 0 & 0 & 0 & 0 & 0 & 0 & 0 & 0 & 0 & 0 & 0 & 0 \\ 0 & 0 & 0 & 0 & 0.87 & 1 & 0 & 0 & 0 & 0 & 0 & 0 & 0 & 0 & 0 & 0 & 0 & 0 & 0 \\ 0 & 0 & 0 & 0 & 0 & 0 & 1 & 0 & 0 & 0 & 0 & 0 & 0 & 0 & 0 & 0 & 0 & 0 & 0 \\ 0 & 0 & 0 & 0 & 0 & 0 & 0.76 & 1 & 0 & 0 & 0 & 0 & 0 & 0 & 0 & 0 & 0 & 0 & 0 \\ 0 & 0 & 0 & 0 & 0 & 0 & 0 & 0 & 1 & 0 & 0 & 0 & 0 & 0 & 0 & 0 & 0 & 0 & 0 \\ 0 & 1 & 0 & 0 & 0 & 0 & 0 & 0 & 0.67 & 1 & 0 & 0 & 0 & 0 & 0 & 0 & 0 & 0 & 0 \\ 0 & 0 & 0 & 0 & 0 & 0 & 0 & 0 & 0 & 0 & 1 & 0 & 0 & 0 & 0 & 0 & 0 & 0 & 0 \\ 0 & 0 & 0 & 0 & 0 & 0 & 0 & 0 & 0 & 0 & 0.70 & 1 & 0 & 0 & 0 & 0 & 0 & 0 & 0 \\ 0 & 0 & 0 & 0 & 0 & 0 & 0 & 0 & 0 & 0 & 0 & 0 & 1 & 0 & 0 & 0 & 0 & 0 & 0 \\ 0 & 1 & 0 & 0 & 0 & 0 & 0 & 1 & 0 & 0 & 0 & 0 & 1 & 0 & 0 & 0 & 0 & 0 & 0 \\ 0 & 0 & 0 & 0 & 1 & 1 & 0 & 0 & 0 & 0 & 0 & 0 & 0 & 1 & 0 & 0 & 0 & 0 & 0 \\ 0 & 0 & 0 & 0 & 1 & 1 & 0 & 0 & 0 & 0 & 0 & 0 & 0 & 0.89 & 1 & 0 & 0 & 0 & 0 \\ 0 & 0 & 0 & 0 & 0 & 0 & 0 & 0 & 0 & 0 & 0 & 0 & 0 & 0.57 & 0.79 & 1 & 0 & 0 & 0 \\ 0 & 0 & 0 & 0 & 0 & 0 & 0 & 0 & 0 & 0 & 0 & 0 & 0 & 0 & 0 & 0 & 1 & 0 \\ 0 & 0 & 0 & 0 & 0 & 0 & 0 & 0 & 0 & 0 & 0 & 0 & 0 & 0 & 0 & 0 & 0.78 & 1 \end{bmatrix} \tag{4-23}$$

由矩阵（4-23）可以看出，同一个设备组中的两台或者三台设备利用率相关性非常大，均已超过 0.5。

结论 9：设备组利用率可以利用这个设备组内的设备利用率均值来表示。调度过程中可以用设备组的加工负荷来衡量设备组内设备的瓶颈程度。

（2）短期指标 MOV、WIP 和 TH 相关性分析

所得数据如 4.3.2 小节中生产线相关性能指标所得出的结果一致，即：MOV、WIP 和 TH 三者相关系数接近于 0，相关性可以忽略，三者不能相互替换。

（3）短期和长期性能指标相关性分析

① 只考虑五种派工规则

FIFO、EDD、SPT、CR 和 LS 下的 MOV 和 TH、CT、ODR 的关系如下：

$$\mathbf{A} = \begin{bmatrix} a_{11} & \cdots & a_{14} \\ \vdots & \ddots & \vdots \\ a_{41} & \cdots & a_{44} \end{bmatrix} = \begin{bmatrix} 1 & 0.51 & 0.55 & -0.40 \\ 0.51 & 1 & 0.17 & -0.34 \\ 0.55 & 0.17 & 1 & -0.67 \\ -0.40 & -0.34 & -0.67 & 1 \end{bmatrix} \tag{4-24}$$

$$\boldsymbol{A} = \begin{bmatrix} a_{11} & \cdots & a_{14} \\ \vdots & \ddots & \vdots \\ a_{41} & \cdots & a_{44} \end{bmatrix} = \begin{bmatrix} 1 & 0.60 & 0.51 & -0.36 \\ 0.60 & 1 & 0.17 & -0.28 \\ 0.51 & 0.17 & 1 & -0.70 \\ -0.36 & -0.28 & -0.70 & 1 \end{bmatrix} \quad (4\text{-}25)$$

$$\boldsymbol{A} = \begin{bmatrix} a_{11} & \cdots & a_{14} \\ \vdots & \ddots & \vdots \\ a_{41} & \cdots & a_{44} \end{bmatrix} = \begin{bmatrix} 1 & 0.54 & 0.56 & -0.41 \\ 0.54 & 1 & 0.17 & -0.29 \\ 0.56 & 0.17 & 1 & -0.71 \\ -0.41 & -0.29 & -0.71 & 1 \end{bmatrix} \quad (4\text{-}26)$$

$$\boldsymbol{A} = \begin{bmatrix} a_{11} & \cdots & a_{14} \\ \vdots & \ddots & \vdots \\ a_{41} & \cdots & a_{44} \end{bmatrix} = \begin{bmatrix} 1 & 0.59 & 0.53 & -0.47 \\ 0.59 & 1 & 0.14 & -0.30 \\ 0.53 & 0.14 & 1 & -0.75 \\ -0.47 & -0.30 & -0.75 & 1 \end{bmatrix} \quad (4\text{-}27)$$

$$\boldsymbol{A} = \begin{bmatrix} a_{11} & \cdots & a_{14} \\ \vdots & \ddots & \vdots \\ a_{41} & \cdots & a_{44} \end{bmatrix} = \begin{bmatrix} 1 & 0.59 & 0.52 & -0.40 \\ 0.59 & 1 & 0.16 & -0.27 \\ 0.52 & 0.16 & 1 & -0.76 \\ -0.40 & -0.27 & -0.76 & 1 \end{bmatrix} \quad (4\text{-}28)$$

由以上 5 个矩阵可以看出：MOV 和 TH 的相关系数介于 0.5～0.6 之间，说明 MOV 和 TH 有较强的正相关，MOV 越大生产线出片量越大。

MOV 和 CT 之间相关系数介于 0.52～0.56 之间。按常理，两者关系应该为负相关，但是此处结论为正相关。可以说明 MOV 和 CT 其实没有直接的相关性，会极大地受到调度策略或者 WIP 水平的影响。

MOV 和 ODR 之间相关系数介于 -0.36～-0.47 之间。按常理，两者关系应该为正相关，但是此处结论为负相关。可以说明两者之间也没有直接的相关性，会极大地受到调度策略或者 WIP 水平的影响。

长期性能指标之间 CT 和 ODR 相关系数介于 -0.67～-0.76 之间，呈很强的负相关，说明工件加工周期越短，交货率越高。

② 考虑五种工况

五种工况（WIP 数量分别为 4000 片、5000 片、6000 片、7000 片和 8000 片）下 MOV 和 TH、CT、ODR 之间的关系如下：

$$\boldsymbol{A} = \begin{bmatrix} a_{11} & \cdots & a_{14} \\ \vdots & \ddots & \vdots \\ a_{41} & \cdots & a_{44} \end{bmatrix} = \begin{bmatrix} 1 & 0.05 & 0.68 & -0.39 \\ 0.05 & 1 & 0.23 & -0.42 \\ 0.68 & 0.23 & 1 & -0.81 \\ -0.39 & -0.42 & -0.81 & 1 \end{bmatrix} \quad (4\text{-}29)$$

$$A = \begin{bmatrix} a_{11} & \cdots & a_{14} \\ \vdots & \ddots & \vdots \\ a_{41} & \cdots & a_{44} \end{bmatrix} = \begin{bmatrix} 1 & 0.34 & 0.67 & -0.30 \\ 0.34 & 1 & 0.19 & -0.39 \\ 0.67 & 0.19 & 1 & -0.61 \\ -0.30 & -0.39 & -0.61 & 1 \end{bmatrix} \quad (4\text{-}30)$$

$$A = \begin{bmatrix} a_{11} & \cdots & a_{14} \\ \vdots & \ddots & \vdots \\ a_{41} & \cdots & a_{44} \end{bmatrix} = \begin{bmatrix} 1 & 0.59 & 0.52 & -0.36 \\ 0.59 & 1 & 0.17 & -0.28 \\ 0.52 & 0.17 & 1 & -0.72 \\ -0.36 & -0.28 & -0.72 & 1 \end{bmatrix} \quad (4\text{-}31)$$

$$A = \begin{bmatrix} a_{11} & \cdots & a_{14} \\ \vdots & \ddots & \vdots \\ a_{41} & \cdots & a_{44} \end{bmatrix} = \begin{bmatrix} 1 & 0.64 & 0.51 & -0.47 \\ 0.64 & 1 & 0.15 & -0.28 \\ 0.51 & 0.15 & 1 & -0.72 \\ -0.47 & -0.28 & -0.72 & 1 \end{bmatrix} \quad (4\text{-}32)$$

$$A = \begin{bmatrix} a_{11} & \cdots & a_{14} \\ \vdots & \ddots & \vdots \\ a_{41} & \cdots & a_{44} \end{bmatrix} = \begin{bmatrix} 1 & 0.67 & 0.51 & -0.31 \\ 0.67 & 1 & 0.17 & -0.36 \\ 0.51 & 0.17 & 1 & -0.57 \\ -0.31 & -0.36 & -0.57 & 1 \end{bmatrix} \quad (4\text{-}33)$$

以上可以看出 MOV 和 TH 的相关系数随着 WIP 数量的增加（由4000 片到 8000 片）而增加（0.05、0.34、0.59、0.64、0.67），说明随着 WIP 的增加，MOV 增大可以直接影响 TH 的增速。MOV 和 TH 之间的相关性受工况影响比较大。

MOV 和 CT 关系，随着 WIP 的增大，相关系数分别为 0.68、0.66、0.52、0.51 和 0.51，说明 WIP 数量的增多，引起生产线堵塞也多，使得加工周期越来越长，而 MOV 增加的越来越缓慢。

长期性能指标之间：CT 和 ODR 呈较大的负相关。说明 CT 的减小能直接引起 ODR 的增大。

结论 10：轻载时 MOV 对 TH 影响较小，可以在轻载的时候考虑 MOV 对调度的影响，当满载和超载时再转向考虑 TH 对调度的影响。

4.4　基于皮尔逊系数的性能指标相关性分析

相关性分析是指对两个或多个具备相关性的变量元素进行分析，进而评价两个变量的相关程度。进行相关性分析的前提是各变量元素之间需存在一定的关联关系。在本节中，将采用皮尔逊相关系数对性能指标进行相关性分析。在统计学中，皮尔逊积矩相关系数 ρ_{XY} 用于度量两个变量 X 和 Y 之间的相关关系。其中，$-1 \leqslant \rho_{XY} \leqslant +1$。"$+1$"表示绝对正相关，"$-1$"表示绝对负相关。两个变量之间的皮尔逊相关系数定义为两个变量之间的协方差和标准差之比，如式(4-34)所示。

$$\rho_{XY} = \frac{E(XY) - E(X)E(Y)}{\sqrt{E(X^2) - E^2(X)}\sqrt{E(Y^2) - E^2(Y)}} \tag{4-34}$$

利用皮尔逊相关系数公式，计算短期性能指标之间的相关系数，可剔除大量无关变量或相关性很小的变量。

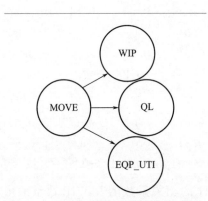

图 4-12　关键短期性能指标与日移动步数的皮尔逊系数示意图

本节对上文所提取出的短期性能指标分别和日移动步数 MOVE 计算皮尔逊相关系数，示意图如图 4-12 所示。因为 MOVE 是衡量半导体生产线运作性能的重要指标，其值越高，说明半导体生产线的加工能力越高，设备的利用率也越高，同时也表明生产线完成的加工任务数越高。分别求和 MOVE 的相关系数，可以知道某一短期性能指标对总移动量的影响大小，并绘出相关系数随时间的变化趋势，从而为后续的研究提供帮助。

本节分别计算每月短期性能指标 WIP、QL、EQP_UTI 与 MOVE 的相关系数，得出相应的相关系数随时间的变化趋势。

4.4.1　日在制品数-日移动步数

将企业生产线中日在制品数量 WIP、日总移动步数 MOVE 对应起来，用皮尔逊相关系数公式求出它们的相关系数。

表 4-4 显示了月均在制品数量和平均日移动步数，以及当月 WIP 和 MOVE 的相关系数。图 4-13 是 WIP 与 MOVE 相关系数随时间变化趋势图。从图中可以看到 WIP 与 MOVE 的相关系数随时间先变小后变大。由此可得出以下结论。

① 年初和年末在制品数量 WIP 和 MOVE 的系数接近 1，即绝对相关。经分析，这可能是因为在每一年的年初和年末时，生产线处于保养阶段，实际投入生产线的工件数量不多，生产线上的在制品基本都在设

备上进行加工，缓冲区的等待工件较少，故日移动步数 MOVE 和当前在制品数量 WIP 呈近似绝对相关。

② 在年中时，生产线满负荷运转，生产能力得到充分利用。随着订单的增多，大量晶圆片被投入生产线。等待加工的晶圆片数量增加，生产线不能及时响应，对日移动步数 MOVE 产生影响的因素增多。所以日在制品数量 WIP 这个单一变量对 MOVE 的影响相对减轻。

表 4-4　WIP 与 MOVE 相关系数

月份	WIP	MOVE	WIP 与 MOVE 的相关系数
1	2211	1093	0.995078
2	1940	1920	0.912262
3	2462	2474	0.778509
4	2607	2553	0.439893
5	2822	2731	0.616548
6	2860	2757	0.675293
7	2660	2714	0.831717
8	2045	2190	0.532963
9	2276	2266	0.929078
10	4502	2849	0.942395
11	3307	3082	0.731972
12	2484	2499	0.989875

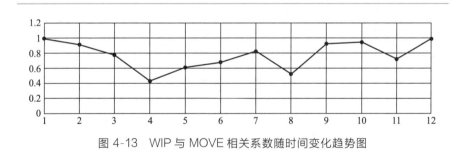

图 4-13　WIP 与 MOVE 相关系数随时间变化趋势图

4.4.2　日排队队长-日移动步数

针对日排队队长 QL 和对应日期的日移动步数 MOVE，用皮尔逊相关系数公式求出月排队队长 QL 和 MOVE 的相关系数。表 4-5 显示了月均排队队长和对应平均日移动步数，及对应的当月 QL 和 MOVE 的相关系数。图 4-14 是 QL 与 MOVE 相关系数随时间变化趋势图。由图表得到以下结论。

① 排队队长 QL 和总移动步数 MOVE 的相关系数随时间的变化趋势，和上述在制品数量 WIP 和总移动步数 MOVE 的关系曲线类似。在年初和年末时 QL 和 MOVE 的相关系数较大，趋近年中时相关性逐渐下降，在 4 月份时甚至产生接近于 0 的相关系数。当工厂生产能力利用率大时，对总移动步数 MOVE 影响较大的因素增多，故单一变量排队队长 QL 对 MOVE 的影响就减轻。即在 WIP 数量较多时，单一变量对 MOVE 的影响没有 WIP 数量较少时的影响大。

② 将两张相关系数表进行对比可以看出，QL 与 MOVE 的相关系数小于 WIP 与 MOVE 的相关系数。由此可知，QL 对 MOVE 的影响小于 WIP 对 MOVE 的影响。

表 4-5　QL 与 MOVE 相关系数

月份	QL	MOVE	QL 与 MOVE 的相关系数
1	585	1093	0.922042
2	980	1920	0.850559
3	1224	2474	0.498895
4	1336	2553	−0.13827
5	1416	2731	0.342783
6	1508	2757	0.281906
7	1345	2714	0.628853
8	1001	2190	0.284201
9	1088	2266	0.879445
10	2957	2849	0.877105
11	692	3082	0.500919
12	1248	2499	0.974065

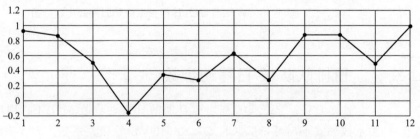

图 4-14　QL 与 MOVE 相关系数随时间变化趋势图

4.4.3　日设备利用率-日移动步数

图 4-15 给出了 3 月份统计的部分设备利用率平均值的柱状图。由于每个月用到的设备众多，受篇幅所限，对设备利用率这里不再一一列出。

由图 4-15 可以看到同一个月里不同设备利用率差异很大，有的高近70%，有的低至 1%，不同设备的利用率对整个工厂运作效率的影响大小显然是不同的，因此用所有设备的平均利用率用于后续建立关系模型是不妥当的。但是半导体生产线设备众多，且每个月所使用的设备也各不相同，每一个都考虑是不合适也不可取的，这会使得模型的复杂程度提升，弱化模型的可解释性。这里需要建立的是宏观上长短期性能指标的关系模型，因此本文选取部分每个月都需要被利用且对结果影响较大的、可能成为瓶颈的设备作为代表，进行建模工作。

① 针对设备利用率和相对应统计时段的总移动步数 MOVE，用皮尔逊相关系数公式求出 12 个月中都使用到的设备的利用率和对应 MOVE 的相关系数。

② 对这些设备的相关系数分别求平均值，从高到低进行排序，排序后选取排名前 20% 的设备，共 18 台。这些设备与对应的日移动步数的相关系数均大于 0.3。

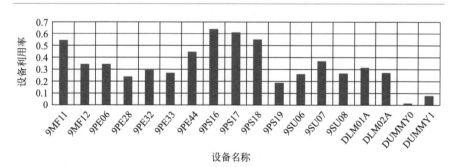

图 4-15　3 月份部分设备利用率柱状图

换言之，所选取的设备每个月都会被使用，且使用率相对较高，对MOVE 的影响也更大。选取这些设备利用率作为后续建立关系模型时的代表指标。表 4-6 是所选取的利用率较高的设备，按照利用率进行降序排列。

表 4-6 设备利用率与 MOVE 部分相关系数

设备号	该设备利用率 EQP_UTI 和 MOVE 的相关系数
2CL01	0.38009121
7MF04	0.376364211
9CL20	0.368829691
5853	0.363484259
1703	0.350515607
5854	0.349603378
9PS18	0.325888881
5856	0.325549177
5852	0.322465894

4.5 半导体制造系统性能指标数据集

根据上述对实际半导体生产线历史数据进行的相关性分析，不难发现，在一个实际半导体制造系统内，各长短期性能指标之间的相关系数在全年中波动显著，各指标之间的内联关系复杂。基于前述相关性分析结果以及各长短期性能指标自身特点，针对三种预测性能指标（加工周期、准时交货率和工件等待时间）分别筛选与 MOVE 相关较高的短期性能指标作为模型输入特征，并建立相应的训练集和测试集。

4.5.1 加工周期和对应短期性能指标的训练集

针对实际半导体制造系统的生产线特点，依据已完工工件进入生产线的时间，将长期性能指标 CT 与筛选过的短期性能指标对应起来，形成训练集。这样作为预测模型输入的短期性能指标一共有 22 个。

$$\mathrm{CT}_i = \mathscr{F}(\mathrm{WIP}_t, \mathrm{QL}_t, \mathrm{MOVE}_t, \mathrm{TH}_t, \mathrm{EQI\_UTI}_{1-18}) \quad (4\text{-}35)$$

其中，CT_i 表示工件 i 的加工周期；t 表示该卡工件进入生产线的时间；WIP_t、QL_t、MOVE_t、TH_t 分别表示某卡工件进入生产线日的全生产线日在制品数量 WIP、日排队队长 QL、日总移动步数 MOVE、日出片量 TH，$\mathrm{EQI\_UTI}_{1-18}$ 表示上文相关性分析中选取的当日 18 个设备的利用率。

基于不同生产情况的生产模型假设，将设计并改进符合生产模型特点的预测算法，建立这 22 个短期性能指标与加工周期的关系模型。

该企业的生产线上共有 8 种产品，两条生产线，分别是 5in（1in＝25.4mm）晶圆片和 6in 晶圆片生产线。5in 线的产品有 P1～P3 三种，6in 线的有 P4～P8 五种。某些产品的产量较少，能采集到的样本信息也较少。表 4-7 是各版本晶圆片能采集到的完工数据样本容量。每次建模随机选择数据的 80％作为训练集，剩下 20％作为测试集。

表 4-7　各版本产品数据容量

产品类型	数据样本容量/卡
P1	64
P2	43
P3	55
P4	328
P5	121
P6	94
P7	98
P8	123

4.5.2　准时交货率和对应短期性能指标的训练集

同样地，训练集按照已完工工件进入生产线的时间对长期性能指标 ODR（区分产品版本号）搜索对应的短期性能指标。其中长期性能指标 ODR 用滚动循环方式产生。表 4-8 是用于产品 P4 的准时交货率的部分训练集。由表可知，由于该生产线准时交货率普遍较高且较稳定，所以对于准时交货率数据集暂不考虑设备利用率的影响，即只考虑短期性能指标中的日 WIP、日 TH、日 MOVE 和日 QL 与 ODR 的关系。

$$\mathrm{ODR}_{t,i} = \mathcal{F}(\mathrm{WIP}_t, \mathrm{QL}_t, \mathrm{MOVE}_t, \mathrm{TH}_t) \qquad (4\text{-}36)$$

其中，$\mathrm{ODR}_{t,i}$ 表示第 i 个工件所属产品类型的平均加工周期 T 内该类型产品第 t 天到第 $t+T$ 天内的准时交货率；WIP_t、QL_t、MOVE_t、TH_t 分别表示全生产线日 WIP、日 QL、日 MOVE、日 TH。

表 4-8   P4 预测准时交货率部分训练集

在制品 WIP	排队队长 QL	总移动量 MOVE	出片量 TH	准时交货率 ODR
1628	1519	853	136	0.933333
1677	1565	878	142	0.833333
1754	1638	919	142	0.933333
1822	1715	951	143	0.933333
1883	1779	981	142	0.933333
1888	1786	985	144	0.966667
1866	1761	975	140	0.933333
1866	1761	975	140	0.933333

4.5.3   等待时间和对应短期性能指标的训练集

训练集按照已完工工件的卡号 ID 将短期性能指标等待时间 Waiting Time（区分产品版本号）与对应的其他上述 22 个短期性能指标，包括全生产线日 WIP、日 TH、日 MOVE 和日 QL 与 18 个典型设备的平均设备利用率联系起来。

$$\mathrm{WT}_i = \mathscr{F}(\mathrm{WIP}_t, \mathrm{QL}_t, \mathrm{MOVE}_t, \mathrm{TH}_t, \mathrm{EQI\_UTI}_{1-18}) \quad (4\text{-}37)$$

其中，WT_i 表示工件 i 在生产线全生命周期内在缓冲区等待加工的时间和；t 表示该卡工件进入生产线的时间；WIP_t、QL_t、MOVE_t、TH_t 分别表示某卡工件进入生产线日的全生产线日在制品数量、日排队队长、日移动步数、日出片量；$\mathrm{EQI\_UTI}_{1-18}$ 表示相关性分析中选取的当日 18 个设备的利用率。

4.6   本章小结

本章详细介绍了半导体生产线长短期性能指标的特点。使用某实际半导体企业的历史生产数据针对各关键长短期性能指标结合半导体实际生产场景对相关性分析结果进行了讨论。根据相关性分析结果，为三种作为预测目标的性能指标建立了合理的训练集和测试集，为接下来的针对不同生产情况和不同性能指标的预测模型的建立做好数据准备。

参考文献

[1] Pan C R,Zhou M C,Qiao Y,et al. Scheduling cluster tools in semiconductor manufacturing: Recent advances and challenges. IEEE Transactions on Automation Science and Engineering,2017,15(2):586-601.

[2] 王中杰,吴启迪. 半导体生产线控制与调度研究. 计算机集成制造系统,2002,8(8):607-611.

[3] 曹国安,游海波,蒋增强,等. 基于 TOC 的半导体生产线动态分层规划调度方法. 组合机床与自动化加工技术,2008(10).

[4] 施斌,乔非,马玉敏. 基于模糊 Petri 网推理的半导体生产线动态调度研究. 机电一体化,2009,15(4):29-32.

[5] 王令群,陆小芳,郑应平. 基于多 Agent 技术的半导体生产线动态调度研究. 计算机工程,2007,33(13):4-6.

[6] 吴启迪,马玉敏,李莉等. 数据驱动下的半导体生产线动态调度方法. 控制理论与应用,2015,32(9):1233-1239.

[7] 乔非,许潇红,方明,等. 半导体晶圆生产线调度的性能指标体系研究. 同济大学学报:自然科学版,2007,35(4):537-542.

[8] Mönch L,Fowler J W,Dauzère-Pérès S,et al. A survey of problems, solution techniques, and future challenges in scheduling semiconductor manufacturing operations. Journal of scheduling,2011,14(6):583~599.

[9] 马玉敏,乔非,陈曦,等. 基于支持向量机的半导体生产线动态调度方法. 计算机集成制造系统,2015,21(3):733-739.

[10] Lee Y F,Jiang Z B,Liu H R. Multiple-objective scheduling and real-time dispatching for the semiconductor manufacturing system. Computers & Operations Research,2009,3:866-884.

[11] Baez Senties O, Azzaro-Pantel C, Pibouleau L. A neural network and a genetic algorithm for multiobjective scheduling of semiconductor manufacturing plants. Industrial and Engineering Chemistry Research,2009,21:9546-9555.

[12] Tang J,Wang X,Kaku I,et al. Optimization of parts scheduling in multiple cells considering intercell move using scatter search approach. Journal of Intelligent Manufacturing,2009,21(4):525-537.

[13] Li D,Meng X,Li M,et al. An ACO-based intercell scheduling approach for job shop cells with multiple single processing machines and one batch processing machine. Journal of Intelligent Manufacturing,2016,27(2):283-296.

[14] Elmi A, Solimanpur M, Topaloglu S, et al. A simulated annealing algorithm for the job shop cell scheduling problem with intercellular moves and reentrant parts. Computers & Industrial Engi-

neering,2011,61(1):171-178.

[15] 贾鹏德,吴启迪,李莉.性能指标驱动的半导体生产线动态派工方法.计算机集成制造系统,2014,20(11).

[16] 苏国军,汪雄海.半导体制造系统改进Petri网模型的建立及优化调度.系统工程理论与实践,2011,31(7):1372-1377.

[17] 张怀,江志斌,郭乘涛,等.基于EOPN的晶圆制造系统实时调度仿真平台.上海交通大学学报,2006,40(11):1857-1863.

第5章

数据驱动的半
导体制造系统
投料控制

半导体制造系统具有复杂的重入型工艺流程、混合加工模式、高度的不确定性及产品和技术更新快等特点,被誉为最复杂的制造系统。目前,半导体晶圆制造系统的调度问题可分为投料调度、派工规则调度、批加工设备调度、瓶颈设备调度、设备维护调度和重调度六个方面。由于早期的晶圆制造厂在制品水平较高,派工规则便于应用并且使在制品的水平有了比较明显的改善,企业已经对它有了较高的认可,因此派工规则在随后的数十年里成为研究的重点,而忽视了对投料策略的研究。然而,随着派工规则研究的成熟,在制品水平的改善遇到了瓶颈,人们又回过头来重新审视对投料策略的研究,相应地,关于投料策略的研究在近几年有兴起的趋势。

5.1 半导体制造系统常用投料控制策略

投料控制是半导体制造系统调度的重要组成部分,处于半导体制造系统调度体系的前端,在整个半导体制造过程调度中占据重要地位,投料控制影响着其他类型的调度,对提高半导体制造系统的整体性能具有重要意义[1-3]。

半导体制造系统具有以下几个特点:

① 硅片加工对环境有着近乎苛刻的要求,整个过程要在"洁净室"条件下进行,暴露在空气中的时间越长,被污染的可能性越大[4];

② 硅片有"最长等候时限"的限制,在设备前等待加工的时间超过"时限",将导致器件失效而重做[5];

③ 对于面向订单的多品种、小批量、带"回流"的资源受限型硅片加工线,需要满足客户对交货期的多种不同的要求[6]。

因此,投料数量过多,过高的 WIP 数量一方面会降低硅片合格率,另一方面也将造成制造周期延长;而投料数量过少会引起某些设备闲置,造成系统资源的浪费[7]。可见,投料策略的优劣对半导体制造系统性能有重要影响。

投料控制决定了投入生产线产品的种类、数量以及投料时刻,以便尽可能发挥生产系统的生产能力[8]。投料控制的目的是使整条生产线上的关键设备利用率处于较高水平,同时尽可能地增加生产线单位时间的产量,减少产品的加工周期以提升企业的效益[9]。因此投料控制在整个多重入生产过程调度中占据重要地位,对提高复杂多重入生产系统的整体性能具有重要意义。

现阶段国内外对多重入生产系统投料策略的研究主要集中在两个方向：常用投料控制与改进的投料控制[10]。

5.1.1 常用投料控制

总体而言，当前复杂多重入生产系统主要采用常用的投料控制方法，如图5-1所示，可分为静态投料控制策略与动态投料控制策略。

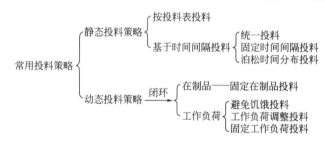

图 5-1 投料策略的分类

5.1.1.1 静态投料控制策略

静态投料控制策略是在没有考虑生产线实时信息反馈的情况下进行投料，属于开环投料策略。具体可分为基于时间间隔投料与基于投料清单表投料两种[11]。

基于投料清单表投料是将订单按照交货期紧急程度设定优先级次序，设定每个订单的投料时间点，根据投料时刻将对应的订单投入生产线[12]。

基于时间间隔的投料策略包括固定时间间隔投料（Constant Time，CONTime）、泊松时间分布投料（Exponential Time，EXPTime）和统一投料（Uniform Release，UNIF）。

CONTime 保持生产线上的投料时间间隔不变，即投料遵循式(5-1)：

$$T \leqslant |24/R_d| \tag{5-1}$$

式中，T 为投料间隔时间，h；R_d 为每天确定的投料工件总数。

EXPTime 的时间间隔则是按照 Poisson 分布得到的。

UNIF 是指在某一时刻把某一段时间内的待投料工件按照一定的顺序全部投入生产线，而无需考虑将投料分批投入生产线。这种投料方法需要在充分分析生产线性能的基础上设定投料工件的优先级，并按此优先级决定其投料顺序，具有简单快速的优点，无需根据生产线上的情况调整投料决策，能够简化投料机制、提高响应速度。其缺点是没有一套科学准确的机制设定投料顺序[13]。

基于时间间隔投料策略有一定的优越性，即简单、易于实现。其缺点是不考虑生产线实际状况，容易引起工件的积压。

5.1.1.2 动态投料控制策略

动态投料控制策略是一种根据生产线实际状况反馈的闭环投料机制。根据生产线所反馈实时信息的不同，动态投料控制策略可分为固定在制品投料策略（Constant WIP，CONWIP）和基于固定工作负荷的投料策略[14]。

（1）固定在制品投料策略（CONWIP）

① 生产线固定在制品投料策略　CONWIP 投料策略是一种典型的闭环投料策略。其基本思想是尽量控制在制品数量保持在理想水平，即当一个工件离开系统时，一个同类的新工件才有权进入系统，从而保持生产线上在制品数量不变。CONWIP 策略能够有效地控制库存和产量，从而控制整个生产[15]。在 CONWIP 投料策略中，如何确定理想在制品数量是关键，如果理想在制品数量过高，则无法有效地控制生产线；若理想在制品数量过低，就可能降低生产线的产能。

确定 CONWIP 投料策略下的理想在制品数量常用公式(5-2) 表示：

$$\mathrm{TH}(\omega)=\omega r_{\mathrm{b}}/(\omega+W_0-1) \tag{5-2}$$

式中，ω 表示生产线期望在制品数量；$\mathrm{TH}(\omega)$ 表示目标在制品数量下希望获得的生产率；r_{b} 表示瓶颈设备所在加工中心的加工速率，即每个时间单位在瓶颈设备加工中心上完成加工的卡数；W_0 表示瓶颈设备所在加工中心的加工能力，$W_0=r_{\mathrm{b}}T_0$，T_0 是加工中心的平均加工时间之和。

例 5-1　已知生产线有四个加工中心，即光刻、刻蚀、氧化、注入，各加工中心的技术参数如表 5-1 所示。理想生产率为 0.33 卡/h，求生产线最理想 WIP 水平。

解　由理想生产率 $\mathrm{TH}(\omega)$ 为 0.33 卡/h，按表 5-1 中的数据，可以得到

$$r_{\mathrm{b}}=1/[(2+2.5)/2]=0.44(卡/h)$$

$$T_0=(2+2.5)/2+(1.1+1.3)/2+(1.2+1.4+1.5)/3+(0.3+0.4)/2=6.3(h)$$

$$W_0 = r_b T_0 = 0.44 \times 6.3 = 3 (卡)$$

则由式(5-2) 可得

$$\omega \cdot \mathrm{TH}(\omega) + W_0 \cdot \mathrm{TH}(\omega) - \mathrm{TH}(\omega) = \omega r_b$$

$$\omega = \mathrm{TH}(\omega)(1 - W_0)/[\mathrm{TH}(\omega) - r_b] = 0.33 \times (1-3)/(0.33-0.44) = 6(卡)$$

即该生产线上理想 WIP 水平为 6 卡。

表 5-1　模型中加工中心的技术参数

加工中心	状态	设备	程序	加工时间	程序	加工时间	程序	加工时间
光刻	瓶颈	STP	M1	2h	M2	2.5h		
刻蚀	非瓶颈	EH1	M1	1h	M2	1.2h		
		EH2	M1	1.1h	M2	1.3h		
氧化	非瓶颈	BTU	M1	1.2h	M2	1.4h	M3	1.5h
薄膜	非瓶颈	IMP	M1	0.3h	M2	0.4h		

CONWIP 投料控制的局限性有三方面：一是只从宏观上控制整条生产线的在制品数量，但是，一条生产线上有很多加工区，仅关注整条生产线的在制品数量而不控制各个加工区的在制品数量，就很可能出现某些加工区在制品数量过多，而某些加工区在制品数量过少的情况，这对于整个生产线的运作来说是不利的；二是当生产线上存在多种产品版本时，特别是加工流程有很大区别时，很难按照公式确定合适的在制品数量；三是由于只控制在制品的数量，而未考虑在制品的加工程度，极端情况下，大部分工件可能都处于第一层电路的加工阶段或都处于最后一层电路的加工阶段，因此，CONWIP 投料策略并不能够完全满足生产线控制要求和订单动态变化需求。

② 分层固定在制品投料　为了克服 CONWIP 投料策略无法控制在制品加工程度的不足，提出了分层固定在制品投料（Layerwise CONWIP，LCONWIP）的策略。该投料策略的思想来源于半导体制造过程的特点[16]。在半导体制造过程中，半导体元件是层次化的结构，每一层都是以类似的方式生产。因此，LCONWIP 将为生产线上每层加工的在制品数量设置理想值。

在最简单的情况下，可以按照公式(5-2)确定生产线的理想在制品数量，然后按照工件加工的层次，将此理想在制品值平均分配到各层在制品上，作为各层理想在制品值，如公式(5-3)所示：

$$\omega_i = \omega / n \tag{5-3}$$

其中，ω_i 是第 i 层理想在制品值，$i = 1, \cdots, n$，n 是所加工半导体产

品的总层数，一般统计为总的光刻次数；ω 是整条生产线理想在制品值。

仍以例 5-1 为例，假设该生产线上生产两种产品版本，各产品版本的加工流程如表 5-2 所示，则该生产线上产品版本 1 的加工层数为 3 层，产品版本 2 的加工层数为 2 层。由例 5-1 可知，该生产线的最佳在制品值为 6 卡，将此 6 卡平均分配到两种产品版本上，即每种产品版本的在制品目标值为 3 卡。再使用公式(5-2)，可以进一步确定每层的目标在制品值，即产品版本 1 的第 1 层、第 2 层、第 3 层的目标在制品分别为 1 卡；而产品版本 2 的第 1 层为 1 卡，第 2 层为 2 卡（在出现小数时要取整，并且将较大值放在最后的层数上）。

表 5-2 产品加工流程

产品版本	工序	设备（程序）
版本 1(B1)	S1	STP(M1)
	S2	EH1(M1)、EH2(M1)
	S3	BTU(M1)
	S4	STP(M2)
	S5	IMP(M1)
	S6	BTU(M3)
	S7	STP(M2)
	S8	EH1(M2)、EH2(M2)
版本 2(B2)	S1	STP(M1)
	S2	EH1(M1)、EH2(M1)
	S3	BTU(M3)
	S4	STP(M2)
	S5	IMP(M2)
	S6	EH1(M2)、EH2(M2)

(2) 基于工作负荷的投料策略

基于工作负荷的投料策略具体可分为固定工作负荷（Constant Load，CONLOAD），避免饥饿（Starvation Avoidance，SA）和工作负荷调整（Workload Regulation，WR）三种投料策略。

① 固定工作负荷投料策略（CONLOAD）

与 CONWIP 和 LCONWIP 投料策略仅关注在制品数目不同，CONLOAD 投料策略更关注瓶颈设备的工作负荷，具体定义为保持瓶颈设备的工作负荷处于某一固定值下的投料控制方法，例如可以设定瓶颈设备的目标负荷为其日加工能力的 90%。

在半导体制造生产线上，每卡新工件的投入都会增加生产线的总的负荷，与此同时，相应增加瓶颈设备的工作负荷[17]。因此，只有当所有在生产线的瓶颈设备前排队工件所需工时的总和低于该瓶颈设备的目标负荷时，才能够投入新工件。

CONLOAD 投料策略的优点是其参数设置比传统的 CONWIP 投料策略更直观，并且更能够适应产品品种的变化。

② 避免饥饿投料策略（SA）

避免饥饿投料策略的内涵是在控制 WIP 水平的同时尽可能提高瓶颈设备的利用率，其核心思想非常简单，即为了降低库存，不希望投入新工件，而不投入新工件的最终结果是瓶颈设备饥饿，没有完工工件[18]。因此，必须及时投入新工件至生产线以避免瓶颈设备因缺乏工件而空闲。

瓶颈设备的排队工件问题与库存问题类似。在库存控制中，其主要目标是达到库存成本与缺货成本之间的折中。如果客户需求与订单提前期（即订单订货时间与订单交付时间之间的延迟时间）是确定的，则库存控制非常简单[19]。然而，在实际中需求与订单提前期是不确定的。为了保证能够及时满足客户需求，在库存控制中提出了安全库存的概念。在再订货点库存控制系统中，如果库存降低到了安全库存以下，就会下新的订单以保证安全库存。如果安全库存足够大，就会以充分大的概率保证新的订单能够及时到来以避免库存缺货。

设 T_E 与 T_R 分别为耗尽库存与补充库存的时间，耗尽库存的期望时间 $E(T_E)$ 可以用实际库存 I 与需求率 $\bar{d}$ 的比值获得，如公式(5-4)所示：

$$E(T_E)=I/\bar{d} \tag{5-4}$$

如果 $T_E<T_R$，就会出现缺货的现象。为了避免缺货，当库存满足如下条件时就要下新的订单，如公式(5-5)所示：

$$I<\bar{d}\times T_R+ss \tag{5-5}$$

其中，ss 表示安全库存。

类似地，在半导体生产线上，瓶颈设备库存的变化来自于不确定的需求（设备的故障与修复时间是不确定的）、新投入工件到达瓶颈设备的不确定的提前期和来自于其他工作中心的 WIP。在 SA 中，首先定义虚拟库存的概念，用于表示在瓶颈设备前等待加工工件以及在给定时间内将会到达瓶颈设备等待加工的工件的总工作时数。给定时间一般使用新投入工件首次到达瓶颈设备的预计时间表示。另外，在瓶颈工作中心处于修复状态的设备的预期修复时间内能够完成的工件数也作为虚拟库存的一部分。与库存控制相同，当虚拟库存下降到事先既定的水平之下时，就需要投入新的工件到生产线。

显然，SA 的目标是使新投放工件能够及时到达瓶颈设备以避免瓶颈设备出现饥饿。安全虚拟库存是系统的控制参数，提高安全虚拟库存能够增加平均库存水平，但也会降低瓶颈设备因缺少工件而出现空闲的概率，并且能够提高产量。

通过以上分析，下面给出只有一个瓶颈工作中心的单产品生产线上避免饥饿投料策略（SA）的正式定义。设瓶颈工作中心为 B，在该工作中心处有 m 台相同设备，其平均修复时间为 MTTR_B。

设当前工序为 i 的工件的数目（包括正在加工的工件和正在排队等待加工的工件）为 K_i。第 i 道工序使用加工工作中心 w_i 完成，加工时间为 d_i。设 i_0 为首次访问 B 的工序数目，如公式（5-6）所示。

$$i_0 = \min\{i \mid w_i = B\} \tag{5-6}$$

设 S_B 为瓶颈工作中心能够完成的工序集合，如公式（5-7）所示：

$$S_B = \{i \mid w_i = B\} \tag{5-7}$$

设 F 为第一次访问 B 之前的所有工序的集合，如公式（5-8）所示：

$$F = (1, \cdots, i_0 - 1) \tag{5-8}$$

定义 L 是从第一道工序到第一次访问 B 之间的工序的总的加工时间，如公式（5-9）所示：

$$L = \sum_{i=1}^{i_0-1} d_i \tag{5-9}$$

设 n_i 是当前工序为 i 的工件下一次访问 B 的工序的数目，再定义 P 为距下一次访问 B 之前的工序的加工时间之和小于 L 的工序的集合，如公式（5-10）所示：

$$P = \{i \mid \sum_{j=1}^{n_i-1} d_j < L\} \tag{5-10}$$

设 $Q = F \cup P \cup S_B$ 是关键工序的集合，再定义 $N(B)$ 是瓶颈工作中心中正在修复的设备的台数。估计总的设备修复时间如公式（5-11）所示：

$$R = \text{MTTR}_B \times N(B) \tag{5-11}$$

则瓶颈工作中心的虚拟库存 W 定义如公式（5-12）所示：

$$W = (R + \sum_{i \in Q} K_i d_{n_i}) / m \tag{5-12}$$

若瓶颈工作中心的虚拟库存小于 αL ，如公式(5-13)所示：

$$W < \alpha L (\alpha > 0) \qquad (5-13)$$

其中，α 为满意系数，可以人为设定，则瓶颈设备存在饥饿的危险，因此要求新工件投入生产线。

以上定义的是生产线上只有一个固定的瓶颈工作中心时避免饥饿投料策略。在实际半导体制造环境中，瓶颈工作中心的位置可能会随着同时在线上流动的产品的品种混合不同而发生漂移，此时可以将 SA 的思想扩展到有多个瓶颈的环境，即如果所有工作中心的工件排队水平降到安全虚拟库存水平以下，则进行投料。

③ 工作负荷调整投料策略　工作负荷调整投料策略的核心思想是通过投料使半导体制造生产线各个加工区的工作负荷得到调整，从而达到最优性能[20]。工作负荷调整一般与产能的调整联系在一起，工作负荷发生变化，那么产能也可能会发生变化[21]。工作负荷调整投料策略希望达到的目标就是能够通过工作负荷调整来增加整条生产线的产能。

工作负荷调整包括三个方面：工作负荷描述、工作负荷预测和工作负荷控制。工作负荷描述需要考虑到生产负荷的测量和建模；工作负荷预测是指通过对数据的观测和测量来预测资源未来使用情况；工作负荷控制是指把预测需求考虑进产能计划中，并且持续监控工作负荷运行情况，作出可能的负荷调整。

对于特定的半导体制造生产线，每天每时每刻都会有某些加工区处于瓶颈状态。某一加工区处于瓶颈状态，那么必然有很多工件卡在这一加工区前等待加工，影响工件加工周期的最大因素就是工件的等待加工时间[22]。对于整条生产线来说，某些加工区等待加工工件增多，那么其他加工区可能会出现比较空闲的情况，这些空闲加工区的设备也就不能得到充分利用。通过投料来调整各个加工区的工作负荷，可以期望获得优化的半导体制造性能，这正是工作负荷调整策略的目标之所在。

5.1.2　改进的投料控制策略

改进的投料控制策略主要有两种思路：1) 综合投料策略；2) 分产品分层控制投料策略。综合投料策略包含两层思想：一是多种常用投料策略的集成；二是投料与派工的组合或集成[23]。分产品分层控制投料策略的提出是因为考虑到同一生产线上混杂着多种产品同时在加工，如采用 CONWIP 等常用投料控制策略因没有考虑产品的种类及加工进度，造成 WIP 过多地集中在某一个加工区域，影响生产线的产出率[24]。

Qi 等[25-27] 在 CONWIP 和 CONLOAD 的基础上，提出了一种新的动态投料策略——WIPLCtrl，该方法克服了 CONLOAD 只考虑瓶颈设备负载的缺点。WIPLCtrl 投料控制策略将生产线上所有工件的剩余加工时间总和（WIPLoad）作为衡量指标，通过闭环控制系统实时监控生产线上的 WIPLoad 的值，随之调整投料策略。作者将 WIPLCtrl 投料控制策略应用于实际的半导体多重入生产线上，根据生产线产量高低两种情况，分别与 WR、CONWIP 与 UNIF 相比。当生产线产量较低时，WIPLCtrl 投料控制策略获得的平均加工周期最小；当生产线的产量相对较高时，WIPLCtrl 投料控制策略能够获得更小的平均加工周期，相较于其他三种投料策略其优势更显著。而且，随着生产线的扰动的增大，WIPLCtrl 投料控制策略的可靠性和鲁棒性也最高。

Bahaji 等[28] 通过仿真研究了 CONWIP、推动式投料控制策略与常用的派工规则等各种不同的组合，仿真结果指出了各种组合的优缺点，并对其适用范围作了详细的描述。Wang 等[29] 提出了一种复合优先级的派工规则（Compound Priority Dispatching，CPD），该派工规则在派工的同时，考虑了在制品管理与投料控制，综合了当前生产线初始状态、在制品数量和上下游工艺信息，提出了工件的复合优先级计算公式，仿真结果表明相较于派工规则 FIFO 和 SRPT，CPD 能够显著减少生产线平均排队时间（Mean Total Queue Time，MTQT），并且增加生产线产出率。针对性能指标实时优化投料计划，Li 等[30] 提出了一种基于元模型的蒙特卡罗仿真方法来捕获半导体制造系统中动态、随机的行为仿真，结果表明，该方法可以有效改善投料计划，提高生产线的性能。Chen 等[31] 针对动态投料控制策略中的阈值往往是根据试凑法确定，没有根据实时状态信息作出动态调整，提出了基于极限学习机的投料控制策略。它主要是建立工件信息、生产线实时状态与投料控制策略的学习机制。仿真表明该策略可以改善出片量和加工周期这两个性能指标。但不能很好地应对瓶颈漂移的情况。

Yao 等[32] 首次提出了将派工规则与投料策略相结合的概念（Decentralized WIP and Speed Control Policy，DW&SCP）。在派工规则方面，根据设备利用率和派工复杂度熵值，将生产线上的设备分成三类：非瓶颈设备、熵值较小的瓶颈设备和熵值较大的瓶颈设备。这三类设备分别采用在制品控制与产量控制两种派工方法的不同组合作为其派工规则。在投料控制策略方面，前期采用 CONWIP 投料控制，后期采用固定时间间隔投料方法，从而平衡了在制品数量与投料速率之间的矛盾。仿真结果表明该方法在平均加工周期、平均加工周期方差和服务水平上都要优于下一排队最小批量（Fewest Lots in the Next Queue，FLNQ）、最短加工时间（Shortest Process Time，SPT）、设备预期最少加工量（Least Amount of Expected Work per Machine，LAEW/M）等派工规则与 UNIF、EXPTime、CONWIP 投料控制策略之间的任何一种组合。

Sun 等[33] 首次提出了基于子订单概念的动态分类在制品（Dynamic Classified WIP，DC-WIP）投料控制策略。子订单是指根据产品类型将客户的订单划分成多个子订单，这样每个子订单就只包括一种类型的产品。来自同一个订单的各个子订单在客户重要程度和订单紧急程度上有相同的属性，但是在订单大小、加工周期和利润预期方面又有所不同，因此作者又采用基于模糊算法优先级排序方法，得到各个子订单的优先级。最后通过约束理论（Theory of Constraints，TOC）与 Little 公式求得每个子订单的最优在制品值（WIP_i）。DC-WIP 的投料思想是根据子订单的优先级依次判断当前子订单在生产线上的在制品数量 $WIP_{(avr)i}$ 是否满足 $WIP_{(avr)i} = WIP_i$，如成立则投放该子订单的产品，直至满足 $WIP_{(avr)i} = WIP_i$。基于 WIP 投料控制策略应用在 mini-fab 模型中，通过将该投料策略与 CONTime、AVR-WIP（即每个子订单的 WIP_i 均相等）相比可知，DC-WIP 投料控制策略在准时交货率和平均加工周期方面均要优于其他两种投料策略。

5.1.3 现阶段投料控制策略的局限性

通过对上述研究发现，常用投料控制策略和改进投料控制策略均有一定的局限性。

在常用投料控制策略中，静态投料控制策略往往没有考虑生产线上的实时状态信息，而动态投料控制策略虽然考虑了实时状态信息，但是往往只考虑到实时状态信息中的一个方面，如 CONWIP 只考虑了生产线在制品数量，WR 只考虑了瓶颈设备上的工作负荷。此外，动态投料控制策略中的阈值往往是根据试凑法确定，没有根据实时状态信息作出动态调整，所以常用的静态投料方法和动态投料方法均没有完全考虑到生产线上的实时状态，具有一定的片面性。

改进投料控制策略是在常用投料控制策略的基础上，综合了各种投料控制策略优点，但是效果与实用性往往是相互矛盾的，即投料策略的效果与实用性往往成负相关性。这种投料方式的效果可能显著，但是其复杂的决策机制往往需要大量的计算时间，影响投料决策的效率。

因此，研究一种综合考虑投料订单信息与生产线实时状态信息且具有优化能力的投料控制策略是很有必要的。

5.2 基于极限学习机的投料控制策略

极限学习机（Extreme Learning Machine，ELM）是最近几年发展起来的一种新型的前馈神经网络学习方法，应用十分广泛，如旋转机械的故障诊断、人脸识别和动作识别等。ELM 具有训练速度快、可获得全局最优解的优点，同时具有良好的泛化性能，所以本节采取 ELM 作为投料控制策略的学习机制。

ELM 的典型结构如图 5-2 所示。它由 n 个输入层节点，l 个隐含层节点和 m 个输出层节点组成。其中，输入层权值 ω_{ij} 表示输入层节点 i 和隐含层节点 j 之间的增益，如公式（5-14）所示：

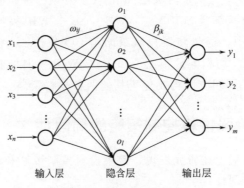

图 5-2　极限学习机结构

$$\boldsymbol{\omega}_{n \times l} = \begin{bmatrix} \omega_{11} & \omega_{12} & \cdots & \omega_{1l} \\ \omega_{21} & \omega_{22} & \cdots & \omega_{2l} \\ \vdots & \vdots & \ddots & \vdots \\ \omega_{n1} & \omega_{n2} & \cdots & \omega_{nl} \end{bmatrix} \tag{5-14}$$

式（5-15）中，输出层权值 β_{jk} 表示第 j 个隐含层神经元与第 k 个输出之间的增益。

$$\boldsymbol{\beta}_{l \times m} = \begin{bmatrix} \beta_{11} & \beta_{12} & \cdots & \beta_{1m} \\ \beta_{21} & \beta_{22} & \cdots & \beta_{2m} \\ \vdots & \vdots & \ddots & \vdots \\ \beta_{l1} & \beta_{l2} & \cdots & \beta_{lm} \end{bmatrix} \tag{5-15}$$

$b_{l \times 1}$ 表示隐含层的阈值，如式(5-17) 所示：

$$\boldsymbol{b}_{l \times 1} = \begin{bmatrix} b_1 & b_2 & \cdots & b_l \end{bmatrix}' \qquad (5\text{-}16)$$

ELM 算法无需迭代训练和学习数据，随机初始化输入层权值矩阵 $\boldsymbol{\omega}_{n \times l}$ 和隐含层阈值矩阵 $\boldsymbol{b}_{l \times 1}$。设训练集有 Q 个样本，输入矩阵为 $\boldsymbol{X}$，输出矩阵为 $\boldsymbol{Y}$，分别可以如式(5-17) 和式(5-18) 表示：

$$\boldsymbol{X}_{n \times Q} = \begin{bmatrix} x_{11} & x_{12} & \cdots & x_{1Q} \\ x_{21} & x_{22} & \cdots & x_{2Q} \\ \vdots & \vdots & \ddots & \vdots \\ x_{n1} & x_{n2} & \cdots & x_{nQ} \end{bmatrix} \qquad (5\text{-}17)$$

$$\boldsymbol{Y}_{m \times Q} = \begin{bmatrix} y_{11} & y_{12} & \cdots & y_{1Q} \\ y_{21} & y_{22} & \cdots & y_{2Q} \\ \vdots & \vdots & \ddots & \vdots \\ y_{m1} & y_{m1} & \cdots & y_{mQ} \end{bmatrix} \qquad (5\text{-}18)$$

设隐含层的激活函数为 $g(x)$，一般取 Sigmoid 函数，则可知该网络的输出如公式(5-19) 和公式(5-20) 所示：

$$\boldsymbol{T}_{m \times Q} = \begin{bmatrix} \boldsymbol{t}_1, \boldsymbol{t}_2, \cdots, \boldsymbol{t}_Q \end{bmatrix} \qquad (5\text{-}19)$$

$$\boldsymbol{t}_j = \begin{bmatrix} t_{1j} \\ t_{2j} \\ \vdots \\ t_{mj} \end{bmatrix} = \begin{bmatrix} \sum_{i=1}^{l} \beta_{i1} g(\omega_i x_j + b_i) \\ \sum_{i=1}^{l} \beta_{i2} g(\omega_i x_j + b_i) \\ \vdots \\ \sum_{i=1}^{l} \beta_{im} g(\omega_i x_j + b_i) \end{bmatrix} \qquad (5\text{-}20)$$

为了得到 β_{jk}，公式(5-19) 和公式(5-20) 可以简化为公式(5-21)，其中 $\boldsymbol{H}$ 为极限学习机的隐含层输出矩阵，具体形式如公式(5-22)。这样，β_{jk} 就可以通过公式(5-23) 得到，其中 $\boldsymbol{H}^{+}$ 是隐含层输出矩阵的 Moore-Penrose 广义逆。

$$\boldsymbol{H}\boldsymbol{\beta} = \boldsymbol{T} \qquad (5\text{-}21)$$

$$\boldsymbol{H} = \begin{bmatrix} g(\omega_1 x_1 + b_1) & g(\omega_2 x_1 + b_2) & \cdots & g(\omega_l x_1 + b_l) \\ g(\omega_1 x_2 + b_1) & g(\omega_2 x_2 + b_2) & \cdots & g(\omega_l x_2 + b_l) \\ \vdots & \vdots & \ddots & \vdots \\ g(\omega_1 x_Q + b_1) & g(\omega_2 x_Q + b_2) & \cdots & g(\omega_l x_Q + b_l) \end{bmatrix} \qquad (5\text{-}22)$$

$$\boldsymbol{\beta}_{l \times m} = \boldsymbol{H}^{+} \boldsymbol{T} \qquad (5\text{-}23)$$

最后，通过建立起来的 ELM 模型，输入测试集就可以得到相应的输出。

上述 ELM 模型的建立过程，如图 5-3 所示。

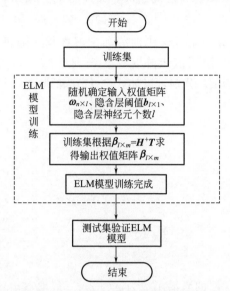

图 5-3 极限学习机模型构建流程

5.2.1 基于极限学习机确定投料时刻的投料控制策略

5.2.1.1 确定投料时刻的简单控制策略

确定投料时刻的简单控制策略主要包括 FIFO、EDD、CONWIP、SA、WIPCTRL 和 WR，本节在实际半导体生产线 BL 模型上进行仿真并比较这些策略的优劣，选取出片量和平均加工周期作为性能指标来评价这些策略性能。模型运行 90 天，其中前 30 天作为预热期，仿真结果如表 5-3 所示，其中 TH_CMP 和 CT_CMP 表示各策略与 FIFO 在 TH 和 CT 性能指标上的比较。

表 5-3 简单投料策略的比较

Strategy	TH/lot	TH_CMP	CT/h	CT_CMP
FIFO	371	0.00%	991	0.00%
EDD	371	0.00%	989	0.20%
CONWIP	381	2.70%	988	0.30%
SA	383	3.20%	955	3.63%
WIPCTRL	382	2.96%	981	1.01%
WR	385	3.77%	954	3.73%

由表 5-3 可知，静态投料控制策略 FIFO 和 EDD 的出片量相等，但 EDD 策略的平均加工周期比 FIFO 稍微优越，降低了 0.20%。CONW-IP、SA、WIPCTRL 和 WR 策略较 FIFO 策略在出片量和平均加工周期性能上都有所提高，出片量分别提高了 2.70%、3.20%、2.96% 和 3.77%，平均加工周期上分别提高了 0.30%、3.63%、1.01% 和 3.73%。

综上所述，动态投料控制策略的性能远优于静态投料控制策略，这是因为动态投料控制策略考虑了生产线实时状态，能够根据实时状态作出投料调整，而在所有的动态投料控制策略中，WR 策略性能最优。

实际加工过程中，产品比例和生产线实时状态是不断变化的，但是常用动态投料控制策略通常会限制生产线上或瓶颈加工区上的工作负荷阈值或在制品阈值保持不变。一般情况下，动态投料控制策略是通过试凑法设定不同阈值进行仿真，选取性能较好的仿真所对应的阈值作为最终动态投料控制策略中的阈值，但该阈值无法反映实时状态信息的改变，即虽然动态投料控制策略能够根据实时状态作出调整，但由于不能实时调整阈值，所以普通动态投料控制策略作出的这种调整是有限的。此外，普通动态投料控制策略中考虑的实时状态通常只有一种，不能全面考虑到实时状态。

由上述比较结果可知 WR 投料控制策略的性能最优，所以本节将在 WR 策略上作改进。同时为了解决上述两个问题（阈值不随实时状态变动和实时状态考虑有限），我们提出了基于极限学习机推导动态阈值的 WR 方法（Workload Regulation with Extreme Learning Machine，WRELM）。

5.2.1.2　基于 ELM 的 WR 投料控制

如前所述，普通 WR 方法中的阈值是通过试凑法得到的。但在实际生产线中，产品比例是不断变化的，普通 WR 方法不能够反映这一情况，因此需要提出一个能够考虑实时状态阈值的 WR 方法。

为了设定动态阈值，首先需要建立考虑实时状态信息的学习机制。这种学习机制以多个实时状态作为输入，动态阈值作为输出，既实现了 WR 中阈值随实时状态的动态调整，又考虑到了多个实时状态信息。建立学习机制的流程如图 5-4 所示，具体如下。

步骤 1：样本采集。

首先，选取不同固定阈值的 WR 方法来进行仿真。其目的是为了

尽可能覆盖不同实时状态下的最优 WR 阈值，即最后所生成模型
WRELM 中的阈值会根据实时状态的改变而改变，进而促使生产线性
能达到最优。

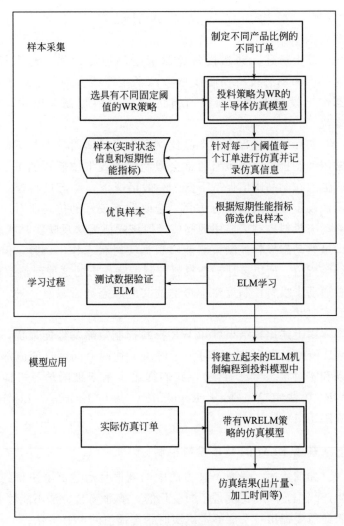

图 5-4　建立 WRELM 流程

其次，对于每一个阈值选取含有不同产品比例的订单。不同产品比
例的订单投入到生产线中会使实时状态尽可能多样化，最终模型中的学
习机制便可以适用于不断变化的实时状态以达到最后性能指标最优化。

最后，记录实时状态信息和短期性能指标。实时状态信息包括不同

种类在制品的数量和不同加工阶段在制品的数量。短期性能指标包括每天的加工步数（日MOV）和瓶颈设备利用率。短期性能会影响最终的性能指标 TH 和 CT。这些数据记录将作为训练集。

步骤 2：学习过程。

确定 ELM 模型的输入和输出。这里，我们选取实时状态作为输入，WR 阈值作为输出。但并不是选取所有的实时状态和 WR 阈值作为输入和输出，首先会根据短期性能指标的优劣选取优异的样本，然后选取与优良样本相对应的实时状态和 WR 阈值作为 ELM 的输入和输出。

接下来在 MATLAB 中实现 ELM 建模过程，并将优良样本数据添加到 MATLAB 代码中，通过 MATLAB 仿真记录 ELM 的 $\boldsymbol{\omega}_{n \times l}$、$\boldsymbol{\beta}_{l \times m}$ 和 $\boldsymbol{b}_{l \times 1}$。其中，$\boldsymbol{\omega}_{n \times l}$ 和 $\boldsymbol{b}_{l \times 1}$ 是随机产生的，而 $\boldsymbol{\beta}_{l \times m}$ 可以根据公式(5-23)得出。

通过上面步骤，ELM 学习机制中的参数都已经确定，最后只要通过测试样本来判断 ELM 学习机的精度是否达到要求。

步骤 3：模型应用。

确定 ELM 参数后，便可以在调度仿真系统中实现学习机制，包括 ELM 参数的记录和算术表达式代码的实现。实现了考虑 ELM 的优化仿真系统后，在实际仿真中，极限学习机的输出（WR 的阈值）将会根据多个实时状态和学习机制动态改变，克服了普通动态投料控制策略中的不足之处。

5.2.1.3 仿真结果比较

这里的仿真是在 BL 模型上进行的。在实验中选取了五种不同的工件，每类工件在瓶颈设备上都有不同的加工时间，这样可以保证不同订单在瓶颈设备上产生不同的实时状态，如表 5-4 所示。根据预先的仿真，瓶颈设备上的负荷值在 0 分和 900 分之间，性能结果较好，所以这里选择从 0 分到 900 分范围内间隔 100 的 10 个数值作为 WR 方法中不同固定阈值。其中，当阈值为 0 分时，订单不会根据瓶颈设备上的工作负荷进行投料，只会依据事先排好顺序的订单进行投料，此时的投料规则就是 FIFO。同时，在每个阈值下，选择 22 种具有不同比例工件的订单来进行 22 次仿真，每个订单仿真 1 次，共 220 次仿真。

表 5-4　不同工件在瓶颈设备上的加工次数

工件名	瓶颈设备加工次数/次
UF100300	5

续表

工件名	瓶颈设备加工次数/次
V16N50	9
1117F6	12
8563	15
YTD0325	22

这里每次仿真进行 90 天，其中前 30 天为预热期，目的是使生产线上的各个加工区达到稳定状态。从第 31 天开始记录实时状态信息和短期性能指标，共采集 13200（60×220）组样本数据，选取 560 组高日加工步骤数和高利用率的样本作为训练集，其中阈值为 200 分的一部分优良样本见表 5-5。

表 5-5 训练集示例

日加工步骤数/步	Utilization	不同工件在制品数量比例	不同加工阶段在制品数量比例	阈值/分
37500	0.7025	30:33:34:62:29	21:27:26	200
39050	0.7229	35:74:45:49:49	27:23:20	200
38825	0.7075	34:72:41:48:48	29:21:25	200
3760	0.7138	45:46:46:132:44	19:25:24	200
39775	0.7135	45:46:46:131:44	86:24:20	200
35700	0.7010	34:44:73:46:48	25:22:25	200
36175	0.7039	55:58:74:86:59	30:22:21	200
36100	0.7050	48:56:55:82:86	18:27:23	200
36225	0.7055	34:37:33:46:49	30:24:22	200
36125	0.7343	34:39:33:49:52	28:25:21	200

将在制品数量（不同工件＋不同工艺）作为 ELM 的输入，其对应的阈值被选作输出，然后通过 MATLAB 仿真建立 ELM 机制，经过测试集测试验证已建立 ELM 的精确性。同时将矩阵 $\boldsymbol{\omega}_{n\times l}$、$\boldsymbol{b}_{l\times 1}$、$\boldsymbol{\beta}_{l\times m}$ 记录到 BL 仿真系统中。

建立起极限学习机后，通过仿真来比较 WRELM 与其他简单投料规则。已知简单投料规则中的 WR 投料策略性能最优，所以只需将 WRELM 与 WR 进行比较即可。同样在 BL 模型上仿真 90 天，前 30 天作为预热期。在具有不同阈值的多个 WR 策略中选取代表一般性能和最优性能的两个仿真结果作为比较。$\text{Order}i$（$1\leqslant i\leqslant 5$）表示具有不同工件比例的 5 个订单。仿真结果及结果比较分别如表 5-6 和表 5-7 所示。为了使结果更加直观，图 5-5 和图 5-6 以柱状图的形式将比较结果进行统计。其中，WR1、WR2 分别表示最优性能和平均性能；TH_IMP_WR1 和 CT_IMP_WR1 分别表示相对于 WR1，WRELM 在 TH 和 CT 上提高的百分比；TH_IMP_WR2 和 CT_IMP_WR2 分别表示相对于 WR2，WRELM 在 TH 和 CT 上提高的百分比。

表 5-6　WR 和 WRELM 的仿真结果

订单	WR1		WR2		WRELM	
	TH/lot	CT/h	TH/lot	CT/h	TH/lot	CT/h
Order1	371	338	357	348	371	325
Order2	355	348	336	382	356	324
Order3	367	319	362	345	373	300
Order4	397	320	386	400	398	317
Order5	356	324	345	400	359	321

表 5-7　WR 和 WRELM 仿真结果比较

订单	TH_IMP_WR1	TH_IMP_WR2	CT_IMP_WR1	CT_IMP_WR2
Order1	0.00%	3.93%	3.84%	6.61%
Order2	0.00%	5.95%	6.90%	15.18%
Order3	1.63%	3.04%	5.96%	13.04%
Order4	0.23%	3.11%	0.94%	20.75%
Order5	0.84%	4.05%	0.93%	19.75%

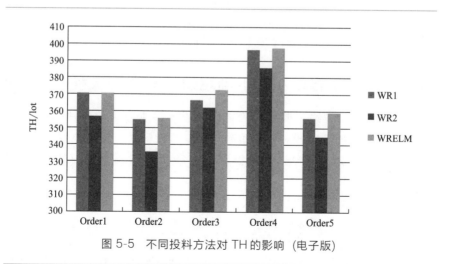

图 5-5　不同投料方法对 TH 的影响（电子版）

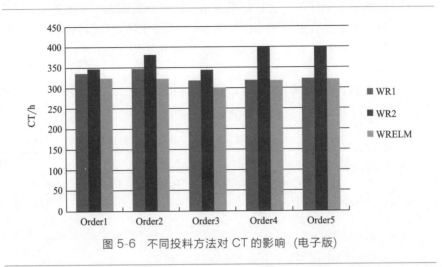

图 5-6 不同投料方法对 CT 的影响（电子版）

由表 5-6、表 5-7、图 5-5 和图 5-6 可以得到以下几点结论。

① order1 和 order2 中，WRELM 的 TH 和 WR1 的 TH 相等；WRELM 的 CT 要稍低于 WR1 的 CT，即 WRELM 可以有效改差 CT。订单 order3、order4、order5 中，WRELM 的 TH 和 CT 都要优于 WR1 的 TH 和 CT，但优势不明显，这是因为 WR1 的阈值取值是在 WR 策略中最优异的。

② 相对于 WR2，WRELM 策略的仿真性能有明显改善。在几次仿真中，相对于 WR2，WRELM 在 TH 上最大改善幅度为 5.94%，最小为 3.04%；在 CT 上最大改善幅度为 20.75%，最小改善幅度也有 6.61%。

③ 总体来说，WRELM 的性能和 WR1 差不多；但相对于 WR2，WRELM 在 TH 和 CT 上分别能提高 4.03% 和 15.40%。

5.2.2 基于极限学习机确定投料顺序的投料控制策略

投料策略主要用来确定何时投入多少数量的何种工件到生产线上。上述 WRELM 投料控制策略主要是对投料时刻进行把控，本节另外提出一种基于极限学习机来控制投料顺序的投料策略（Release Plan with ELM，RPELM）。

当某种工件在生产线上遇到加工阻塞时，需要延迟投入这种工件到生产线，否则会造成生产线更加阻塞，从而使出片量、准时交货量等性能指标变差。考虑投料顺序的普通投料策略主要有 FIFO 和 EDD，但两者仅考虑了订单信息，忽略了生产线实时状态信息。RPELM 则协同考虑订单信息和生产线实时状态信息来决定投料顺序。

5.2.2.1 影响投料的订单信息分析

对工件来说，其固有属性主要包括加工步数、净加工时间、订单给定的平均加工周期以及是否为紧急工件。工件的加工步数表明工件流程的长短，加工步数越多说明其被派工次数越多，会更大概率增加工件在加工区上的等待时间，影响工件的平均加工周期。净加工时间表示工件在无阻塞的情况下完成所有加工所需的时间，净加工时间越小说明工件在生产线上的滞留时间越少，平均加工周期越短。平均加工周期越小说明工件流动性越快，设备利用率更高，生产线产能越高。针对紧急工件，应优先投入生产线进行加工以优化紧急工件的准时交货率（HLODR）和平均加工周期（CT）。

综上，选取影响投料的订单信息有 4 个因素：净加工时间、订单平均加工周期、加工步数和是否为紧急工件。

5.2.2.2 考虑紧急工件的派工规则

由于考虑了紧急工件，所以首先需要在仿真模型中区分紧急工件和普通工件。通常来说，紧急工件是由于交货期紧张而需要优先投入到生产线中的工件，所以设定紧急工件的交货期小于普通工件。这里定义普通工件交货期为投料时刻加上工件平均加工周期，紧急工件交货期为投料时刻加上工件平均加工周期与一个系数的乘积，该系数为 0.8~1 之间的一个随机数。普通工件和紧急工件交货期如公式(5-24) 和公式(5-25)所示。

$$DueDate(i) = ReleaseTime(i) + CT(i) \tag{5-24}$$

$$HotLotDueDate(i) = ReleaseTime(i) + CT(i) * random(0.8,1)$$
$$\tag{5-25}$$

式中，$DueDate(i)$ 为工件 i 的交货期；$HotLotDueDate(i)$ 为紧急工件 i 的交货期；$ReleaseTime(i)$ 为工件 i 的投料时刻；$CT(i)$ 为工件 i 的给定加工时间；$random(0.8,1)$ 为位于区间 $[0.8,1]$ 之内的随机数。

一般情况下，研究投料控制策略时不考虑复杂派工规则，只是简单采用 FIFO，也就说先进入加工区的工件优先进行加工，而不考虑工件的紧急程度。但生产线加入紧急工件且投料策略考虑紧急工件，所以派工规则必须考虑到紧急工件。这里对常规 FIFO 派工规则进行改进：使派工规则首先判断加工区是否有紧急工件，如果有紧急工件，按照 FIFO 规则从这些紧急工件中选出最早到加工区的工件进行加工；如果没有紧急工件则按照 FIFO 规则选出工件进行加工。

类似的还有批加工，通常情况下，在批加工设备所处的加工区中，首先按照 FIFO 挑选出一类工件进行组批加工。但在有紧急工件的情况下，首先会按照 FIFO 将紧急工件纳入组批范围，如果紧急工件数量少于组批工件数量，则按照 FIFO 选取同类普通工件与紧急工件进行组批；若没有紧急工件，则简单地按照 FIFO 挑选工件进行组批。

为了验证紧急工件对派工效果的影响，在紧急工件比例为 10%，在制品数量为 2500 情况下基于 MIMAC 仿真模型进行仿真实验。所采取的投料控制策略分别为 FIFO、EDD 和 RPELM（RPELM 将会在下文作详细介绍），仿真目的是为了观察派工规则改变前后的仿真性能变化。仿真共进行 90 天，其中前 30 天为预热期，仿真结果如表 5-8 所示，仿真结果性能改变比例见表 5-9 所示。

表 5-8　改进派工规则前后仿真比较

性能指标	改进派工规则前仿真结果			改进派工规则后仿真结果		
	FIFO	EDD	RPELM	FIFO	EDD	RPELM
TH/lot	582	587	586	582	581	582
CT/h	351	348	347	356	354	351
ODR	46.76%	47.43%	50.67%	48.77%	48.76%	52.41%
HLODR	37.50%	57.50%	52.76%	90.70%	100%	100%

表 5-9　派工规则改变前后仿真性能改变比例

性能指标	FIFO	EDD	RPELM
TH	0.00%	−1.02%	−0.68%
CT	−1.43%	−1.72%	−1.15%
ODR	2.01%	1.33%	1.74%
HLODR	53.20%	42.50%	48.50%

从表 5-9 可以看出派工规则改变前后，TH 性能指标稍微变差但不明显。CT 性能指标变差较明显，投料规则为 FIFO、EDD、RPELM 情况下分别降低 −1.43%，−1.72% 和 −1.15%。但是 ODR 和 HLODR 性能都有所改善，尤其是 HLODR 性能呈现大幅度提升。在投料规则为 FIFO、EDD、RPELM 的情况下，ODR 分别改善 2.01%、1.33% 和

1.74%；而 HLODR 则分别改善了 53.20%，42.50% 和 48.50%。可见改进的派工规则对于紧急工件交货率的提升能起到明显作用，并且对整体的性能指标而言利远大于弊。所以在 MIMAC 仿真中，涉及紧急工件的情况下，将会采用改进的派工规则。

5.2.2.3 多元线性回归方程确定投料优先级

影响投料的订单因素有净加工时间、订单平均加工时间、加工步数和是否为紧急工件。为了确定这四个因素与投料顺序的关系，可以采用多元线性回归方程来确定工件的投料优先级。

线性回归是一种经过深入研究并在实际应用中广泛使用的表达式其数学表达式如式（5-26）所示。

$$Y = \alpha_1 x_1 + \alpha_2 x_2 + \cdots + \alpha_m x_m \tag{5-26}$$

其中，$\alpha_1, \alpha_2, \cdots, \alpha_m$ 表示偏回归系数。

对于普通工件可以利用式（5-26）来表述工件的投料优先级和订单信息表之间的关系；但对于紧急工件则需要额外增加一个参数来进一步提高紧急工件的投料优先级，如式（5-27）所示。

$$P_i = a \times \frac{CT_i}{\max(CT_i)} + b \times \frac{T_i}{\max(T_i)} + c \times \frac{Steps_i}{\max(Steps_i)} + IsHotLot(i)$$

$$\tag{5-27}$$

其中，P_i、CT_i、T_i 和 $Steps_i$ 分别表示工件优先级、订单给定的平均加工周期、订单给定的净加工时间和工件 Lot_i 的加工步数。式（5-27）中 $IsHotLot(i)$ 的值则根据工件 Lot_i 是否为紧急工件来确定，若工件为紧急工件，则值为 1，否则值为 0。a、b 和 c 分别代表的是工件 Lot_i 的 CT_i、T_i 和 $Steps_i$ 分别对应的权重系数，这些权重是以实时状态信息作为输入，通过 ELM 学习机制推导出来的，所以 RPELM 同时考虑到了订单信息和实时状态信息。

5.2.2.4 基于极限学习机确定投料顺序

在上一节中，已经得出了订单信息与工件投料优先级的多元线性回归方程。为了从实时状态中挖掘工件信息权重，需要建立极限学习机。基于 ELM 和多元线性回归方程确定投料顺序的仿真模型构建流程如图 5-7 所示，主要步骤如下。

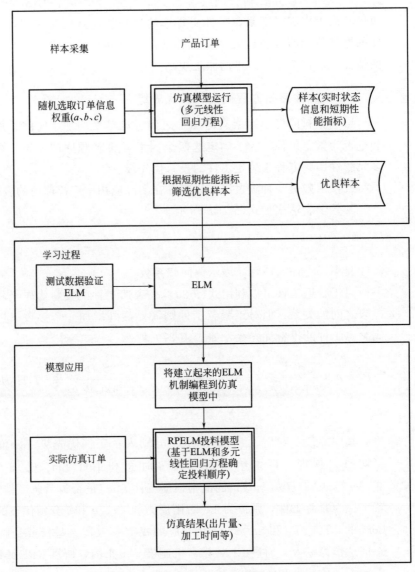

图 5-7　构建 RPELM 投料模型的流程图

步骤 1：样本采集。

首先，随机选取权重系数 a、b 和 c。将随机生成的 a、b 和 c 应用到多元线性回归方程中，得到工件投料优先级，然后根据工件投料优先级进行仿真产生样本。

记录样本数据。样本数据是指实时状态信息和短期性能指标。实时状态信息包括不同工件在生产加工阶段的前段、中段和后段的数量。短期性能指标包括瓶颈设备利用率、日加工步数（MovPerDay）、日出片量（THPerDay）和日准时交货率（ODRPerDay）。这些短期性能指标能够反映长期性能指标：TH、CT、ODR 和 HLODR 等。

步骤 2：学习过程。

首先，选择 ELM 的训练集。选取对应于优良短期性能指标的实时状态和订单信息权重系数分别作为 ELM 的输入和输出。然后在 MATLAB 上编程，仿真运行建立极限学习机制。

其次，采用测试样本集对建立起来的学习机制进行测试，检查 ELM 学习机制的精度是否达到要求。

步骤 3：模型应用。

在调度仿真系统中实现学习机制，包括 ELM 参数的记录和算术表达式代码的实现。完成以上步骤后，工件优先级便会根据订单信息、实时状态信息和 ELM 机制实时改变。

5.2.2.5 仿真结果比较

为了比较 RPELM 和 FIFO、EDD 投料策略的优劣，在 MIMAC 模型上分别采用 FIFO、EDD 和 RPELM 进行仿真并比较仿真结果。每次仿真进行 90 天，其中前 30 天为预热期，派工规则为改进的 FIFO。

MIMAC 模型有 9 种工件，选择它们在加工前段、中段和后段的数量作为实时状态，共有 27 个实时状态信息。同时，选取 TH、CT、ODR 和 HLODR 作为性能评价指标。

为了使结果更具有说服力，分别在生产线在制品数量固定为 2500 片、3500 片、4500 片和 5500 片的情况下进行仿真，仿真结果见表 5-10，为了使仿真结果更加直观将其以柱状图的形式进行展示，如图 5-8～图 5-11 所示。

表 5-10 不同在制品数量下的 FIFO、EDD 和 RPELM 投料策略仿真结果

workload (unit)	FIFO				EDD				RPELM			
	TH/lot	CT/h	ODR	HLODR	TH/lot	CT/h	ODR	HLODR	TH/lot	CT/h	ODR	HLODR
2500	582	356	48.77%	90.70%	581	354	48.76%	100%	582	356	52.41%	100%
3500	674	408	49.53%	75.00%	671	409	48.91%	71.43%	671	408	52.85%	78.57%
4500	646	635	48.79%	76.67%	644	654	48.74%	76.67%	646	634	52.51%	78.58%
5500	704	831	47.62%	54.16%	698	842	48.01%	54.16%	705	829	49.79%	54.16%

表 5-11　不同在制品数量下的 FIFO、EDD 和 RPELM 投料策略仿真结果比较

workload (unit)	RPELM 相对于 FIFO 性能提高幅度				RPELM 相对于 EDD 性能提高幅度			
	TH	CT	ODR	HLODR	TH	CT	ODR	HLODR
2500	0.00%	0.00%	3.64%	9.30%	0.17%	−0.57%	3.65%	0.00%
3500	−0.45%	0.00%	3.32%	3.57%	0.00%	0.24%	3.94%	7.14%
4500	0.00%	0.16%	3.72%	1.91%	0.31%	3.06%	3.77%	1.91%
5500	0.14%	0.24%	2.17%	0.00%	1.00%	1.54%	1.78%	0.00%

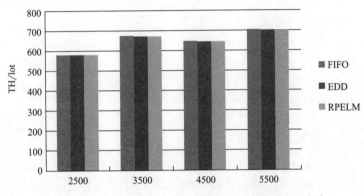

图 5-8　FIFO、 EDD 和 RPELM 下 TH 比较（电子版）

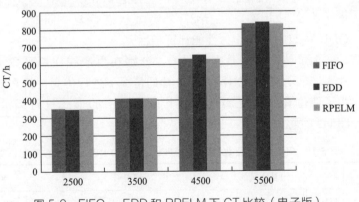

图 5-9　FIFO、 EDD 和 RPELM 下 CT 比较（电子版）

由表 5-10、表 5-11、图 5-8～图 5-11 可以得到如下结论。

① 从图 5-8 中，可以看出各种策略在同一在制品水平下的 TH 几乎没有改变，策略之间最大的变动幅度是在 5500 片时 RPELM 较 EDD 改进的 1.00%，这是由于在制品数量限制了生产线的加工能力，即限制了

生产线出片量。同时可以看出 TH 随着在制品数量的提高大致呈现上升趋势，这是因为生产线固定在制品数量的提高意味生产线加工能力变强、产能提高；但也能发现 WIP 为 4500 片时的出片量比 WIP 为 3500 片的时候低，这是由于在制品数量的提高会导致生产线上工件阻塞加剧从而影响出片量。因此，生产线出片量受生产线加工能力以及生产线阻塞情况共同影响。

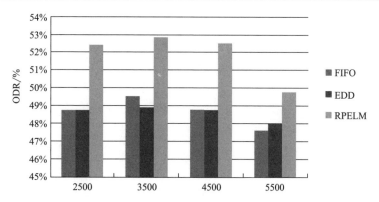

图 5-10 FIFO、 EDD 和 RPELM 下 ODR 比较（电子版）

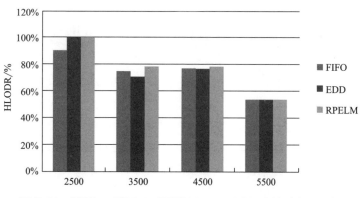

图 5-11 FIFO、 EDD 和 RPELM 下 HLODR 比较（电子版）

② 从图 5-9 中可以看出，RPELM 的 CT 较 FIFO 和 EDD 的 CT 有所改进，但不明显。同时可以发现，随着固定在制品数量的上升，各种投料策略下的 CT 性能均有所下降，这是由于生产线固定在制品数量上升会加剧生产线上工件加工的阻塞，工件在加工区等候加工时间整体延长，导致 CT 性能指标下降。

③ 图 5-10 表明 RPELM 投料控制策略可以改进 ODR 指标。在固定

在制品数量为 2500 片、3500 片、4500 片和 5500 片下，相对于 FIFO，RPELM 能够提高 3.64%、3.32%、3.72% 和 2.17%；相对于 EDD，RPELM 能够提高 3.65%、3.94%、3.77% 和 1.78%。这说明 RPELM 考虑实时状态信息后能够实时作出应对策略进而提高 ODR。但与此同时也能发现 ODR 性能随着固定在制品数量的上升而下降，这同样是由于生产线阻塞加剧所致。

④ 图 5-11 表明当生产线是轻载的时候，RPELM 能够明显提高紧急工件交货率；WIP 数量为 2500 片、3500 片、4500 片时，相对于 FIFO，RPELM 在 HLODR 性能上分别提高了 9.30%、3.57%、1.91%；WIP 数量为 3500 片和 4500 片的情况下，相对于 EDD，RPELM 在 HLODR 上提高了 7.14% 和 1.91%。同时，也可以发现 HLODR 的性能改善会随着生产线在制品数量的提高而减弱。究其原因，同样是由于生产线阻塞加剧，从而使紧急工件的交货期整体下降。

整体来讲，与 FIFO 和 EDD 相比，RPELM 投料策略能取得更好性能指标。尤其是当生产线为轻载时，RPELM 能够有效改善工件准时交货率和紧急工件准时交货率。很明显，这是由于 RPELM 考虑到了生产线的实时状态作出实时调整所取得的成果。

5.3　基于属性选择的投料控制策略优化

在 RPELM 策略中，直接选取了不同种类工件在不同加工阶段的工件数量作为实时状态，因为根据经验这些对于改变投料顺序是至关重要的；但事实上，还有很多生产线属性会影响投料顺序。由于很多属性相关性很强，同时也有一些属性对于性能指标没有影响，所以需要从相关性很强的一类属性集中选取代表，并且从属性集中剔除那些对性能指标没有很大影响的属性。

5.3.1　投料相关属性集

半导体制造系统由于其自身的复杂特性，生产线上的实时状态往往非常多，其中影响投料策略的生产线属性也不在少数，需要挖掘对投料控制策略有较大影响的实时状态属性。首先需要选出生产线上的属性集，除了选取不同工件在生产线前、中、后阶段的数量之外，还选取了生产线日在制品数量、日加工步数、日加工时间、瓶颈设备上的日加工步骤、瓶颈设备上的等待加工的工件数量作为实时状态信息。具体表现在 MIMAC 仿真模型上的属性集如表 5-12～表 5-20 所示。

表 5-12　生产线属性集

序号	属性名称	属性含义
1	WIPPerDay	生产线 WIP
2	MovPerDay	生产线 Mov
3	ThPerDay	生产线出片量
4	ProTimrPerDay	生产线加工时间
5	PreWIP1	前 1/3 第 1 种产品在制品数量
6	PreWIP2	前 1/3 第 2 种产品在制品数量
7	PreWIP3	前 1/3 第 3 种产品在制品数量
8	PreWIP4	前 1/3 第 4 种产品在制品数量
9	PreWIP5	前 1/3 第 5 种产品在制品数量
10	PreWIP6	前 1/3 第 6 种产品在制品数量
11	PreWIP7	前 1/3 第 7 种产品在制品数量
12	PreWIP8	前 1/3 第 8 种产品在制品数量
13	PreWIP9	前 1/3 第 9 种产品在制品数量
14	MidWIP1	中 1/3 第 1 种产品在制品数量
15	MidWIP2	中 1/3 第 2 种产品在制品数量
16	MidWIP3	中 1/3 第 3 种产品在制品数量
17	MidWIP4	中 1/3 第 4 种产品在制品数量
18	MidWIP5	中 1/3 第 5 种产品在制品数量
19	MidWIP6	中 1/3 第 6 种产品在制品数量
20	MidWIP7	中 1/3 第 7 种产品在制品数量
21	MidWIP8	中 1/3 第 8 种产品在制品数量
22	MidWIP9	中 1/3 第 9 种产品在制品数量
23	BehWIP1	后 1/3 第 1 种产品在制品数量
24	BehWIP2	后 1/3 第 2 种产品在制品数量
25	BehWIP3	后 1/3 第 3 种产品在制品数量
26	BehWIP4	后 1/3 第 4 种产品在制品数量
27	BehWIP5	后 1/3 第 5 种产品在制品数量
28	BehWIP6	后 1/3 第 6 种产品在制品数量

续表

序号	属性名称	属性含义
29	BehWIP7	后 1/3 第 7 种产品在制品数量
30	BehWIP8	后 1/3 第 8 种产品在制品数量
31	BehWIP9	后 1/3 第 9 种产品在制品数量

表 5-13 Buffer11021 _ ASM _ A1 _ A3 _ G1 加工区属性集

序号	属性名称	属性含义
32	Mov	Buffer11021_ASM_A1_A3_G1 加工区 Mov
33	Queue	Buffer11021_ASM_A1_A3_G1 加工区排队队长
34	Utilization	Buffer11021_ASM_A1_A3_G1 加工区利用率

表 5-14 Buffer1024 _ ASM _ A4 _ G3 _ G4 加工区属性集

序号	属性名称	属性含义
35	Mov	Buffer1024_ASM_A4_G3_G4 加工区 Mov
36	Queue	Buffer1024_ASM_A4_G3_G4 加工区排队队长
37	Utilization	Buffer1024_ASM_A4_G3_G4 加工区利用率

表 5-15 Buffer11026 _ ASM _ B2 加工区属性集

序号	属性名称	属性含义
38	Mov	Buffer11026_ASM_B2 加工区 Mov
39	Queue	Buffer11026_ASM_B2 加工区排队队长
40	Utilization	Buffer11026_ASM_B2 加工区利用率

表 5-16 Buffer11027 _ ASM _ B3 _ B4 _ D4 加工区属性集

序号	属性名称	属性含义
41	Mov	Buffer11027_ASM_B3_B4_D4 加工区 Mov
42	Queue	Buffer11027_ASM_B3_B4_D4 加工区排队队长
43	Utilization	Buffer11027_ASM_B3_B4_D4 加工区利用率

表 5-17 Buffer11029 _ ASM _ C1 _ D1 加工区属性集

序号	属性名称	属性含义
44	Mov	Buffer11029_ASM_C1_D1 加工区 Mov
45	Queue	Buffer11029_ASM_C1_D1 加工区排队队长
46	Utilization	Buffer11029_ASM_C1_D1 加工区利用率

表 5-18　Buffer11030 _ ASM _ C2 _ H1 加工区属性集

序号	属性名称	属性含义
47	Mov	Buffer11030_ASM_C2_H1 加工区 Mov
48	Queue	Buffer11030_ASM_C2_H1 加工区排队队长
49	Utilization	Buffer11030_ASM_C2_H1 加工区利用率

表 5-19　Buffer17221 _ K _ SMU236 加工区属性集

序号	属性名称	属性含义
50	Mov	Buffer17221_K_SMU236 加工区 Mov
51	Queue	Buffer17221_K_SMU236 工区排队队长
52	Utilization	Buffer17221_K_SMU236 加工区利用率

表 5-20　Buffer17421 _ HOTIN 加工区属性集

序号	属性名称	属性含义
53	Mov	Buffer17421_HOTIN 加工区 Mov
54	Queue	Buffer17421_HOTIN 加工区排队队长
55	Utilization	Buffer17421_HOTIN 加工区利用率

5.3.2　属性选择

属性选择是从全部特征中挑选出一些最有效的特征以降低特征空间维数，主要包括 4 个基本步骤：候选特征子集的生成（搜索策略）、评价准则、停止准则和验证方法。属性选择的基本方法有以下几种。

（1）均方误差评价法

求出各个比较列（非标准列）与标准列的测量值之差，再求各次差值的均方和。均方差计算公式为

$$R_k = \frac{1}{n} \sum_{i=1}^{n} (x_{ki} - x_{0i})^2 \tag{5-28}$$

其中，x_0 为标准数据，n 为有效数据个数。R_k 值越小说明该非标准数据与标准数据的差异越小。

（2）频谱分析法

首先将标准数据与非标准数据进行傅里叶变换，然后计算各个非标准数据与标准数据的均方差。

$$R_k = \frac{1}{n} \sum_{i=1}^{n} (\mathrm{fft}(x_{ki}) - \mathrm{fft}(x_{0i}))^2 \tag{5-29}$$

其中，x_0 为标准数据，n 为有效数据个数。R_k 值越小说明该非标准数据与标准数据的差异越小。

（3）相关系数评价

相关系数计算公式：

$$\rho_{XY} = \mathrm{Cov}(X,Y)/(\sqrt{D(X)}\sqrt{D(Y)}) \tag{5-30}$$

其中

$$\mathrm{Cov}(X,Y) = E((X-E(X))(Y-E(Y))) \tag{5-31}$$

$$D(X) = E((X-E(X))^2) = E(X^2) - (E(X))^2 \tag{5-32}$$

分别为 X、Y 的协方差和方差。相关系数法可表示两列数据的相关性，其值越接近 1，说明数据越相近。

（4）拟合优度评价方法

根据最小二乘数据拟合的评价标准，这里采用拟合优度评价参数 R^2。

拟合优度 R^2 的计算公式为

$$R^2 = 1 - \mathrm{SSE}/\mathrm{SST} \tag{5-33}$$

其中

$$\mathrm{SSE} = \sum_{i=1}^{n} (X_{ki} - X_{0i})^2 \tag{5-34}$$

$$\mathrm{SST} = \sum_{i=1}^{n} X_{0i}^2 - \frac{1}{n}(\sum_{i=1}^{n} X_{ki})^2 \tag{5-35}$$

R^2 越大，说明拟合效果越好。

用非标准列数据去拟合标准数据，根据拟合优度评价标准进行评价，其值越接近于 1 说明该列与标准值越接近。

除了以上基本的属性选择算法之外，还有一些改进的属性选择算法，如基于支持向量机预分类的属性选择算法、基于极大连通子图的相关度属性选择算法、基于分形维数和蚁群算法的属性选择算法和基于核函数参数优化的属性选择算法等。

5.3.3 经过属性选择后的仿真

5.3.3.1 基于 MIMAC 的仿真验证

为了保证性能指标的优异，需要选取与性能指标密切相关的生产线属性作为实时状态。这里为了保证 RPELM 方法在各个性能指标上的优势，首先选取与投料性能指标 TH 相关性最大的属性作为实时状态集。例如在 MIMAC 上选择 25 个最终的实时状态，分别用相关系数法、均方误差评价法、频谱分析法和拟合优度评价法选择的结果如表 5-21 所示。

表 5-21　属性选择后的属性集

相关系数法	3　4　5　6　7　12　13　23　24　25　26　27　28 29　32　33　35　41　43　46　49　50　51　54　55
均方误差评价法	4　6　7　8　9　10　11　12　13　15　16　17　18 20　21　22　25　26　27　28　29　30　38　49　55
频谱分析法	4　6　7　8　9　10　11　12　13　15　16　17　18 21　22　25　26　27　28　29　30　38　49　50　55
拟合优度评价法	4　6　7　8　9　10　11　12　13　15　16　17　18 20　21　22　25　26　27　28　29　30　38　49　55

表 5-21 中的序号分别对应表 5-12～表 5-20 中序号所对应的属性。可以发现均方误差评价法和拟合优度评价法所选出的属性集完全一样，频谱分析法选出的属性集和均方误差选出的属性绝大部分是重合的。相关系数法选出的属性集虽然和另外三种算法选出的属性集有所差异，但基本也是一致的。

分别将这四种属性选择方法选出的属性应用到 RPELM 投料策略上并进行仿真由于均方误差评价法和拟合优度评价法在这里选出的属性集相同，故只对均方误差法属性选择后的 RPELM 进行仿真。仿真运行 320 天，其中前 30 天作为预热期，仿真结果如表 5-22 和表 5-23 所示。其中 RPELM_FS 表示考虑属性选择的 RPELM 投料策略。

表 5-22　FIFO、EDD 和属性选择后 RPELM 的仿真结果

指标	FIFO	EDD	RPELM	RPELM_FS		
				相关系数法	均方误差评价法	频谱分析法
TH/lot	2396	2393	2394	2398	2398	2395
CT/h	352	351	351	350	350	351
ODR	25.39%	26.15%	26.41%	28.41%	26.74%	26.71%
HLODR	45.22%	46.23%	46.97%	47.23%	47.74%	49.75%

表 5-23　属性选择后的 RPELM 策略与 FIFO、EDD 比较

指标	RPELM_FS								
	相关系数法			均方误差评价法			频谱分析法		
Policies	FIFO	EDD	RPELM	FIFO	EDD	RPELM	FIFO	EDD	RPELM
TH/lot	0.08%	0.21%	0.17%	0.08%	0.01%	0.17%	−0.04%	0.08%	0.04%
CT/h	0.57%	0.28%	0.28%	0.57%	0.28%	0.28%	0.28%	0.00%	0.00%
ODR	3.02%	2.26%	1.69%	0.35%	0.59%	0.33%	1.32%	0.56%	0.30%
HLODR	2.01%	1.00%	0.26%	2.52%	1.51%	0.77%	4.53%	3.52%	2.78%

由表 5-22 和表 5-23 可以得出如下几点结论。

① 经过属性选择后的 RPELM_FS 方法相对于 FIFO 和 EDD 在性能指标上均有所改进，其中考虑相关系数法的 RPELM_FS 对 ODR 和 HLODR 改进效果明显：相对于 FIFO 提高幅度分别为 3.02％和 2.01％；相对于 EDD 提高幅度分别为 2.26％和 1.00％；TH 和 CT 也有所改善，但效果并不明显。

② 分别考虑均方误差法和频谱分析法的 RPELM_FS 相对于 FIFO 和 EDD 也能在 ODR 和 HLODR 进行改进，并且对 HLODR 的改进幅度要大于相关系数法，尤其是经过频谱分析法属性选择后的 RPELM 相对于 FIFO 和 EDD 在 HLODR 上能够改善 4.53％和 3.52％，改善效果明显。但是它们对 ODR 的改善不如相关系数法明显。

③ 相对于 RPELM，RPELM_FS 在性能指标上也能有所改善，但不明显。其中相对于 RPELM，考虑相关系数法的 RPELM_FS 在 ODR 改善较大，提高幅度为 1.69％；相对于 RPELM，考虑频谱分析法的 RPELM_FS 在 HLODR 上改善较大，提高幅度为 2.78％。

5.3.3.2　基于 BL 的仿真验证

为了验证经过属性选择后的 RPELM 的有效性，同样在 BL 模型上进行仿真验证。每次仿真都进行 300 天，其中有 30 天的预热期。同时，仿真也采用了不同的派工规则，分别有 FIFO、EDD、SPT、LPT、SPRT 和 LS，这样可以来确定 RPELM_FS 适合哪种派工规则。

这里选取了不同工件在不同加工阶段的数量、日 WIP、日加工步数、日生产时间、瓶颈设备加工步数、瓶颈设备排队队长作为属性样本集，总共有 38 维属性。每次 RPELM_FS 仿真都利用了相关系数法选出 9 种属性作为实时状态。同时，选取 TH（出片量）、CT（平均加工时间）、VAR（the variance of CT，CT 的方差）、HLCT（the CT of hot-lots，紧急工件的平均加工周期）、HLVAR（the variance of the hot-lots' CT，紧急工件加工时间的方差）、CLCT（the CT of common-lots，普通工件的加工时间）、CLVAR（the variance of the common-lots' CT，普通工件加工时间的方差）、ODR（交货期）、HLODR（紧急工件交货期）作为性能指标，其中重点关注 TH、CT、ODR 和 HLODR 四个性能指标。仿真结果如表 5-24～表 5-29 所示。其中 C_FIFO 和 C_EDD 分别表示考虑不同属性选择算法后的 RPELM_FS 的仿真结果与 FIFO 和 EDD 的比较。

表 5-24　派工规则为 FIFO 仿真结果比较

指标	FIFO	EDD	RPELM_FS	C_FIFO	C_EDD
TH/lot	2065	2070	2070	0.24%	0.00%
CT/h	1150	1148	1148	0.17%	0.00%
VAR	435.62	434.08	433.42	0.51%	0.15%
HLCT/h	1135	1131	1131	0.35%	0.00%
HLVAR	363.80	361.93	361.82	0.54%	0.03%
CLCT/h	1150	1149	1149	0.09%	0.00%
CLVAR	443.22	441.64	440.92	0.52%	0.16%
ODR	46.79%	48.63%	48.82%	1.03%	0.19%
HLODR	20.95%	24.76%	27.62%	6.67%	2.86%

表 5-25　派工规则为 EDD 仿真结果比较

指标	FIFO	EDD	RPELM_FS	C_FIFO	C_EDD
TH/lot	2007	2001	1996	−0.55%	−0.25%
CT/h	865	859	860	0.58%	−0.12%
VAR	661.22	641.77	649.56	1.76%	−1.21%
HLCT/h	802	804	802	0.00%	0.25%
HLVAR	537.49	535.09	531.39	1.10%	0.69%
CLCT/h	870	864	865	0.57%	−0.12%
CLVAR	672.35	651.52	659.89	1.85%	−1.13%
ODR	57.54%	58.91%	59.31%	1.77%	0.40%
HLODR	69.39%	68.70%	67.34%	−2.05%	−1.36%

表 5-26　派工规则为 SPT 仿真结果比较

指标	FIFO	EDD	RPELM_FS	C_FIFO	C_EDD
TH/lot	2085	2080	2084	−0.05%	0.19%
CT/h	979	973	975	0.41%	−0.21%
VAR	374.15	377.71	373.0625	0.29%	1.23%
HLCT/h	1025	1018	1020	0.49%	−0.20%
HLVAR	459.84	448.21	452.61	1.57%	−0.98%
CLCT/h	973	967	969	0.41%	−0.21%
CLVAR	364.37	369.49	363.92	0.12%	1.51%
ODR	42.39%	43.51%	43.54%	1.15%	0.03%
HLODR	37.56%	40.64%	40.64%	3.08%	0.00%

表 5-27   派工规则为 LPT 仿真结果比较

指标	FIFO	EDD	RPELM_FS	C_FIFO	C_EDD
TH/lot	2048	2047	2044	−0.20%	−0.15%
CT/h	973	974	975	−0.21%	−0.10%
VAR	383.26	382.84	382.88	0.10%	−0.01%
HLCT/h	964	973	974	−1.04%	−0.10%
HLVAR	367.04	364.02	367.59	−0.15%	−0.98%
CLCT/h	975	974	975	0.00%	−0.10%
CLVAR	384.91	384.2	384.79	0.03%	−0.15%
ODR	48.73%	49.26%	48.80%	0.07%	−0.46%
HLODR	30.90%	31.43%	33.71%	2.81%	2.28%

表 5-28   派工规则为 SPRT 仿真结果比较

指标	FIFO	EDD	RPELM_FS	C_FIFO	C_EDD
TH/lot	2387	2381	2387	0.00%	0.25%
CT/h	701	709	705	−0.57%	0.56%
VAR	285.50	307.45	288.25	−0.88%	6.24%
HLCT/h	583	613	611	−4.80%	0.33%
HLVAR	227.46	273.01	230.80	−1.47%	15.46%
CLCT/h	717	721	717	0.00%	0.55%
CLVAR	291.6	301.64	294.44	−0.97%	2.39%
ODR	45.32%	48.78%	43.26%	−2.06%	−5.52%
HLODR	52.42%	54.20%	48.22%	−4.20%	−5.98%

表 5-29   派工规则为 LS 仿真结果比较

指标	FIFO	EDD	RPELM_FS	C_FIFO	C_EDD
TH/lot	2179	2183	2180	0.05%	−0.14%
CT/h	778	783	777	0.13%	0.77%
VAR	481.97	478.99	484.24	−0.47%	−1.10%
HLCT/h	903	906	902	0.11%	0.44%
HLVAR	791.74	814.54	818.00	−3.32%	−0.42%
CLCT/h	768	772	766	0.26%	0.78%
CLVAR	452.48	447.72	452.59	−0.02%	−1.09%
ODR	52.72%	53.45%	54.32%	1.60%	0.87%
HLODR	59.38%	60.63%	60.00%	0.62%	−0.63%

从表 5-24～表 5-29 中可以得到以下结论。

① 不论采取何种派工规则，在不同投料规则下的 TH 几乎不变，这是由生产线上的固定在制品数量限制所决定的。除了派工规则 SPRT 和

FIFO 外，在其他派工规则下使用 RPELM_FS 所得的性能指标 CT、HLCT、CLCT、VAR、HLVAR 和 CLVAR 相对于 FIFO 和 EDD 投料规则均略有改善，某些性能指标反而下降。

② 派工规则为 SPRT 时，相对于 FIFO 和 EDD，RPELM_FS 的 CT、ODR 和 HLODR 这些重要性能指标是明显下降的，这说明 RPELM 不适用于派工规则为 SPRT 的半导体生产线。

③ 派工规则为 FIFO 时，相对于 FIFO 和 EDD，RPELM_FS 的各项指标均有不同幅度的提升：相对于 FIFO 的 ODR 和 HLODR，RPELM_FS 能够分别提升 1.03% 和 6.67%；相对于 EDD 的 HLODR，RPELM_FS 能够提升 2.86%。

④ 派工规则为 SPT 时，相对于 FIFO，RPELM_FS 在 ODR 性能上能够提高 1.15%，在 HLODR 性能上能够提高；但相对于 EDD 投料策略没有明显优势。派工规则为 LPT 时，相对于 FIFO 和 EDD，RPELM_FS 在 HLODR 性能指标上能够分别改善 2.81% 和 2.28%，但对于其他性能指标几乎没有提升。

⑤ 派工规则为 SPRT 和 LS 时，相对于 FIFO 和 EDD，RPELM_FS 在性能指标上几乎没有优势，在某些性能指标上反而有较为明显的下降。

综上所述，当 RPELM_FS 和派工规则 FIFO 一起使用时，能够全面改善半导体生产系统的性能指标。当生产线比较关注 ODR 或者 HLODR 时，RPELM_FS 还可以与派工规则 SPT 和 LPT 同时采用。当派工规则为 LPT 或者 EDD 时，若投料规则采用 RPELM_FS 对生产线不会有所改善。需要注意的是派工规则 SPRT 和投料规则 RPELM_FS 不应当同时采取，因为同时采用这两种规则取得的总体效果很差。造成以上结果是由极限学习机对数据的敏感性导致，极限学习机对派工规则为 FIFO 时仿真产生的数据比较有效，而对采用其他派工规则时运行仿真产生的数据有效性较弱，尤其是对采用 SPRT 派工规则仿真产生的数据。

5.3.3.3 紧急工件比例的影响

订单中不同的紧急工件比例会影响生产线的性能指标，所以生产线调度策略（投料控制策略和派工规则）应考虑订单中紧急工件比例这一因素。为了验证 RPELM_FS 是否适用于具有不同紧急工件比例订单半导体生产线，选取了 4 组具有不同紧急工件比例的订单，并在 BL 模型上进行了仿真研究。仿真 300 天，其中前 30 天作为预热期，仿真结果如表 5-30 和表 5-31 所示。

表 5-30　不同紧急工件比例下的投料策略仿真结果

序号	FIFO				EDD				RPELM_FS			
	TH/lot	CT/h	ODR	HLODR	TH/lot	CT/h	ODR	HLODR	TH/lot	CT/h	ODR	HLODR
1	2065	949	46.84%	18.90%	2072	948	48.53%	23.17%	2075	946	48.23%	23.17%
2	2065	949	47.39%	26.75%	2072	949	47.57%	28.93%	2073	945	47.70%	28.96%
3	2065	949	46.98%	25.56%	2072	947	48.51%	30.00%	2069	947	49.72%	32.22%
4	2065	949	42.65%	20.00%	2072	948	43.35%	24.29%	2075	946	43.14%	24.29%

表 5-31　不同紧急工件比例下的投料策略仿真结果比较

序号	RPELM_FS 相对于 FIFO 性能提高幅度				RPELM_FS 相对于 EDD 性能提高幅度			
	TH/lot	CT/h	ODR	HLODR	TH/lot	CT/h	ODR	HLODR
1	0.48%	0.32%	1.39%	4.27%	0.14%	0.21%	−0.30%	0.00%
2	0.39%	0.42%	0.31%	2.21%	0.05%	0.42%	0.13%	0.03%
3	0.19%	0.21%	2.74%	6.66%	−0.14%	0.00%	1.21%	2.22%
4	0.48%	0.32%	0.49%	4.29%	0.14%	0.21%	−0.21%	0.00%

由表 5-30 和表 5-31，可以得到以下几点结论。

① FIFO 和 EDD 投料规则所生成的 TH 和 CT 性能指标是相同的。可见在投料规则为 FIFO 和 EDD 的情况下，订单中的紧急工件比例不会对出片量和平均加工时间有影响，因为紧急工件比例不会影响这两种投料规则下的半导体调度。但是 RPELM_FS 投料规则是和紧急工件比例有联系的，所以在 4 组不同紧急工件比例生产线仿真下的 TH 是不同的。

② 在第 1 组仿真中，RPELM_FS 的 ODR 和 HLODR 相对于 FIFO，分别提高 1.39% 和 4.27%，但相对于 EDD 却没有提高。第 2 组和第 4 组仿真结果和第 1 组是一致的，但 RPELM 相对于 FIFO 的提高幅度不同，其中 RPELM_FS 相对于 FIFO 在 ODR 上提高幅度最大为 1.39%，在 HLODR 性能指标上提高幅度最大为 4.29%。

③ 在第 3 组紧急工件比例下，不同于其他三组 RPELM_FS 的 ODR 和 HLODR 相较于 FIFO 和 EDD 投料规则都有提高，相较于 FIFO 提高幅度分别是 2.74% 和 6.66%，相较于 EDD 投料策略分别提高 1.21% 和 2.22%。

从以上结论可以推断出 RPELM_FS 适用于具有不同紧急工件比例订单的半导体生产线。

5.4 本章小结

本章首先分析了与工件投料优先级相关的属性集，包括整个生产线上的工件属性和加工区属性，然后利用相关系数法进行属性选择，最后将选择后的实时状态应用到 RPELM_FS 投料控制策略中并在 MIMAC 仿真模型上进行仿真。结果表明，相对于 FIFO、EDD 和 RPELM，经过属性选择后的 RPELM_FS 方法能够进一步提高系统性能。此外，为了更进一步说明 RPELM_FS 策略的正确性以及属性选择方法的实用性，在 BL 模型上结合不同派工规则进行了仿真，得出 RPELM_FS 适用于派工规则为 FIFO、SPT 和 LPT 的半导体生产线模型。最后探讨了紧急工件比例对 RPELM_FS 投料策略的影响。

参考文献

---

[1] Liu W,Chua T J,Cai T X. Practical lot release methodology for semiconductor back-end manufacturing. Production Planning & Control,2005,16(3):297-308.

[2] Wang K J,Chiu C C,Gong D D. Efficient job-release play development for semiconductor assembly and testing in GA. Conference on Machine Learning and Cybernetic,2010:1205-1210.

[3] 吴启迪,乔非,李莉,等. 半导体制造系统调度. 北京: 电子工业出版社, 2006.

[4] 李友,蒋志斌,李娜,等. 晶圆制造系统投料控制综述. 工业工程与管理,2011,16(6):108-114.

[5] 赵奇,吴智铭. 半导体生产调度与仿真研究[D]. 上海: 上海交通大学管理科学与工程, 2010.

[6] Spearman M L,Woodruff D L,Hoop W J. CONWIP: a pull alternative to kanban. International Journal Of Production Research,1990,28(5):879-894.

[7] Lozinski C,Glassey C R. Bottleneck starvation indicators for shop floor control. Semiconductor Manufacture, 1989, 1(1):36-46.

[8] Glassery C R,Resende M G C. Close-loop job release control for VLSI circuits manufacturing. Semiconductor Manufacture,1998,1(4):147-153.

[9] Wein L M. Scheduling semiconductor wafer fabrication. Semiconductor Manufacture,1998,1(2):115-130.

[10] Kim Y D,Lee D H,Kim J U. A Simulation study on lot release control, mask scheduling, and batch scheduling in semiconductor wafer fabrication facili-

ties. Journal of Manufacturing Systems, 1998,17(2):107-117.

[11] Li Y,Jiang Z B. A pull VPLs based release policy and dispatching rule for semiconductor wafer fabrication. 8th IEEE International Conference on Automation Science and Engineering,2012: 396-400.

[12] Kim J,Leachman R C,Suhn B. Dynamic release control policy for the semiconductor wafer fabrication lines. Journal of the Operational Research Society, 1996,47(12):1516-1525.

[13] Khaled S,Kilany E. Wafer lot release policies based on the continuous and periodic review of WIP levels. IEEE International Conference on Industrial Engineering and Engineering Management,2011:1700-1704.

[14] Chung S H,Lai C M. Job releasing and throughput planning for wafer fabrication under demand fluctuating make-to-stock environment. International Journal Advanced Manufacture Technology,2006,31:316-327.

[15] Wu C C,Hsu P H,Lai K J. Simulated-annealing heuristics for the single-machine scheduling problem with learning and unequal job release times. Journal of Manufacturing Systems, 2011, 30: 54-62.

[16] Adil B,Mustafa G. A simulation based approach to analyses the effects of job release on the performance of a multistage job-shop with processing flexibility. International Journal of Production Research,2011,49(2):585-610.

[17] Chua T J,Liu M W,Wang F Y. An intelligent multi-constraint finite capacity-based lot release system for semiconductor backend assembly environ-ment. Robotics and Computer-Integrated Manufacturing,2007,23:326-338.

[18] Wang K J,Chiu C C,Gong D C,et al. An efficient job-releasing strategy for semiconductor turnkey factory. Production Planning & Control,2011,22(7):660-675.

[19] Rezaie K,Eivazy H,Nazari-Shirkouhi S. A novel release policy for hybrid make-to-stock/make-to-order semiconductor manufacturing systems. Computer Society,2009:443-447.

[20] Logy A E K,Khaled S E K,Aziz E E S. Modeling and simulation of re-entrant flow shop scheduling:an application in semiconductor manufacturing. IEEE International Conference on Automation Science and Engineering,2009:211-216.

[21] Jr A Z,Hodgson T J,Weintraub A J. Integrated job release and shop-floor scheduling to minimize WIP and meet due-dates. International Journal of Production Research,2003,41(1):31-45.

[22] Wang Z J,Chen J. Release control for hot orders based on TOC theory for semiconductor manufacturing line. Proceedings of the 7th Asian Control Conference,2009:1154-1157.

[23] Kim Y D,Kim J U,Lim S K. Due-date based scheduling and control policies in a multiproduct semiconductor wafer fabrication facilities. IEEE Transactions On Semiconductor Manufacturing,1998,11 (1):155-164.

[24] Wang Z T,Qiao F,Wu Q D. A new compound priority control strategy in semiconductor wafer fabrication. IEEE Transactions On Semiconductor Manufacturing,2005:80-83.

[25] Qi C,Appa I S,Stanley B G. An efficient new job release control methodology. International Journal of Production

Research,2009,47(3):703-731.

[26] Qi C,Appa I S,Stanley B G. Impact of production control and system factors in semiconductor wafer fabrication. IEEE Trans. Semiconductor Manufacture,2008,21(3):376-389.

[27] Qi C,Appa I S. Job release based on WIPLOAD control in semiconductor wafer fabrication. Electronics Packaging Technology Conference, 2005: 665-670.

[28] Bahaji N,Kuhl M E. A simulation study of new multiobjective composite dispatching rules, CONWIP, and push lot release in semiconductor fabrication. International Journal of Production Research,2008,46(14):3801-3824(24).

[29] Wang Z T,Wu Q D,Qiao F. A lot dispatching strategy integrating WIP management and wafer start control. IEEE Transactions on Automation Science and Engineering,2007,4(4):579-583.

[30] Li M Q,Yang F,Uzsoy Reha, et al. A metamodel-based Monte Carlo simulation approach for responsive production planning of manufacturing systems. Journal of Manufacturing Systems, 2016,38: 114-133.

[31] Chen Z B,Pan X W,Li L,et al. A New Release Control Policy (WRELM) for Semiconductor Wafer Fabrication Facilities. IEEE 11th International Conference on Networking,Sensing and Control(ICNSC),2014:64-68.

[32] Yao S Q,Jiang Z B,Li N,et al. A decentralized VPLs based control policy for semiconductor manufacturing. IEEE International Conference on Industrial Engineering and Engineering Management,2010:1251-1255.

[33] Sun R J,Wang Z J. DC-WIP——A new release rule of multi-orders for semiconductor manufacturing lines. International Conference on System Simulation and Semiconductor Manufacture, 2008:1395-1399.

中国制造2025

第6章

数据驱动的半
导体制造系统
动态调度

自从20世纪90年代以来，伴随着制造业信息化的发展，生产过程中积累了大量的数据，数据挖掘也开始在制造业中得到应用。国内外学者在生产调度问题传统建模及优化方法的基础上，采用特征分析、数据挖掘和仿真等技术手段，从实际调度环境中的大量历史数据、实时数据和相关调度仿真数据中提取对改善复杂生产过程调度性能指标有关键作用的调度信息，并利用上述信息建立基于数据的生产过程相关调度模型或动态确定生产过程相关调度模型的关键参数。数据挖掘能够从相关数据中获得知识来改进决策和提高产量，数据可视化能够给决策者一个更直观的认识，帮助决策者更好地理解和利用调度规则。

6.1 动态派工规则

动态派工规则（Dynamic Dispatching Rule，DDR）是借鉴自然界蚁群中个体间基于信息素的间接通信实现群体行为优化的现象，根据半导体制造生产线的设备特性，得到的一种兼顾整条生产线的派工规则。

6.1.1 参数与变量定义

首先，对 DDR 的参数与变量进行如下定义：

i	可用设备索引号
id	设备 i 的下游设备索引号
im	设备 i 的菜单索引号
iu	设备 i 的上游设备索引号
k	批加工设备 i 上排队工件组批索引号
n	时刻 t 在设备 i 前排队的工件索引号
t	派工决策点，即派工时刻
v	下游设备 id 的工艺菜单索引号
B_i	批加工设备 i 的加工能力
B_{id}	下游设备 id 的加工能力
D_n	工件 n 的交货期
F_n	工件 n 的平均加工周期（加工时间与排队时间之和）与加工时间的比值

M_i	设备 i 上的工艺菜单数目
N_{id}	在下游设备 id 前排队的工件数目
N_{im}	在设备 i 前排队使用工艺菜单 im 的工件数目
P_i^n	工件 n 在设备 i 上的占用时间
P_{im}	工艺菜单 im 在设备 i 上的加工时间
P_{id}^n	工件 n 在下游设备 id 上的占用时间
P_{id}^v	下游设备 id 上工艺菜单 v 的加工时间
Q_i^n	设备 i 上的排队工件 n 的停留时间
R_i^n	工件 n 在设备 i 上的剩余加工时间
S_n	工件 n 的选择概率
T_{id}	下游设备 id 每天的可用时间
Γ_k	工件组批 k 的选择概率
$\tau_i^n(t)$	设备 i 在时刻 t 要处理工件 n 的紧急程度
$\tau_{id}^n(t)$	在时刻 t 能够完成工件 n 下一步工序的下游设备 id 的负载程度
x_i^B	二进制变量。如果设备 i 在时刻 t 是瓶颈设备，$x_i^B=1$；否则，$x_i^B=0$
x_{id}^I	二进制变量。如果下游设备 id 在时刻 t 处于空闲状态，$x_{id}^I=1$；否则，$x_{id}^I=0$
x_n^H	二进制变量。如果工件 n 在时刻 t 是紧急工件，$x_n^H=1$；否则 $x_n^H=0$
x_n^{im}	二进制变量。如果工件 n 在设备 i 上采用工艺菜单 m，$x_n^{im}=1$；否则 $x_n^{im}=0$
$x_{n,im}^{id}$	二进制变量。如果处理工件 n 下一步工序的下游设备 id 在时刻 t 处于空闲状态，且该工件在设备 i 采用菜单 im，$x_{n,im}^{id}=1$；否则 $x_{n,im}^{id}=0$

6.1.2　问题假设

DDR 在求解派工问题中进行如下假设。

① 与派工相关的信息是已知的，如工件加工时间、设备前排队的 WIP 数、设备可用时间等，这些数据都可由企业的 MES 或其他自动化系统得到。

② 对于非批加工设备的派工决策主要关注点在工件的准时交货率与

WIP 在生产线上的快速移动上。

③ 对于批加工设备的派工决策有两个步骤：

a. 组批工件：在组批工件时有两个主要约束，即只有使用设备上相同工艺菜单的工件才能够组批，以及组批工件数目不能超过设备的最大加工批量，另外还需折中考虑批加工设备的能力利用率与时间利用率；

b. 确定组批工件的优先级：这时，其关注点与非批加工设备相同。

④ 每批工件的加工时间与组成该批工件的数目无关。

⑤ 一旦设备开始了某批工件的加工，不能向该批增加工件或者从该批移出工件，设备将保持加工状态直到完成加工。

6.1.3　决策流程

DDR 算法的决策流程如图 6-1 所示，具体步骤如下。

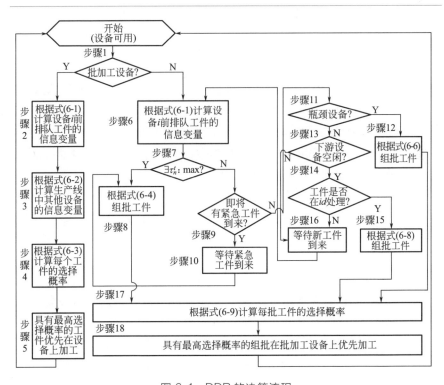

图 6-1　DDR 的决策流程

步骤 1：当设备 i 在时刻 t 变为可用状态时，确定设备是否为批加工设备。如果是，转步骤 2；否则，转步骤 6。

步骤 2：计算设备 i 前排队工件的信息变量。

$$\tau_i^n(t) = \begin{cases} \text{MAX} & R_i^n \times F_n \geqslant D_n - t \\ \dfrac{R_i^n \times F_n}{D_n - t + 1} - \dfrac{P_i^n}{\sum_n P_i^n} & R_i^n \times F_n < D_n - t \end{cases} \tag{6-1}$$

公式(6-1)是为了满足客户准时交货的要求而设计的。在 t 时刻，各 WIP 的理论剩余加工时间与实际剩余加工时间的比值越大，其交货期便越短，相应地，该 WIP 的信息变量值越高，越容易被设备选中优先加工。但是如果该 WIP 的理论剩余加工时间已大于实际剩余加工时间，说明该 WIP 极有可能拖期，则将其变为紧急工件，即在任何设备上都具有最高的加工优先级（MAX）。另外，各 WIP 对设备的占用时间也会影响其信息变量值，即占用时间越短，信息变量值越高，这样可以加快 WIP 在设备上的移动，提高设备利用率。

步骤 3：计算生产线上其他设备的信息变量。

$$\tau_{id}^n(t) = \dfrac{\sum P_{id}^n}{T_{id}} \tag{6-2}$$

公式(6-2)意味着 t 时刻设备负载越重，其信息变量越高。显然，当 $\tau_i^n(t) \geqslant 1$ 时，表示设备的负载已超过其一天可用时间，即认为该设备处于瓶颈状态。值得注意的是，在半导体生产线上可能存在多台设备能够完成 WIP 的特定工序，在这种情况下，T_{id} 的意义就是所有可完成 WIP 待加工工序的设备在一天内的可用加工时间之和。

步骤 4：计算各排队工件的选择概率。

$$S_n = \begin{cases} Q_i^n & \tau_i^n(t) = \text{MAX} \\ \alpha_1 \tau_i^n(t) - \beta_1 \tau_{id}^n(t) & \tau_i^n(t) \neq \text{MAX} \end{cases} \tag{6-3}$$

式(6-3)意味着 t 时刻，在解决 WIP 竞争设备资源问题时，会同时考虑 WIP 的交货期与占用设备程度以及该设备的下游设备的负载状况，保证 WIP 的快速流动与准时交货率。

步骤 5：选择具有最高选择概率的工件在设备 i 上开始加工。

步骤 6：使用公式(6-1)计算设备 i 前排队工件的信息变量。

步骤 7：确定设备 i 前排队工件是否有紧急工件。如果有，转步骤 8；否则，转步骤 9。

步骤 8：按公式(6-4)组批工件。

$$\text{for } im = 1 \text{ to } M_i$$

$$\text{if } 0 \leqslant \sum x_n^{im} < B_i$$

$$\text{then Select}\{\min\{(B_i - \sum x_n^{im}),(N_{im} - \sum x_n^{im})\}\}\big|_{\max(Q_i^n)} \qquad (6\text{-}4)$$

$$\text{else if} \sum x_n^{im} \geqslant B_i$$

$$\text{then Select}\{B_i\}\big|_{\max\{(R_i^n \times F_n) - (D_n - t)\}}$$

公式(6-4)意味着：对设备 i 的各工艺菜单 im，如果紧急工件数小于 B_i，检查排队设备 i 前的普通工件是否与紧急工件采用相同菜单。如果满足条件的普通工件数较少，按照工件等待时间越长越优先的原则选择设备 i 前 $B_i - \sum x_n^{im}$ 工件组批；否则，选择所有满足要求的普通工件（即 $N_{im} - \sum x_n^{im}$）组批。如果紧急工件数大于等于 B_i，直接选出最紧急的且满足最大加工批量的紧急工件并批。然后转步骤 17 确定组批工件的加工优先级。

步骤 9：按照公式(6-1)判断上游设备 iu 上加工或刚刚完成加工、下一步要使用批加工设备 i 加工的工件是否为紧急工件。如果存在紧急工件，转步骤 10；否则转步骤 11。

步骤 10：等待紧急工件的到达，然后转步骤 8 按公式(6-4)组批工件。

步骤 11：按照公式(6-5)确定设备 i 是不是瓶颈设备。如果是，转步骤 12；否则转步骤 13。

$$\text{If } \sum_{im} N_{im} \geqslant (24B_i / \min(P_{im})), \text{then } x_i^B = 1 \qquad (6\text{-}5)$$

公式(6-5)意味着如果批加工设备 i 的缓冲区内的排队工件已超过其日最高加工能力（即 24h 内能够加工的最多工件），则认为该设备处于瓶颈状态。

步骤 12：按照公式(6-6)组批工件，然后转步骤 17 确定组批工件的加工优先级。

$$\text{Select}\{B_i\}\big|_{\max}(Q_i^n) \qquad (6\text{-}6)$$

公式(6-6)意味着按照排队工件使用的批加工设备 i 的工艺菜单 im 进行组批，若使用同一工艺菜单的工件超过了最大加工批量，则按照等待时间长的工件优先的原则分别组批。

步骤 13：按照公式(6-7)确定下游设备 id 是不是空闲设备。如果是，转步骤 14；否则，转步骤 16。

$$\text{If} \sum_{im} N_{id} \geqslant (24B_i / \min(P_{id}^v)), \text{then} x_{id}^I = 1 \qquad (6\text{-}7)$$

公式(6-7) 意味着如果下游设备 id 的缓冲区内的排队工件已低于其日最低加工能力（即 24h 内能够加工的最少工件），则认为该设备处于空闲状态。

步骤 14：判断设备 i 的排队工件中是否存在其下一步工序要到空闲下游设备 id 等待加工的工件；如果存在，转步骤 15；否则，转步骤 16。

步骤 15：按照公式(6-8) 组批工件。

$$\text{for } im = 1 \text{ to } M_i$$
$$\text{if } 0 \leqslant \sum x_{n,im}^{id} < B_i$$
$$\text{then Select} \{\min\{(B_i - \sum x_{n,im}^{id}), (N_{im} - \sum x_{n,im}^{id})\}\} \big|_{\max(Q_i^n)} \quad (6\text{-}8)$$
$$\text{else if } \sum x_{n,im}^{id} \geqslant B_i$$
$$\text{then Select } \{B_i\} \big|_{\max(Q_i^n)}$$

公式(6-8) 意味着：对设备 i 的各工艺菜单 im，检查下一步工序要在空闲设备上加工的并使用该工艺菜单的工件数目。如果小于设备的最大加工批量 B_i，检查是否存在其他工件与这些工件使用相同的工艺菜单，若满足条件的工件数目较多，按照等待时间长的工件优先的原则，选出若干个非紧急工件以满足最大加工批量；如果大于等于最大加工批量，直接选出排队时间最长且满足最大加工批量的工件并批。然后转步骤 17 确定组批工件的加工优先级。

步骤 16：等待新工件的到来，转步骤 6 重新开始派工决策。

步骤 17：按照公式(6-9) 确定各组批工件的优先级。

$$\Gamma_k = \alpha_2 \frac{N_{ik}^h}{B_i} + \beta_2 \frac{B_k}{\max(B_k)} - \gamma \frac{P_i^k}{\max(P_i^k)} - \sigma(N_{id}^k / (\sum_k N_{id}^k + 1))$$

$$(6\text{-}9)$$

其中，N_{ik}^h 是组批 k 中紧急工件数目；B_k 是组批 k 的组批大小；P_i^k 是组批 k 在设备 i 上的占用时间；N_{id}^k 是组批的下游设备的最大负载；$(\alpha_2, \beta_2, \gamma, \sigma)$ 是衡量这四项相对重要程度的指标。

公式(6-9) 的第一项是紧急工件在组批 k 的加工批量中所占比例，对应的是准时交货率指标；第二项是组批 n 的加工批量与所有组批中最大加工批量的比值，对应的是加工周期、移动步数和设备利用率指标；第三项是组批 n 的加工时间与所有组批中最大加工时间的比值，对应的是工件对设备的占用时间，与加工周期指标相关，也可以体现移动步数指标；第四项是下游设备的负载程度，与设备利用率指标相关，也可以体现移动步数指标。因此，随着关注指标的不同或者制造环境的变化，通过调整相应的参数 $(\alpha_2,\beta_2,\gamma,\sigma)$，可以获得期望性能指标。

步骤 18：选择具有最高选择概率的组批工件在设备 i 上开始加工。

6.1.4 仿真验证

以上海市某半导体生产制造企业 6in（1in＝25.4mm）硅片的大量生产线历史数据为研究对象，根据企业实际需求，结合动态建模方法，利用西门子公司的 Tecnomatix Plant Simulation 软件搭建始终与实际生产线保持一致的生产线仿真模型，对生产调度算法进行仿真验证。

该企业生产线目前有九大加工区，分别为：注入区、光刻区、溅射区、扩散区、干法刻蚀区、湿法刻蚀区、背面减薄区、PVM 测试区和 BMMSTOK 镜检区，所使用的派工规则是基于人工的优先级调度方法，简称 PRIOR。其主旨思想是按照人工经验来设定优先级，在最大程度上保证产品能够按时交货，即满足交货期指标。

由图 6-1 可知，在 DDR 中，将与调度相关的信息封装在算法内部，而后进行加权处理，通过调整这些权值 $(\alpha_1,\beta_1,\alpha_2,\beta_2,\gamma,\sigma)$ 来实现 DDR 对变化环境的通用性。这就意味着，当 $(\alpha_1,\beta_1,\alpha_2,\beta_2,\gamma,\sigma)$ 的取值不同时，得到的性能指标也不尽相同。

假定，DDR 的 6 个加权参数 $(\alpha_1,\beta_1,\alpha_2,\beta_2,\gamma,\sigma)$ 值分别为：$\alpha_1＝0.5$，$\beta_1＝0.5$，$\alpha_2＝0.25$，$\beta_2＝0.25$，$\gamma＝0.25$，$\sigma＝0.25$。

设计如下 3 种情况，进行长达 3 个月的仿真验证。

Case 1：采用企业的 PRIOR 规则。

Case 2：对生产线中所有无特殊限制的设备，将其调度规则替换为 DDR。

Case 3：只将生产线中无特殊限制且日设备利用率大于 60％的设备调度规则替换为 DDR，其余设备仍采用 PRIOR 规则。

分别从短期性能指标和长期性能指标两个方面比较 Case1、Case2 和 Case3 对生产线的优化结果。其中短期性能指标包括：平均日移动步数（Move）和平均日设备利用率（Utility）；长期性能指标包括：出片量（Throughput）、平均加工周期（Cycle Time，CT）、理想加工时间/实际加工时间（Ideal Processing Time/Real Processing Time，IPT/RPT）。

由于 Move 值的数量级为 10^3，出片量的数量级为 $10^1\sim10^2$，平均加工时间的数量级为 10^1，而 Utility 值和理想加工时间/实际加工时间的数

量级为 10^{-1}，故这里统一以 Case 1 的值为基础值，设为 1，Case 2 和 Case 3 表示对 Case 1 的改进程度。

实验结果如图 6-2 所示，其中 Throughput 表示出片量；CT 表示 Cycle Time，即加工时间；IPT/RPT 表示 Ideal Processing Time/Real Processing Time，即理想加工时间与实际加工时间的比值。

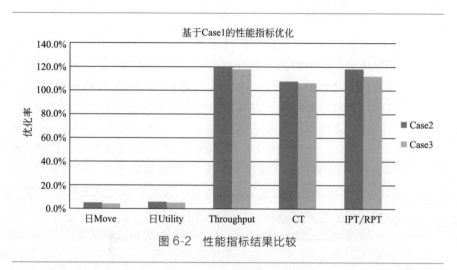

图 6-2　性能指标结果比较

DDR 无论在短期性能指标还是长期性能指标上均要优于 PRIOR 规则，特别在后者尤为明显：均在 PRIOR 规则的基础上提高了 100％以上。但是，相较于仅对瓶颈设备采用 DDR，对所有设备均采用 DDR 的性能改进程度并不大。这是因为非瓶颈设备资源充足时，工件到达即可立即加工，而不需要在缓冲区排队等待，因此，只需要采用简单的 FIFO 规则即可。

表 6-1　仿真时间比较

案例	耗时/h
Case 1	3
Case 2	45
Case 3	6

由表 6-1 可知，仿真运行 90 天，所有设备均采用 DDR 的仿真时间是仅对瓶颈设备采用 DDR 的 7.5 倍，优化效果并不明显。这是因为 DDR 计算繁杂，特别是步骤 9 的时间复杂度高达 $O(n^3)$，因此，在后续实验中，均只对设备利用率大于 60％的设备调用 DDR 进行仿真。

6.2 基于数据挖掘的算法参数优化

6.2.1 总体设计

为了进一步优化生产线性能，本节将 DDR 参数与生产线实际工况联系起来，改进为可随生产线环境实时变化的 ADR，具体从以下三方面对 DDR 进行优化。

（1）负载状态

在不同的负载状态下，调整算法参数 $(\alpha_1, \beta_1, \alpha_2, \beta_2, \gamma, \sigma)$ 可获得更优的 Move 和 Utility 值。这里预先定义 2 个与负载状态相关的概念：需求产能（Required Capacity，RC）和可用产能（Available Capacity，AC）。

需求产能是指加工设备的缓冲区内等待加工工件所需的加工时间。对非批加工设备而言，需求产能是指设备前所有等待加工的工件所需加工时间的总和。但对于批加工设备而言，需求产能并不是简单的相加，而是先要按照设备加工菜单并批，而后将每次加工的时间相加。由于在实际的半导体生产过程中，同一个加工区的设备菜单具有互替性，所以，需求产能也可以引申到加工区可互替设备群中。

可用产能是指加工设备可用的加工时间。从设备整体效能（Overall Equipment Efficiency，OEE）角度来看，除了宕机、预防保养时间对产能有一定影响外，对于像工程卡的处理时间、档控片的处理时间等非正常的加工时间，均要从产能中扣除。此外，为了维持排程的稳定性，必须保留一部分保护性产能。因此，某台设备一天可用产能可以由公式(6-10) 表示，单位为 min。

$$AC = (1 - DT - PM - EG - MD - PC) \times 1440 \qquad (6-10)$$

其中，DT 为当机时间（Down Time）比例；PM 为预防保养时间比例；EG 为处理工程卡的时间比例；MD 为处理档控片的时间比例；PC 为保护性产能的时间比例。

负载（Load）则可用 $RC/AC \times 100\%$ 表示。对生产线中当前每台可用设备或加工区可互替设备群进行加权平均，就能得到生产线的负载状态。

当生产线负载＞100％时，认为当前生产线处于过载状态；当生产线负载＝100％时，认为当前生产线处于满载状态；当90％＜生产线负载＜100％，认为当前生产线处于重载状态；当75％＜生产线负载＜90％，认为当前生产线处于欠载状态；当生产线负载＜75％，认为当前生产线处于轻载状态。

（2）与生产线性能相关的实时状态

本研究背景是某企业半导体生产线。该线最关注的短期性能指标是Move和Utility，与之关系最为密切的两个实时状态是紧急工件比例和后1/3光刻工件比例。

紧急工件对生产线系统的稳定有一定影响，因为任一空闲设备，从缓冲区选择加工工件时，倘若有紧急工件存在于缓冲区内，则必须优先加工，这就势必对工件的正常加工顺序产生一定的干扰和影响。所以，生产线紧急工件比例（r_h）是控制生产线系统稳定运行的一个重要的指标，其比例越小，则对生产线系统的干扰越少，从而在一定程度上使得生产线系统变得更为可控。

这里所说的半导体通常是指电子芯片——由一层一层电气连线构成的集成电路。芯片的每一层都需要进行光刻工艺，因此光刻工艺是衡量半导体产品完成阶段的关键指标。这里采用后1/3光刻工件比例（r_p，即光刻工艺剩余1/3）这一实时状态作为衡量出片数目的一个重要指标，其比例越高，则说明即将出片的WIP数量越大，从而在一定程度上缓解设备压力。

将$(\alpha_1, \beta_1, \alpha_2, \beta_2, \gamma, \sigma)$值和$(r_h, r_p)$建立逻辑关系：

$$\begin{aligned}
\alpha_1 &= a_1 r_h + b_1 r_p + c_1 \\
\beta_1 &= a_2 r_h + b_2 r_p + c_2 \\
\alpha_2 &= a_3 r_h + b_3 r_p + c_3 \\
\beta_2 &= a_4 r_h + b_4 r_p + c_4 \\
\gamma &= a_5 r_h + b_5 r_p + c_5 \\
\sigma &= a_6 r_h + b_6 r_p + c_6
\end{aligned} \tag{6-11}$$

不难得出，只要选定较为合适的$(a_i, b_i, c_i, i \in \{1, \cdots, 6\})$就能够获取最佳的$(\alpha_1, \beta_1, \alpha_2, \beta_2, \gamma, \sigma)$值，从而实现优化Move和Utility的目的。

（3）单独考虑与光刻区相关的实时状态

考虑到r_h、r_p是生产线系统总体的实时状态信息，不能体现各个加工区的实际状态，根据生产线状态得到的$(\alpha_1, \beta_1, \alpha_2, \beta_2, \gamma, \sigma)$可能对某些加工区的设置会产生不利影响，所以，试图对各个加工区的紧急工件比例和后 1/3 光刻工件比例独立考虑。这里优先考虑瓶颈加工区——光刻区。

将光刻区的紧急工件比例和后 1/3 光刻工件比例单独记录为 $(r_{h\_}\text{photo}, r_{p\_}\text{photo})$，结合式(6-11) 可以得到：

$$\alpha_1 = a_1 \cdot r_{h\_}\text{photo} + b_1 \cdot r_{p\_}\text{photo} + c_1$$
$$\beta_1 = a_2 \cdot r_{h\_}\text{photo} + b_2 \cdot r_{p\_}\text{photo} + c_2$$
$$\alpha_2 = a_3 \cdot r_h + b_3 \cdot r_p + c_3$$
$$\beta_2 = a_4 \cdot r_h + b_4 \cdot r_p + c_4 \tag{6-12}$$
$$\gamma = a_5 \cdot r_h + b_5 \cdot r_p + c_5$$
$$\sigma = a_6 \cdot r_h + b_6 \cdot r_p + c_6$$

6.2.2 算法设计

6.2.2.1 BP 神经网络

BP（Back Propagation）网络是于 1986 年由 Rumelhart 和 McCelland 为代表的科学小组提出的，基于误差反向传播算法（即 BP 算法）的多层前馈神经网络，是目前应用最广泛的神经网络模型之一。

一个训练好的 BP 网络，理论上能够实现输入和输出间的任意非线性映射，能够逼近任何非线性函数。因此，BP 网络具有很强的容错性、自学习性和自适应性[1]。

图 6-3 为典型的三层 BP 网络的拓扑结构，由输入层、隐含层、输出层构成，同时还囊括了各层之间的传递函数和训练函数等。BP 网络从输入层到输出层通过单向连接连通，只有前后相

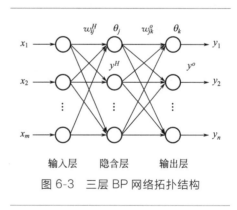

图 6-3 三层 BP 网络拓扑结构

邻两层之间的神经元相互全连接，从上一层接收信号输送给下一层神经元，同层神经元之间没有连接，各神经元之间也没有反馈[2]。

下面以对 DDR 参数优化的仿真实验为例。

将 $(\alpha_1, \beta_1, \alpha_2, \beta_2, \gamma, \sigma)$ 值作为 BP 网络的输入层的 6 个节点，需要优化的生产线性能指标（Move 和 Utility）作为 BP 网络的输出层的 2 个节点。其中，隐含层节点数的选择对 BP 网络训练具有一定的影响。若隐含层节点数太多，则训练时间过长；而隐含层节点数太少，则容错性差，泛化能力弱，对未经学习的测试样本识别能力差。所以，参照隐含层节点数公式 $h = \sqrt{m+n} + a$（a 为 1～10 之间的常数），将隐含层的节点数设定为 5。

对 BP 神经网络的传递函数，通常选取可微的单调递增函数，如线性函数、对数 S 型函数和正切 S 型函数。本章选择 S 型函数，以便把整个 BP 网络的输出限制在一个很小的范围内。

针对不同的应用，BP 网络提供了多种训练函数。对于函数逼近网络，训练函数 trainlm 收敛速度最快，收敛误差小；对于模式识别网络，训练函数 trainrp 收敛速度最快；用变梯度算法的训练函数 trainscg 在网络规模比较大的场合性能都很好。本章解决的是函数拟合逼近问题，故采用 trainlm 作为 BP 网络的训练函数。

如图 6-4 所示，可以将 BP 网络算法训练过程归结为如下步骤。

步骤 1：初始化网络权重。

每两个神经元之间的网络连接权重 ω_{ij} 被初始化为一个很小的随机数（例如 $-1.0\sim1.0$、$-0.5\sim0.5$ 等，可以根据问题本身而定），同时，每个神经元有一个偏置 θ_i，也被初始化为一个随机数。

对每个输入样本 x，按步骤 2 进行处理。

步骤 2：向前传播输入（前馈型网络）。

首先，根据训练样本 x 提供网络的输入层，通过计算得到每个神经元的输出。每个神经元的计算方法相同，都是由其输入的线性组合得到，具体的公式为

$$O_j = \frac{1}{1+\mathrm{e}^{-S_j}} = \frac{1}{1+\mathrm{e}^{-(\sum_i \omega_{ij} O_i + \theta_j)}}$$

其中，ω_{ij} 是由上一层的单元 i 到本单元 j 的网络权重；O_i 是上一层的单元 i 的输出；θ_j 为本单元的偏置，用来充当阈值，可以改变单元的活性。从上面的公式可以看到，神经元 j 的输出取决于其总输入 $S_j = \sum_i \omega_{ij} O_i + \theta_j$ 和激活函数 $O_j = \frac{1}{1+\mathrm{e}^{-S_j}}$。该激活函数为 logistic 函数或 sigmoid 函数，能够将输入值映射到区间 0～1 上，由于该函数是非线性的和可微的，因此 BP 网络算法可以对线性不可分的分类问题进行建模，

大大扩展了其应用范围。

```
//功能：BP网络训练过程的伪代码
procedure BPNN
        Initialization, include the ωij and θi
        for each sample X
            while not stop
                //forwards propagation of the input
                for each unit j in the hidden and output layer
                    //calculate the output Oj;
```

$$O_j = \frac{1}{1+e^{-S_j}} = \frac{1}{1+e^{-(\Sigma_i \omega_{ij} O_i + \theta_j)}}$$

```
                for each unit j in the output layer
                    //calculate the error Ej;
                    Ej=Oj(1−Oj)(Tj−Oj);
                //back propagation of the error
                for each unit j in the hidden layer
                    //calculate the error Ej;
                    Ej=Oj(1−Oj)∑kωjkEk
                //adjust the network parameters
                for each network weight ωij
                    ωij=ωij+(l)OiEj;
                for each biased θj
                    θj=θj+(l)Ej;
            end of while not stop
        end of for each sample X
    end of procedure
```

图 6-4　BP 网络算法伪代码

步骤 3：反向误差传播。

经过步骤 2 最终将在输出层得到实际输出。该输出可以通过与预期输出相比较得到每个输出单元 j 的误差，如公式 $E_j = O_j(1-O_j)(T_j - O_j)$ 所示，其中 T_j 是输出单元 j 的预期输出。得到的误差需要从后向前传播，前面一层单元 j 的误差可以通过和它连接的后面一层的所有单元 k 的误差计算所得，具体公式为

$$E_j = O_j(1-O_j)\sum_k \omega_{jk}E_k$$

重复以上过程可依次得到最后一个隐含层到第一个隐含层每个神经元的误差。

步骤 4：网络权重与神经元偏置调整。

在处理过程中，向后传播误差和调整网络权重和神经元的阈值可以同时进行。但是为了方便起见，这里先计算得到所有神经元的误差，然

后统一调整网络权重和神经元的阈值。

调整权重的方法是从输入层与第一隐含层的连接权重开始，依次向后进行，每个连接权重 ω_{ij} 根据公式 $\omega_{ij} = \omega_{ij} + \Delta\omega_{ij} = \omega_{ij} + (l)O_iE_j$ 进行调整。

神经元偏置的调整方法是对每个神经元 j 按照公式 $\theta_j = \theta_j + \Delta\theta_j = \theta_j + (l)E_j$ 进行更新。式中 l 是学习率，通常取 $0 \sim 1$ 之间的常数。该参数也会影响算法的性能，经验表明，太小的学习率会导致学习进行得慢，而太大的学习率可能会使算法出现振动，一个经验规则是将学习率设为迭代次数 t 的倒数 $1/t$。

步骤 5：判断结束。

对于每个样本，如果最终的输出误差小于可接受的范围或者迭代次数 t 达到了一定的阈值，则选取下一个样本，转到步骤 2 重新继续执行；否则，迭代次数 t 加 1，然后转向步骤 2 继续使用当前样本进行训练。

本章将采用 BP 网络算法用于训练样本数据，借助其优秀的预测能力，获取较优的动态派工规则参数来提高性能指标 Move 和 Utility。

6.2.2.2 粒子群算法

粒子群算法（Particle Swarm Optimization，PSO），是由 J. Kennedy 和 R. C. Eberhart 在 1995 年提出的一种演化算法，来源于对一个简化社会模型的模拟[3]。

粒子群算法根据粒子的适应度值进行操作。每个粒子在 n 维搜索空间以一定速度飞行，且飞行速度由个体的飞行经验和群体的飞行经验共同进行动态调整。

设种群的规模为 $popSize$；$x_i = (x_{i1}, x_{i2}, \cdots, x_{in})$ 为粒子 i 的当前位置；$v_i = (v_{i1}, v_{i2}, \cdots, v_{in})$ 为粒子 i 的当前速度；$P_i = (P_{i1}, P_{i2}, \cdots, P_{in})$ 为粒子 i 的个体最好位置，即粒子 i 的历史最优解。对于最小化问题而言，个体最好位置就是指适应度函数值最小的位置。群体用 $\min f(X)$ 表示群体目标函数，则在第 t 代，个体最好位置的更新公式表示为

$$P_i(t+1) = \begin{cases} P_i(t), \text{if } f(x_i(t+1)) \geqslant f(P_i(t)) \\ x_i(t+1), \text{if } f(x_i(t+1)) < f(P_i(t)) \end{cases} \tag{6-13}$$

群体中所有粒子经历过的最好位置 $P_g(t)$ 称为全局最好位置，即整个种群目前找到的最优解，即

$$P_g(t) \in \{P_0(t), P_1(t), \cdots, P_s(t)\} \mid f(P_g(t))$$
$$= \min\{f(P_0(t)), f(P_1(t)), \cdots, f(P_s(t))\} \tag{6-14}$$

　　基本粒子群算法可以根据如下的进化公式来更新自己的速度和新的位置：

$$v_{ij}(t+1)$$
$$=v_{ij}(t)+c_1 r_1(t)(P_{ij}(t)-x_{ij}(t))+c_2 r_2(t)(P_{gj}(t)-x_{ij}(t)) \tag{6-15}$$

$$x_{ij}(t+1)=x_{ij}(t)+v_{ij}(t+1) \tag{6-16}$$

其中，$v_{ij}(t)$，$v_{ij}(t+1)$，$x_{ij}(t)$，$x_{ij}(t+1)$分别表示第 i 个粒子在第 t 代和第 $t+1$ 代的飞行速度和位置。下标 i 表示第 i 个粒子；j 表示速度（或位置）的第 j 维；t 表示第 t 代；c_1 和 c_2 是学习因子，分别为个体粒子的加速常数和群体粒子的加速常数，通常 c_1、$c_2 \in [0,2]$；r_1 和 r_2 是介于 $[0,1]$ 之间的随机数。

　　从公式(6-15)的速度更新公式可以看出，c_1 调整粒子在历史最优方向上的步长，c_2 调整粒子在全局最优粒子方向上的步长。为了减少在进化过程中，粒子离开搜索空间的可能性，通常，$v_{ij} \in [-v_{\max}, v_{\max}]$。

　　如图 6-5 所示，粒子群算法可以归纳为如下步骤。

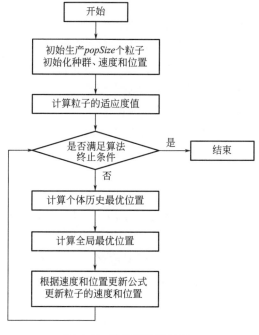

图 6-5　粒子群算法流程

步骤 1：初始化种群速度和位置。

步骤 2：计算每个粒子的适应度值。

步骤 3：将每个粒子的适应度值与该粒子经历过的历史最好位置 P_i 比较，若当前适应度值好于 P_i，则将其作为历史最好位置。

步骤 4：将每个粒子的历史最好位置 P_i 与全局最好位置 P_g 比较，若好于 P_g，则将其作为全局最好位置。

步骤 5：利用公式（6-15）和公式（6-16）对粒子的速度和位置进行更新；

步骤 6：判断是否满足算法的终止条件，若满足，则算法结束，否则转步骤 2。

下一节将介绍如何把粒子群算法用于优化 BP 网络算法的权值和阈值，进一步优化动态派工规则的参数。

6.2.2.3 基于粒子群算法的 BP 网络优化算法

针对 BP 神经网络固有的学习速度慢、容易陷入局部极小及"过度学习"等问题，将粒子群优化算法用于训练 BP 网络的学习过程，利用粒子群优化算法对 BP 网络的权值和阈值进行优化，得到网络权值和阈值的最佳参数组合。

基于粒子群的 BP 网络优化算法可以归纳为如下步骤。

步骤 1：确定粒子群规模，即粒子的个数 m 和维度 n。

对于粒子个数，通常设为 $10\sim40$ 间的一个值，这里取 $m=10$。设模型结构为 $M-N-1$，M 为输入节点数，N 为隐含层节点数，1 为输出节点数，则搜索空间的维度 $n=(M+1)\times N+(N+1)\times1$。

在本章中，由于输入层的节点为与 $(\alpha_1,\beta_1,\alpha_2,\beta_2,\gamma,\sigma)$ 值相关联的 18 个系数 $(a_i,b_i,c_i,i\in\{1,\cdots,6\})$，故搜索空间的维度为 $n=(18+1)\times8+(8+1)\times1=161$。

步骤 2：惯性因子 w 的设置。

惯性权重 w 用来控制粒子历史速度对当前速度的影响，它将影响粒子的全局和局部搜索能力。为使粒子保持运动惯性，使其有扩展搜索空间的趋势，采用线性递减权值策略，如式（6-16）所示，它能使 w 由 w_{in} 随迭代次数先行递减到 w_{end}。

$$w(t)=(w_{in}-w_{end})\times\frac{T_{max}-t}{T_{max}}+w_{end} \tag{6-17}$$

其中，T_{max} 为最大进化代数；t 为当前进化代数；w_{in} 为初始惯性权值，w_{end} 为迭代至最大代数时的惯性权值。参数设置为 $w_{in}=0.9$，

$w_{end} = 0.3$，$T_{max} = 200$。

步骤 3：学习因子 c_1 与 c_2 的设置。

c_1 和 c_2 代表将每个粒子推向 P_{ij} 和 P_{gj} 位置的统计加速项的权重，它们是用于调整粒子自身经验和社会群体经验在整个巡游过程中所起作用的参数。c_1 和 c_2 是固定常数，一般都限定 c_1 和 c_2 相等并且取值范围为 [0,4]。本章中取 $c_1 = 2$，$c_2 = 1.8$。

步骤 4：确定适应度函数。

以训练均方误差函数 E 作为粒子的适应度评价函数，用于推进对种群的搜索。粒子的适应度函数按公式(6-18) 计算。

$$fitness = E = \frac{1}{N} \sum_{i=1}^{n} (y_{i(real)} - y_i)^2 \tag{6-18}$$

式中，N 为训练的样本数；$y_{i(real)}$ 为第 i 个样本的实际值；y_i 为第 i 个样本的模型输出值。因此，迭代停止时适应度最低的粒子对应的位置即为问题所求的最优解。

步骤 5：速度与位置初始化。

随机生成 m 个个体，每个个体由两部分组成，第一部分为粒子的速度矩阵，第二部分为代表粒子的位置矩阵。

将 BP 网络初始化获得的权值和阈值作为 PSO 算法中每个粒子的初始位置。

步骤 6：评价。

根据式(6-18) 计算种群中的粒子在 BP 神经网络训练样本下的适应度。

步骤 7：极值更新。

比较种群当前的个体适应度值与迭代前的个体适应度值，若当前值更优，则令当前值替代迭代前的值，并保存当前位置为其个体极值，否则其个体极值为上一代的极值。对于全局极值来说，若现有群体中某个粒子的当前适应度值比全局历史最优适应度值更优，则保存该粒子的当前位置为全局极值。

步骤 8：速度更新。

根据步骤 7 迭代生成的 P_{ij} 和 P_{gj} 进行速度的更新，采用带有附加项的速度更新公式进行速度更新，其公式如 (6-19) 所示，其中 $r_3(t)$ 是 [0,1] 之间的随机数。

$$v_{ij}(t+1) = wv_{ij}(t) + c_1 r_1(t)(P_{ij}(t) - x_{ij}(t)) + $$
$$c_2 r_2(t)(P_{gj}(t) - x_{ij}(t)) + r_3(t)(P_{gj}(t) - P_{ij}(t)) \tag{6-19}$$

步骤 9：解的更新。

由步骤 8 迭代生成的速度进行解的更新，即调整 BP 神经网络的权值与阈值。

步骤 10：迭代停止控制。

对迭代产生的种群进行评价，判断算法训练误差是否达到期单误差（取为 0.001）或迭代是否进行到最大次数（200 代），如果条件满足则转步骤 11；否则，返回步骤 7 继续迭代。

步骤 11：最优解生成。

算法停止迭代时，P_{gj} 对应的值即为训练问题的最优解，即 BP 网络的权值与阈值。将上述最优解代入 BP 网络模型中进行二次训练学习，最终得到 DDR 中 $(\alpha_1, \beta_1, \alpha_2, \beta_2, \gamma, \sigma)$ 值预测优化模型。

6.2.3 优化流程

实现该算法参数优化的具体方法如图 6-6 所示。

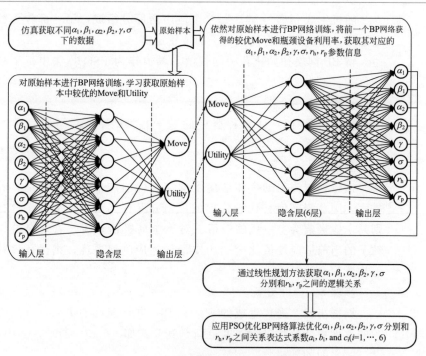

图 6-6　基于数据挖掘的算法参数优化

步骤 1：根据生产线历史数据动态建立仿真模型。

步骤 2：在仿真模型中建立调度规则库、生产线系统所需的过程状态 (r_h, r_p) 和性能指标（Move 和 Utility）。

步骤 3：确定设备利用率 60% 以上的瓶颈设备。

步骤 4：对瓶颈设备采用 DDR 调度规则，分别随机产生对应的 $(\alpha_1, \beta_1, \alpha_2, \beta_2, \gamma, \sigma)$ 值，同时自动记录生产线的过程状态信息 (r_h, r_p)、性能指标 Move 和 Utility。

步骤 5：应用两次 BP 神经网络算法获得较优的 $(\alpha_1, \beta_1, \alpha_2, \beta_2, \gamma, \sigma)$ 值和 (r_h, r_p) 值。

步骤 6：通过线性规划方法获取 $(\alpha_1, \beta_1, \alpha_2, \beta_2, \gamma, \sigma)$ 值和 (r_h, r_p) 值之间的逻辑关系。

步骤 7：利用粒子群优化神经网络算法优化得到的 $(\alpha_1, \beta_1, \alpha_2, \beta_2, \gamma, \sigma)$ 值和 (r_h, r_p) 值之间二元一次关系表达式的系数。

6.2.4　仿真验证

在生产线历史数据的基础上进行仿真，将原生产线 PRIOR 规则下仿真 5 天得到的设备平均利用率在 60% 以上的设备定义为瓶颈设备，并调用 DDR。其他设备仍按照原来的调度规则进行派工。

本章对 DDR 中 $(\alpha_1, \beta_1, \alpha_2, \beta_2, \gamma, \sigma)$ 六个参数值进行协同遍历，取值范围为 0.01～0.99，步长为 0.1，仿真 5 天。其中，每隔 12h 记录当前生产线状态信息 (r_h, r_p)，仿真 110 组不同的 $(\alpha_1, \beta_1, \alpha_2, \beta_2, \gamma, \sigma)$ 值，共得到 1100 组数据。

其中，300 组数据用于样本验证，800 组数据用于样本训练，采用交叉验证的方式来提高训练精度。

同时，考虑生产线负载状态对 $(\alpha_1, \beta_1, \alpha_2, \beta_2, \gamma, \sigma)$ 值有一定的影响，所以，分别对欠载和过载两种负载状态进行优化。已知该企业目前生产线满载运行的日产能为 7000 片，则欠载范围为 5250～6300 片，过载范围为 >7000 片。

6.2.4.1　DDR 参数优化

实现 DDR 参数优化使之进化为 ADR 的具体步骤如下。

步骤 1：将样本中的 $(\alpha_1, \beta_1, \alpha_2, \beta_2, \gamma, \sigma)$ 值和 (r_h, r_p) 值作为 BP 网络的输入，短期性能指标 Move、Utility 值作为输出，对神经网络进行训练，构建得到 BP 网络，称为 BP_NET_1。

随机抽取一组测试样本，代入 BP_NET_1 模型中，得到目标输出

O，称为 O_1，即 Move 值和 Utility 值，若 $O_1 \leqslant T$，则再次运行 BP_NET_1，直到 $O_1 > T$，即通过 BP_NET_1 拟合得到的 Move、Utility 值均大于测试样本中的 Move、Utility 值。

步骤 2：将样本中的 Move、Utility 值作为 BP 网络的输入，$(\alpha_1, \beta_1, \alpha_2, \beta_2, \gamma, \sigma)$ 值和 (r_h, r_p) 值作为输出，进行训练，构建得到 BP 网络，称为 BP_NET_2。

此时，将步骤 1 中得到的目标输出值 O_1 代入 BP_NET_2 模型中，得到目标输出 O，称为 O_2，即新的 $(\alpha_1, \beta_1, \alpha_2, \beta_2, \gamma, \sigma)$ 值和 (r_h, r_p) 值。

最后，将步骤 2 得到的 $(\alpha_1, \beta_1, \alpha_2, \beta_2, \gamma, \sigma)$ 值代入仿真模型进行验证。

随机抽取三组针对利用率 60% 以上的设备采用 DDR 时的 $(\alpha_1, \beta_1, \alpha_2, \beta_2, \gamma, \sigma)$ 值，进行二次 BP 网络优化。实验发现（如表 6-2、表 6-3 所示），在欠载状态下，经过二次 BP 网络优化得到的 Move、Utility 值要比原始数据下的 Move、Utility 值平均提高 8.08% 和 5.57%；同时，在过载状态下，经过二次 BP 网络优化得到的 Move、Utility 值也要比原始数据下的 Move、Utility 值平均提高 31.07% 和 5.57%。

表 6-2　二次 BP 网络优化 Move 值和 Utility 值（欠载）

项目	α_1	β_1	α_2	β_2	γ	σ	r_h	r_p	Mov	Utility	WIP
原始样本	0.85	0.15	0.7	0.1	0.1	0.1	0.2414	0.1862	10889	0.6543	5671
	0.05	0.95	0.01	0.01	0.97	0.01	0.3035	0.1900	6552	0.5737	5994
	0.35	0.65	0.4	0.2	0.2	0.2	0.3111	0.1714	12224	0.7577	6323
二次 BP 优化结果	0.49	0.51	0.22	0.36	0.15	0.27	0.2713	0.2168	12118	0.6891	5671
	0.47	0.53	0.25	0.27	0.26	0.22	0.2955	0.1985	7188	0.6378	5994
	0.42	0.58	0.17	0.44	0.13	0.26	0.3097	0.1632	12622	0.7677	6323

表 6-3　二次 BP 网络优化 Move 值和 Utility 值（过载）

项目	α_1	β_1	α_2	β_2	γ	σ	r_h	r_p	Mov	Utility	WIP
原始样本	0.5	0.5	0.1	0.3	0.3	0.3	0.2162	0.0990	6202	0.6942	7039
	0.99	0.01	0.3	0.3	0.1	0.1	0.2586	0.0819	4125	0.5613	7395
	0.25	0.75	0.2	0.2	0.4	0.2	0.2539	0.1273	11591	0.7254	7748
二次 BP 优化结果	0.58	0.42	0.07	0.48	0.1	0.35	0.1976	0.1057	8006	0.7054	7039
	0.6	0.4	0.11	0.59	0.11	0.19	0.2418	0.2224	6709	0.6135	7395
	0.55	0.45	0.2	0.45	0.03	0.32	0.2597	0.1305	11764	0.7674	7748

6.2.4.2　仅考虑生产线因素的 ADR

基于 BP_NET_2 模型得到 $(\alpha_1, \beta_1, \alpha_2, \beta_2, \gamma, \sigma)$ 值和 (r_h, r_p) 值，实现

ADR 参数优化的步骤如下。

步骤 3：使用线性规划（Linear Programming，LP）的方法，将 $(\alpha_1,\beta_1,\alpha_2,\beta_2,\gamma,\sigma)$ 值和 (r_h,r_p) 值用公式(6-11) 联系起来。

由于对大规模数据处理问题，BP 网络具有较好的自适应性、自组织性和容错性等，因此，为了更好地优化 Move、Utility 值，在每个 12h 时间段内，先从 110 组数据中随机抽取 3～4 组样本，用 6.2.4.1 中的方法进行优化，获得相应的 $(\alpha_1,\beta_1,\alpha_2,\beta_2,\gamma,\sigma)$ 和 (r_h,r_p) 值，而后再从 110 组原始样本中选择 2～3 组较好的 Move、Utility 值所对应的 $(\alpha_1,\beta_1,\alpha_2,\beta_2,\gamma,\sigma)$ 和 (r_h,r_p) 值。这样，每次从这 5～7 组样本中随机选择 4 组 $(\alpha_1,\beta_1,\alpha_2,\beta_2,\gamma,\sigma)$ 和 (r_h,r_p) 值，用 LP 方法将之联系起来，获得 3 组 $(a_i,b_i,c_i,i\in\{1,\cdots,6\})$，代入模型，仿真得到其对应的 Move、Utility 值。

步骤 4：将步骤 3 得到的 30 组样本数据中的 $(a_i,b_i,c_i,i\in\{1,\cdots,6\})$ 作为 BP 网络的输入，样本数据中的 Move、Utility 值作为输出，得到初始权值和阈值，代入 PSO 算法中，利用 PSO 算法对 BP 网络的权值和阈值进行优化后再训练，构建得到 BP 网络，称为 BP_NET_3。

同步骤 1，得到目标输出 O，称为 O_3。

步骤 5：将步骤 3 得到的 30 组样本数据中的 Move、Utility 值作为 BP 网络的输入，样本数据中的 $(a_i,b_i,c_i,i\in\{1,\cdots,6\})$ 作为输出，得到初始权值和阈值，利用 PSO 算法对 BP 权值和阈值进行优化训练，构建得到 BP 网络，称为 BP_NET_4。

此时，将步骤 4 中得到目标输出值 O_3，代入 BP_NET_4 模型中，得到目标输出 O，称为 O_4，即新的 $(a_i,b_i,c_i,i\in\{1,\cdots,6\})$。

最后，将步骤 5 得到的 $(a_i,b_i,c_i,i\in\{1,\cdots,6\})$ 代入仿真模型进行验证。

从图 6-7 中可以发现，在基于启发式调度规则中，最短剩余加工时间规则（Smallest Remaining Processing Time，SRPT）无论是在欠载状态还是过载状态，都要比最早交货期优先规则（Earliest Due Date，EDD）和临界值规则（Critical Ratio，CR）性能更佳。但是，在过载状态下，经过优化后的自适应调度规则（ADR）显然要比 SRPT 规则表现得更加出色，并且远远优于该企业所采用的 PRIOR 规则。

在欠载状况下，DDR 的改进效果并不理想，其 Move 和 Utility 的平均值分别只比 PRIOR 规则提高了 0.64% 和 1.03%，其最低值均比 PRIOR 规则低，而其最高值却分别比 PRIOR 规则高出 4.97% 和 7.56%。但是，ADR 则能够完全保证其 Move、Utility 值均大于 PRIOR 规则下的 Move、Utility 值。其中，采用 BP 网络优化得到的 ADR 系数 $(a_i,b_i,c_i,$

$i \in \{1, \cdots, 6\}$），其平均 Move 值和平均 Utility 值比 PRIOR 规则下的 Move 值和 Utility 值分别提升了 1.97％ 和 3.26％。运用 PSO 算法优化 BP 网络得到的 ADR 系数 $(a_i, b_i, c_i, i \in \{1, \cdots, 6\})$，其平均 Move 值和平均 Utility 值比 PRIOR 规则下的 Move 值和 Utility 值进一步提升了 2.35％ 和 5.93％。

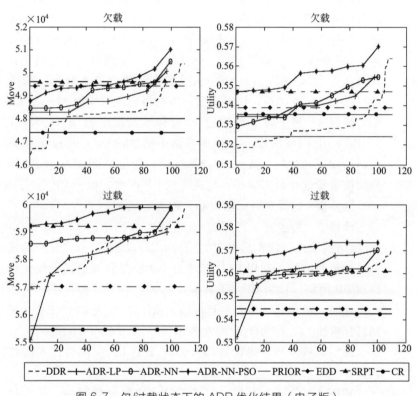

图 6-7   欠/过载状态下的 ADR 优化结果（电子版）

在过载状态下，DDR 下的 Move、Utility 值均优于 PRIOR 规则下的 Move、Utility 值，平均 Move 值和平均 Utility 值分别提高了 2.87％ 和 2.11％。采用 BP 网络优化得到的 ADR 系数 $(a_i, b_i, c_i, i \in \{1, \cdots, 6\})$，其平均 Move 值和平均 Utility 值比 PRIOR 规则下的 Move 值和 Utility 值分别提升了 5.91％ 和 2.30％。运用 PSO 算法优化 BP 网络得到的 ADR 系数 $(a_i, b_i, c_i, i \in \{1, \cdots, 6\})$，其平均 Move 值和平均 Utility 值比 PRIOR 规则下的 Move 值和 Utility 值进一步提升了 7.24％ 和 4.10％。

由上述分析可知，使 DDR 中的 $\alpha_1, \beta_1, \alpha_2, \beta_2, \gamma, \sigma$ 值能够自动根据生产线环境进行动态调整进而改进为 ADR 可以有效提高系统性能。

6.2.4.3 考虑生产线和光刻区因素的 ADR

由于(r_h, r_p)是生产线的状态信息，较为共性，且在实际生产调度过程中，非批加工的瓶颈设备均在光刻区，因此，将光刻区的(r_h, r_p)从生产线中剥离出来，单独记录为光刻区紧急工件比例（r_h_photo）和光刻区后 1/3 光刻工件比例（r_p_photo）。

同步骤 1、步骤 2 进行 DDR 参数优化，再分别对优化后的单卡加工信息数参数（$\alpha_1, \beta_1, \alpha_2, \beta_2, \gamma, \sigma$）值、（$r_h\_photo, r_p\_photo$）值和批加工信息数参数（$\alpha_1, \beta_1, \alpha_2, \beta_2, \gamma, \sigma$）值、（$r_h, r_p$）值采用 LP 拟合，得到公式（6-20）。

$$
\begin{aligned}
\alpha_1 &= a_1 r_h\_photo + b_1 r_p\_photo + c_1 \\
\beta_1 &= a_2 r_h\_photo + b_2 r_p\_photo + c_2 \\
\alpha_2 &= a_3 r_h + b_3 r_p + c_3 \\
\beta_2 &= a_4 r_h + b_4 r_p + c_4 \\
\gamma &= a_5 r_h + b_5 r_p + c_5 \\
\sigma &= a_6 r_h + b_6 r_p + c_6
\end{aligned}
\tag{6-20}
$$

接着，同步骤 4、步骤 5 得到新的（$a_i, b_i, c_i, i \in \{1, \cdots, 6\}$）代入仿真模型进行验证，其优化结果如图 6-8 和表 6-4、表 6-5 所示。

实验表明（如表 6-4、表 6-5 所示），在欠载状况下，对光刻区单独考虑，经 BP 网络优化 ADR 系数（$a_i, b_i, c_i, i \in \{1, \cdots, 6\}$），其平均 Move 值和平均 Utility 值比对生产线总体考虑下得到的平均 Move 值和平均 Utility 值分别提升了 2.39% 和 2.11%。相应地，利用 PSO 优化 BP 网络得到的平均 Move 值和平均 Utility 值亦分别提升了 1.98% 和 0.95%。

在重载状况下，对光刻区单独考虑，经 BP 网络优化 ADR 系数（$a_i, b_i, c_i, i \in \{1, \cdots, 6\}$），其平均 Move 值和平均 Utility 值比对生产线总体考虑下得到的平均 Move 值和平均 Utility 值分别只提高了 0.34% 和 0.75%。然而，利用 PSO 优化 BP 网络得到的平均 Move 值和平均 Utility 值反而分别下降了 13.8% 和 1.51%，效果并不理想。因为过载状态下，生产线上的工件过多，瓶颈设备始终处于满负荷运转，可供调度优化的空间并不大。特别地，倘若生产线始终处于过载状态，极容易发生一些异常情况，又不能得到及时的响应，从而使得优化效果下降。

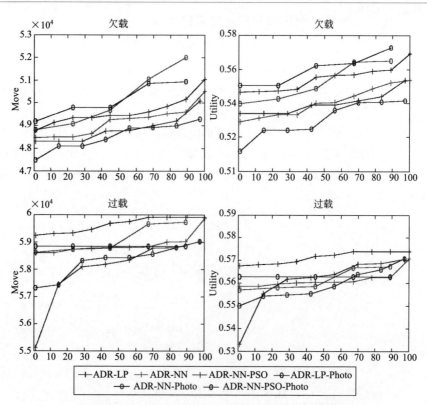

图 6-8 欠/过载状态下对光刻区单独考虑的 ADR 优化结果（电子版）

表 6-4 欠载状态下 ADR 优化结果

规则	欠 载				
	Move	Utility	M-Imp/%	U-Imp/%	A-Imp/%
PRIOR	48027	0.5241	—	—	—
EDD	49451	0.5388	2.96	2.80	2.88
SRPT	49639	0.5470	3.36	4.37	3.86
CR	47419	0.5354	−1.27	2.16	0.45
DDR Best	50414	0.5637	4.97	7.56	6.26
DDR Worst	46469	0.5182	−3.24	−1.13	−2.18
DDR Avg.	48335	0.5295	0.64	1.03	0.84
ADR-LP	48853	0.5405	1.72	3.13	2.42
ADR-NN	48975	0.5412	1.97	3.26	2.62
ADR-NN-PSO	49154	0.5552	2.35	5.93	4.14

规则	欠 载				
	Move	Utility	M-Imp/%	U-Imp/%	A-Imp/%
ADR-LP-Photo	49083	0.5310	2.20	1.32	1.76
ADR-NN-Photo	50146	0.5526	4.41	5.44	4.93
ADR-NN-PSO-Photo	50128	0.5605	4.37	6.95	5.66

表 6-5 过载状态下 ADR 优化结果

规则	过 载				
	Move	Utility	M-Imp/%	U-Imp/%	A-Imp/%
PRIOR	55607	0.5487	—	—	—
EDD	57043	0.5450	2.58	−0.67	0.95
SRPT	59215	0.5614	6.49	2.31	4.40
CR	55481	0.5429	−0.23	−1.06	−0.64
DDR Best	59900	0.5716	7.72	4.17	5.95
DDR Worst	56942	0.5578	2.40	1.66	2.03
DDR Avg.	57205	0.5603	2.87	2.11	2.49
ADR-LP	57956	0.5604	4.22	2.13	3.18
ADR-NN	58894	0.5613	5.91	2.30	4.10
ADR-NN-PSO	59633	0.5712	7.24	4.10	5.67
ADR-LP-Photo	58270	0.5591	4.79	1.90	3.35
ADR-NN-Photo	59096	0.5655	6.27	3.06	4.67
ADR-NN-PSO-Photo	58828	0.5627	5.79	2.55	4.17

总体来说，进一步对光刻区瓶颈设备采用与光刻区状态信息($r_h\_$ photo, $r_p\_$photo)相关联的 ADR，其他瓶颈设备继续保持与生产线状态信息(r_h, r_p)相关联的 ADR，生产调度系统的性能指标 Move 和 Utility 可以得到进一步提高。

6.3 本章小结

本章以上海市某半导体生产制造企业的实际项目为背景，提出了一种模拟信息素机制的动态派工规则。该规则突破了传统智能算法受限于求解规模的问题，并顺利地将其运用于大规模复杂调度问题中，取得了良好的结果。同时采用数据挖掘的方法对动态派工规则作参数优化，并在实际生产线中作测试验证。

参考文献

[1] Simon H. 神经网络原理[M]. 叶世伟，史忠植译. 北京：机械工业出版社,2004.

[2] 师黎,陈铁军. 智能控制理论及应用[M]. 北京：清华大学出版社,2009.

[3] Kennedy J,Eberhart R C. Particle swarm optimization[C]. Proceedings of IEEE International Conference on Neural Networks,1995,4:1942-1948.

第7章

性能驱动的半
导体制造系统
动态调度

为了求解不确定生产环境下半导体生产线的调度问题，本章介绍一种基于极限学习机（Extreme Leaning Machine，ELM）的性能指标驱动的动态派工方法。该方法是基于半导体生产线仿真系统、利用数据挖掘方法，通过仿真得到生产线加工过程中的生产数据，再根据所关注的性能指标挑选较优样本组成样本集，进而通过极限学习机建立半导体生产线性能指标预测模型。基于预测所得的期望性能，结合生产线的实时状态信息，学习并生成调度规则最佳参数，进而驱动生产线派工决策，最终达到提高生产线整体性能的目的。

7.1 性能指标预测方法

7.1.1 单瓶颈半导体生产模型长期性能指标预测方法

7.1.1.1 单瓶颈半导体生产模型

经典排队理论分析的利特尔法则（Little's Law）给出了有关在制品数量与提前期关系的简单数学公式[1-3]。

$$L = \lambda W \tag{7-1}$$

其中，L 指在一个稳定的系统中，较长时间内统计的平均客流量；λ 指该段统计时期内顾客的有效到达速率；W 指平均每个顾客在系统中的停留时间。

利特尔法则要求所适用的系统是稳定的。稳定即生产节拍稳定、产品一直以瓶颈速度产出且原材料投入生产线速度与瓶颈速度一致[4]。对于一个稳定系统来说，如果瓶颈速度恒定，将使得每个产品在系统花费的平均时间相同。这相当于每个产品经过相同的时间延迟，便可以从系统中流出，从而使得系统的产出速度与到达速度保持同步[5]。对半导体制造系统来说，这就要求整个生产过程中的瓶颈环节稳定，瓶颈设备固定且保持稳定输出[6]。本文将符合这种特点的生产状况定义为单瓶颈半导体生产模型，此时生产线上的在制品数量通常能保持稳定水平[7]。

针对所获得的实际半导体生产线数据，从第 4 章图 4-4 中全年日在制品数量和日排队队长的对比图可以观察到，在全年大部分时间，该生产线的实际在制品水平基本能够维持稳定。在本节中对该生产线的生产情况作出假设；该生产线是一个符合生产节拍恒定的单瓶颈半导体生产模型。其生产过程中的各瓶颈环节可简化为单一瓶颈、输出速度均匀、投料速度与其保持同步、生产节拍与划归后的瓶颈设备的生产速度保持一致[8]。

基于单瓶颈半导体生产模型的假设，将建立加工周期（CT）/准时交货率（ODR）与关键短期性能指标之间的量化线性关系，从而通过实时采集到的数据反映当前工况的短期性能指标，预测出某产品的关键长期性能指标——加工周期和准时交货率[9]。

7.1.1.2　多元线性回归问题与其求解

在统计学中，线性回归（Linear Regression）是回归分析方法的一种，是指利用线性回归方程对一个或多个自变量和因变量之间的关系进行建模[10]。线性回归函数即一个或多个模型参数的线性组合。图 7-1 中的 x 变量和 y 变量就被认为近似符合线性关系。

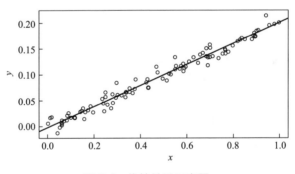

图 7-1　线性关系示意图

一元线性回归分析指模型中只包括一个自变量和一个因变量，且二者的关系可近似用一条直线表示。多元线性回归分析，指模型中包括两个或两个以上的自变量，且因变量和自变量之间也近似呈线性关系[11]。

在回归分析中，自变量的选择对保证多元线性回归模型预测效果和解释能力具有十分重要的作用。自变量对因变量应呈密切的线性相关关系，逻辑上具有较强的影响且自变量应具有完整的统计数据。

在单瓶颈半导体生产模型中，系统符合利特尔法则。在此类生产情况下，长期性能指标和短期性能指标变量之间存在线性关系，工程上也常常基于线性回归来实现预测模型。第 4 章验证了各短期性能指标与日移动步数之间的相关性，基本符合以上准则。故将单瓶颈半导体生产模型的长期性能指标预测问题归结为一个多元线性回归问题。

多元线性回归问题的常用求解方法有最小二乘法和梯度下降法。最小二乘法是一种优化问题的想法，梯度下降法是实现这种想法的具体求解方法。本章选用梯度下降法来求解该多元线性回归问题[12]。

假设回归函数为

$$h(x) = \sum_{i=1}^{n} \theta_i x_i = \boldsymbol{\theta}^{\mathrm{T}} x \qquad (7\text{-}2)$$

其中，n 为自变量个数；θ_i 为自变量系数，即需要求解的作为模型输入的各短期性能指标权重。损失函数为回归函数和实际值之差的均方和，如式(7-3) 所示：

$$J(\boldsymbol{\theta}) = \frac{1}{2} \sum_{j=1}^{m} (h_\theta(x^j) - y^j)^2 \qquad (7\text{-}3)$$

其中，m 为样本数量；y^j 为训练集中的实际值，即加工周期、准时交货率的真实值。

回归函数的目的是求出使损失函数 $J(\boldsymbol{\theta})$ 最小的参数 $\boldsymbol{\theta}$ 的值。对于每个参数 θ_i，求出其梯度表达式，并使梯度等于 0 从而求出 θ_i。此时，求得的参数 θ_i 使得损失函数最小。

$\boldsymbol{\theta}$ 是包含所有参数的一维向量。先初始化一个 $\boldsymbol{\theta}$，在此 $\boldsymbol{\theta}$ 值之上，用随机梯度下降法求出下一组 $\boldsymbol{\theta}$ 的值，随着 $\boldsymbol{\theta}$ 的更新，损失函数 $J(\boldsymbol{\theta})$ 的值在不断下降。当迭代到一定程度，$J(\boldsymbol{\theta})$ 的值趋于稳定，此时的 θ_i 即为要求得的值。迭代函数如式(7-4) 所示，其中 α 是梯度下降的步长：

$$\theta_i = \theta_{i-1} - \alpha \frac{\partial}{\partial \theta} J(\boldsymbol{\theta}) \qquad (7\text{-}4)$$

每次迭代，用当前的 θ_i 求出等式右边的值，并覆盖原 θ_i 得到迭代后的值。

$$\frac{\partial}{\partial \theta_i} J(\boldsymbol{\theta}) = (h_\theta(x) - y) x_i \qquad (7\text{-}5)$$

在以上的解法中，仅仅通过训练历史数据，建立起长短期性能指标之间的关系。而事实上，可以认为误差 e 是服从高斯分布的。通过对误差求取期望和方差，得到误差的高斯分布函数。用得到的误差函数来拟合未来的误差。

$$e \sim N(\mu, \sigma^2) \tag{7-6}$$

$$\hat{\mu} = \frac{1}{n} \sum_{i=1}^{n} x_i$$

$$\hat{\sigma}^2 = \frac{1}{n} \sum_{i=1}^{n} (x_i - \overline{x})^2 \tag{7-7}$$

最终长期性能指标的预测值，为多元线性回归模型得出的预测值 $h(x)$ 加上通过高斯分布函数拟合的误差补偿 e 所得，如式(7-8)所示。

$$y_i = h(x) + e \tag{7-8}$$

7.1.1.3 加工周期预测模型与实验结果分析

（1）加工周期预测模型

基于以上对单瓶颈半导体生产模型的长期性能指标预测问题的讨论，本节把加工周期（CT）视作因变量，对应的短期性能指标 WIP_t，QL_t，$MOVE_t$，TH_t，EQI_UTI_{1-18} 为自变量，利用上一节描述的梯度下降法进行模型训练，得出加工周期预测模型的关系方程。

表 7-1 是加工周期的基本预测模型。参数代表每一个短期性能指标所乘的系数，这些短期性能指标乘以对应系数并求和，即可得到当前工况下该版本产品的加工周期的预测值。

表 7-1 加工周期关系模型

序号	参数	短期性能指标
k0	0.00703	WIP
k1	−0.022	MOVE
k2	0.031246	QL
k3	−0.00761	Throughput
k4	−0.08883	2CL01
k5	−0.0631	7MF04
k6	−0.0178	9CL20
k7	−0.14287	5853
k8	−0.11527	1703
k9	−0.02277	5854
k10	−0.00845	9PS18
k11	−0.04355	5856
k12	−0.05178	5852
k13	0.034341	2CL05
k14	0.159431	6DI02
k15	0.039893	3WE10
k16	0.002016	3T05
k17	−0.24397	6113

续表

序号	参数	短期性能指标
k18	−0.06953	5821
k19	−0.0111	2T03
k20	−0.13699	6DI01
k21	−0.09838	6148

（2）加工周期预测模型误差参数

基于多元线性回归方法所得的基本关系模型，加上拟合的误差补偿预测，得到带误差补偿的加工周期预测模型。其中，加工周期关系模型系数跟之前保持一致，只是将误差视作符合高斯分布。在训练时，同时计算出用于拟合未来误差的高斯分布参数。此时最后加工周期预测值为基本模型预测值与预测的误差补偿之和。各版本产品的加工周期误差补偿高斯分布参数如表 7-2 所示，μ 为误差分布的期望值，σ^2 为方差。

表 7-2　各产品加工周期误差补偿的高斯分布参数

产品版本	μ	σ^2
P1	0.742001	397.7432
P2	−0.18178	396.6348
P3	0.447137	137.2231
P4	0.597158	7080.552
P5	−0.00336	4.745342
P6	2.990688	923.4504
P7	1.338826	317.1728
P8	0.727428	40.52799

表 7-3 是加工周期关系模型的测试结果，"原误差率"表示不用高斯分布去拟合未来误差时模型的预测结果，"补偿后误差率"是加了误差函数所得的预测结果。其中，误差率＝|实际值−预测值|/实际值。

表 7-3　加工周期预测模型的测试结果

产品版本号	原误差率	补偿后误差率	改进率
P1	36.80%	28.03%	−10.70%
P2	19.10%	13.50%	−16.98%
P3	28.60%	26.38%	−6.20%
P4	31.80%	30.30%	17.66%
P5	26.21%	17.57%	8.01%
P6	25.32%	25.26%	11.68%
P7	11.54%	25.71%	19.15%
P8	24.84%	24.87%	5.11%

图 7-2 是误差率柱状对比图。根据测试结果可以看出，增加误差补偿后，5 种产品的加工周期预测准确率有所提高，3 种产品的预测准确率有所下降，即近一半的产品准确率下降。故整体而言，将误差视为高斯分布对于预测产品加工周期来说并不是很合理。

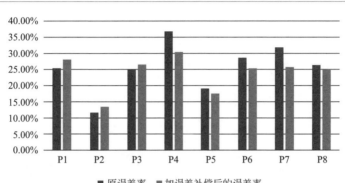

图 7-2 加工周期基本关系模型与带误差预测的关系模型的误差率对比（电子版）

因此本节使用不带误差预测的基本模型作为最后预测的结果。表 7-4 表示各版本产品加工周期的预测值和实际值对比，受篇幅所限，每个版本随机取 3 个值。图 7-3 是测试集各版本产品加工周期基本关系模型预测所得的预测值与实际值的偏差。蓝色（深色）代表预测值，橙色（浅色）代表实际值。

表 7-4　各版本产品加工周期实际值和预测值对比

产品版本号	预测值	实际值
P1	13.99324	14
	12.23443	13
	12.8143	10
P2	12.07208	11
	15.13227	22
	8.344726	12
P3	9.763301	10
	15.34756	18
	10.96271	17
P4	12.952	10
	12.86826	21
	8.503999	11

续表

产品版本号	预测值	实际值
	19.94438	21
P5	4.764723	4
	4.768187	6
	26.98716	31
P6	25.61281	18
	15.55442	20
	21.05982	26
P7	21.05982	17
	21.05982	17
	21.05982	26
P8	15.37907	15
	26.26116	23

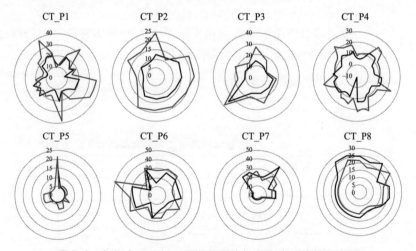

图 7-3　各版本产品加工周期预测值与实际值的偏差雷达图

7.1.1.4　准时交货率预测模型与实验结果分析

（1）准时交货率预测模型

把准时交货率（ODR）视作因变量，相应的短期性能指标 WIP_t、QL_t、$MOVE_t$、TH_t 为自变量，利用梯度下降法对模型求解，得出准时交货率预测模型的关系方程。

表 7-5 是产品 P4 准时交货率的基本预测模型。参数代表每一个短期性能指标所乘的系数。这些短期性能指标乘以对应的系数并求和，即可得到当前工况下该版本产品的准时交货率的预测值。

表 7-5　P4 准时交货率基本预测模型

序号	参数	短期性能指标
k0	0.00125	WIP
k1	5.42E-05	MOVE
k2	−0.00163	QL
k3	0.000809	Throughput

（2）准时交货率预测模型误差参数

同上，基于多元线性回归方法的准时交货率基本关系模型，加之拟合的误差补偿，得到带误差补偿的准时交货率预测模型。此处将误差视作服从高斯分布，在训练时计算出拟合未来误差的高斯分布参数，如表 7-6 所示。

表 7-6　各产品准时交货率误差补偿的高斯分布参数

产品版本	μ	σ^2
P1	0.000935	0.001814
P2	5.45E-05	0.000192
P3	0.002697	0.003027
P4	0.000253	0.000656
P5	0.000118	0.000996
P6	5.43E-05	0.000389
P7	0.001064	0.004117
P8	0.005174	0.006642

表 7-7 是准时交货率预测模型的测试结果。同加工周期一样，"原误差率"表示不用高斯分布去拟合未来误差时基本模型的预测结果。"补偿后误差率"是加了误差函数以后的预测结果。其中，误差率＝｜实际值－预测值｜/实际值。

图 7-4 是误差率对比柱状图。由图可知，加上误差补偿后，ODR 误差率有了显著的改善。这可能是因为影响加工周期的因素相对于影响准时交货率的因素更多，高斯分布不能很好描述前者误差。

表 7-7　准时交货率预测模型测试结果

产品版本号	原误差率	补偿后误差率	改进率
P1	11.02%	10.96%	0.54%
P2	2.99%	2.79%	6.69%
P3	5.44%	5.01%	7.90%
P4	27.54%	24.56%	10.82%
P5	24.10%	20.51%	14.90%
P6	10.70%	10.69%	0.09%
P7	15.91%	12.96%	18.54%
P8	7.83%	7.02%	10.34%

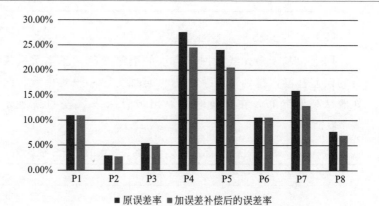

图 7-4　准时交货率基本关系模型和带误差预测模型的误差率对比

表 7-8　各版本产品准时交货率实际值和预测值对比

产品版本号	预测值	实际值
P1	0.813822	0.966667
	0.851731	0.966667
	0.867497	0.933333
P2	0.873362	0.966667
	0.852321	0.966667
	0.941435	1
P3	0.997995	1
	1.033893	1
	0.99516	1
P4	0.992356	0.966667
	0.977561	0.966667
	0.953224	1

续表

产品版本号	预测值	实际值
P5	0.991434	1
	0.992438	1
	0.963594	1
P6	0.89653	0.933333
	0.92665	0.933333
	0.9303	0.933333
P7	0.882435	0.9
	0.987526	1
	0.772007	0.9
P8	0.910588	1
	0.948997	1
	0.92545	1

　　因此基于单瓶颈半导体生产模型的假设，选择带误差预测的基于多元线性回归方法的准时交货率关系模型作为最后预测的模型。表7-8表示各版本产品准时交货率的预测值和实际值对比，受篇幅所限，每个版本随机取3个值。图7-5是各版本产品准时交货率关系模型预测值与实际值。蓝色（深色）代表预测值，橙色（浅色）代表实际值。

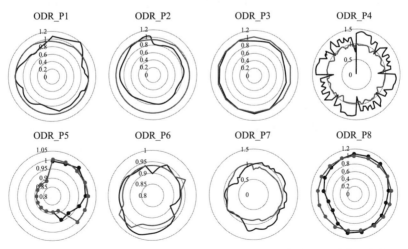

图 7-5　各版本产品准时交货率预测值与实际值的偏差雷达图（电子版）

7.1.2 多瓶颈半导体生产模型长期性能指标预测方法

7.1.2.1 多瓶颈半导体生产模型

在许多真实半导体制造系统中，订单具有很强的不确定性，且受限于设备数量、产品工艺需求和各个加工区设备配比的影响，瓶颈设备存在于生产线的许多环节。由于瓶颈发生时间不确定，因此各瓶颈设备的输出也不稳定，这就使得在许多情况下无法将整条生产线所有的瓶颈设备简化为一个瓶颈节点模型，实际投料无法与不确定的多瓶颈生产速度保持同步。多个瓶颈节点的不确定性效应将扩大至整条生产线，最终使产品不能以均匀的瓶颈速度产出。将这类生产情况归纳为多瓶颈半导体生产模型。

此时系统可能不再是一个稳定的线性系统，它的产出速度往往和到达速率不一致，使得各类产品的长期性能指标波动很大。在这种情况下，长期性能指标与反映当前工况的各短期性能指标之间的关系无法用线性进行表达，它们的实际关系不再符合平面维度下的某种统计规律，而可能是渗透多维度、以函数空间方式相互关联。对于这种瓶颈输出不稳定的生产情况，倾向于寻求更复杂的高维度的概率分布建模方法，对生产线上的长短期性能指标的内联关系进行建模。本节提出了一种基于高斯过程回归方法的预测模型对两种长期性能指标进行预测建模，同样以第2章中的某半导体实际数据集作为研究样本，并且与上述单瓶颈多元线性回归预测方法进行对比，探讨该半导体生产线更符合哪一种假设下的生产模型。

7.1.2.2 高斯过程回归问题与其求解

一组有一定相关关系、互不独立的随机变量称为随机过程。随机过程可看作是许多随机变量的集合，表示某个随机系统随着某个指示向量的变化情况。传统概率论通常研究一个或多个独立随机变量间的关联。在大数定律和中心极限定理中，研究了无穷多个随机变量，但依然基于这些随机变量之间是互相独立的假设。在一个多产品线、瓶颈不能保持稳定均匀输出的多瓶颈半导体生产模型中，各短期性能指标之间关系并不独立，故可以将长期性能指标与各短期性能指标的关系归纳为一个随机过程。

随机过程可以用一个随机变量簇 $X(t,w)$，$t \in T$ 来定义。高斯过程回归可以看作是多维高斯分布向无限维的扩展，可被解释为函数的分布，即函数-空间关系。与其他随机过程不同，在高斯过程中，任意从随机变量簇中抽取有限个指标（如 n 个，t_1，t_2，$\cdots$，t_n），所对应随机变量构成的向量 $\boldsymbol{T}$ 的联合分布为多维（如 n 维）高斯分布。具体来说，输入空间的每个点与一个服从高斯分布的随机变量相关联。同时，对于任意有限个随机变量构成的组合，其联合概率也服从高斯分布。当指示向量 t 是二维或多维时，高斯过程即成为高斯随机场。高斯过程回归在概率统计理论得到了广泛的运用。图 7-6 是一个高斯回归过程所生成采样函数的示意图。从后验函数中，可以得到基于五个无噪声观察值的条件先验概率分布而生成的三个符合高斯分布的随机函数。对每个输入值，其均值加 2 倍作为置信区间的上限，其均值减 2 倍作为置信区间的下限（取 95％ 为置信区间，由图中的阴影部分进行表示）。

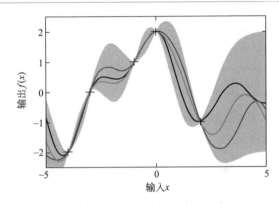

图 7-6　高斯回归过程（电子版）

通常，使用均值和协方差来对高斯过程进行表述。许多研究在应用高斯过程方法 $f \sim GP(m,K)$ 进行建模时，均假设均值 m 为零，根据具体应用，再确定协方差函数 K。

这里定义高斯过程 $f(x)$ 的均值和协方差分别为

$$m(x) = \mathbb{E}[f(x)]$$
$$k(x,x') = \mathbb{E}[(f(x) - m(x))(f(x') - m(x'))] \tag{7-9}$$

通常，函数 $f(x)$ 被假设给定一个高斯过程先验，可把高斯过程回归写作：

$$f(x) \sim GP(m(x),k(x,x')) \tag{7-10}$$

和现有方法相同，为了便于计算和表述，这里设定均值为零。协方差函数可描述给定点之间的相关性。换言之，这是一个用来衡量相似性的函数。此处选取指数协方差函数（squared exponential）：

$$k(x,x')=\exp\left(-\frac{1}{2}\,|\,x-x'\,|^2\right) \tag{7-11}$$

在输入变量密切相关时，变量间的协方差是增大的。反之，当输入变量之间的距离增大，即相关性降低时，协方差也相应降低。此为高斯过程回归模型在预测未知变量时的基础假设理论。即当工况相似时，相应的长期性能指标值也应当相似。在预测问题中，给定训练集 $x_1,x_2,\cdots,x_n$ 与对应的函数值 $f_1,f_2,\cdots,f_n$：

$$D=\{x^{(i)},f^{(i)}\,|\,i=1,\cdots,n\}=\{X,f\} \tag{7-12}$$

函数的目标是：当输入测试点为 x^* 时，计算对应的预测变量 f^* 的值。根据上述的高斯过程特点（测试数据与训练数据来源于同一分布），可以得到训练数据 f 与测试数据 f^* 的联合概率分布，即高维高斯分布：

$$\begin{bmatrix}f\\f^*\end{bmatrix}\sim\mathcal{N}\left(0,\begin{bmatrix}k(X,X),k(X,X^*)\\k(X^*,X),k(X^*,X^*)\end{bmatrix}\right) \tag{7-13}$$

训练集即为观察到的值。因此，求解预测数据 f^* 的问题可被简化为基于可观察值 $D=\{X,f\}$ 计算其后验概率的问题。在概率论中这个计算可以被转换为计算基于观察值的条件联合高斯后验分布：

$$f^*(X^*,X,f\sim N(k(X^*,X)k(X,X))f,$$
$$k(X^*,X^*)-k(X^*,X)k(X,X)k(X,X^*)) \tag{7-14}$$

换言之，后验函数 $P(f^*\,|\,X^*,X,f)$ 是一个均值和协方差如下的高斯分布：

$$\mu=k(X^*,X)k(X,X)^{-1}f$$
$$\sum k(X^*,X^*)-k(X^*,X)k(X,X)^{-1}k(X,X^*) \tag{7-15}$$

针对测试集，所需求解的预测值就是 f^* 的期望 μ，即分布的均值，它可以非常容易地通过上述等式进行计算而得到。

7.1.2.3　加工周期预测模型与实验结果分析

本节基于多瓶颈半导体生产模型假设，此时系统不再是一个稳定的线性系统，且各个长短期性能指标具有一定相关关系。针对这一典型的随机系统，本节采用高斯过程回归方法来对加工周期和生产线各类与其相关的短期性能指标进行预测建模。将输入空间的每一种短期性能指标看作是服从某高斯分布的随机变量，而这些短期性能指标组合的联合概率也服从高斯分布。

从实际半导体生产线加工周期训练集中，选取按照不同产品区分的已完工工件的加工周期及它们所对应的短期性能指标，包括全生产线日在制品数量 WIP、日排队队长 QL、日总移动步数 $MOVE$、日出片量 TH，以及 18 个经筛选的有代表性的全年平均设备利用率作为模型输入。在上述联合概率分布中：

$$\begin{bmatrix} f \\ f^* \end{bmatrix} \sim \mathcal{N}\left(0, \begin{bmatrix} k(X,X^*), k(X,X^*) \\ k(X^*,X), k(X^*,X^*) \end{bmatrix}\right) \tag{7-16}$$

其中，X 是 22 个观察到的短期性能指标，f 是各完工工件的实际加工周期，X 的维度为 22。可以发现，高斯过程回归模型不仅表达上很简洁，且计算也很方便。

在上节基于单瓶颈半导体生产模型假设下，采用了多元线性回归的方法对长期性能指标进行预测建模。在本节实验中，基于同一真实生产线数据上进行实验，对多元线性回归方法的预测结果和基于高斯过程回归方法的预测结果进行比较。

高斯过程回归能直接给出测试集里每种产品的加工周期预测值。在先前基于多元线性回归的加工周期预测中，已经对比了不带误差补偿的加工周期预测结果和带误差补偿的预测结果，并得到了基于单瓶颈半导体生产模型假设下，基于多元线性回归方法对加工周期进行建模时，某些产品线选取带误差补偿的方法预测精度更高，而某些产品线选取不带误差补偿的模型预测更精确的结论。在此处的对比实验中，选取各产品线基于多元线性回归方法的最佳预测结果作为基准实验，与基于高斯过程回归的预测方法得到的实验结果进行对比。

表 7-9 给出了基于高斯过程回归模型的预测结果和各产品线基于多元线性回归模型的最佳预测结果的对比。图 7-7 给出了误差率的柱状对比。由图表可知，相对于多元线性回归高斯过程回归预测模型对每一种产品的预测精度都有很大改进。这是因为高斯过程回归通过比拟测试集和训练集中与其邻近的观察值来作预测，基于"如果当前工况与历史工况相似，那么加工周期也应当相似"的假设进行建模。此建模方法能很好地表达现实中半导体制造系统的生产状况，更契合数据集特点。图 7-8 是各版本产品加工周期与各短期性能指标关系模型预测的预测值与实际值的偏差。蓝色（深色）代表预测值，橙色（浅色）代表实际值。

表 7-9 基于两种预测方法的加工周期预测结果对比

产品版本号	基于 LR 方法的最优预测误差	基于 GPR 方法的预测误差	改进率
P1	25.32%	9.55%	62.28%
P2	11.54%	9.59%	16.90%
P3	24.84%	10.01%	59.70%
P4	30.30%	12.33%	59.31%
P5	17.57%	14.04%	20.09%
P6	25.26%	12.98%	48.61%
P7	25.71%	14.79%	42.47%
P8	24.87%	4.73%	80.98%

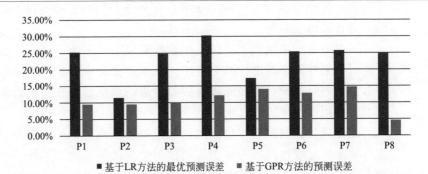

图 7-7 加工周期高斯过程回归模型与基于多元线性关系模型最优误差率对比

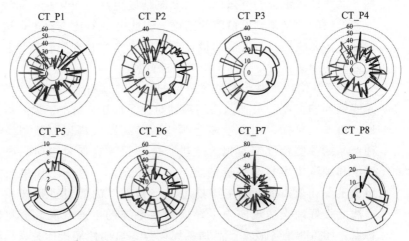

图 7-8 各版本产品加工周期预测值与实际值的偏差雷达图（电子版）

7.1.2.4　准时交货率预测模型与实验结果分析

　　同上节算法一致，在准时交货率数据集中，选取已完工工件所属产品版本在其平均加工周期内的准时交货率及其对应的统计周期起始日内的 4 种短期性能指标（WIP_t，QL_t，$MOVE_t$，TH_t）作为模型输入。准时交货率及对应短期性能指标的联合概率分布同公式(3-17)，推导过程不再赘述。其中，X 是 4 个可观察到的短期性能指标，f 是各完工工件的滚动准时交货率。同样，高斯过程回归能直接给出测试集中每种产品的准时交货率预测值。在假设生产线状况为单瓶颈半导体生产模型的情况下，对比了基于多元线性回归方法的预测模型在不带误差补偿与带误差补偿时交货率预测的精度，并得出了误差补偿对所有生产线的准时交货率预测精度都有提高的结论。因此在本节的对比实验中，将对带误差补偿的准时交货率多元线性回归建模方法的预测结果和基于多瓶颈半导体生产模型的生产情况假设下提出的高斯过程回归建模方法的预测结果进行对比。

　　表 7-10 给出了本节提出的基于高斯过程回归模型与加了误差预测的多元线性回归模型的准时交货率预测对比结果。图 7-9 给出了两种预测方法的误差率的柱状对比。图 7-10 是基于高斯过程回归的各版本产品准时交货率预测值与实际值的偏差。蓝色（深色）代表预测值，橙色（浅色）代表实际值。

表 7-10　基于两种预测方法的准时交货率预测结果对比

产品版本号	基于 LR 方法的预测误差	基于 GPR 方法的预测误差	改进率
P1	10.96%	3.14%	71.35%
P2	2.79%	1.08%	61.29%
P3	5.01%	2.04%	59.28%
P4	24.56%	4.25%	82.70%
P5	20.51%	4.30%	79.03%
P6	10.69%	4.35%	59.31%
P7	12.96%	2.54%	80.40%
P8	7.02%	2.07%	70.51%

　　根据实验结果可得到以下结论。

　　① 在准时交货率的预测上，基于高斯过程回归的预测方法同样比基于多元线性回归方法的预测模型更加有效。实验结果充分表明实际半导体生产线数据集更符合多瓶颈半导体生产模型的假设，即瓶颈设备分散于生产线各个环节，致使瓶颈输出不稳定。这使得各瓶颈设备之间潜在

关联模式并不稳定，从数据模式层面无法将系统所有的瓶颈设备简化成单一瓶颈节点的模型。实际投料速度也无法和不确定的多瓶颈生产速度保持同步。高斯过程回归方法通过比拟测试集与训练集中相邻近的观察值来作预测，基于"若当前工况与历史工况相似，那么预测的加工周期和准时交货率也应当相似"的假设进行建模。实验结果说明，基于此假设的建模方法能很好地表达现实中半导体制造系统的生产状况，更契合这种生产系统的数据集特点。

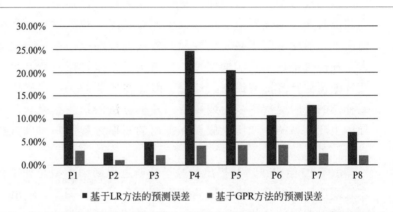

图 7-9 准时交货率高斯过程回归模型与带误差预测的多元线性关系模型误差率对比

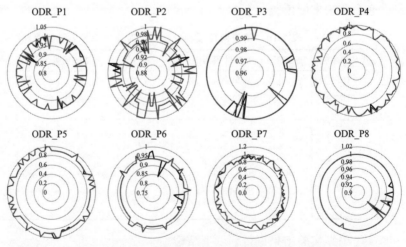

图 7-10 各版本产品准时交货率预测值与实际值的偏差雷达图（电子版）

② 同种产品的准时交货率的准确率要远高于加工周期，这是因为加工周期这类长期性能指标的波动性更大。除了考虑训练集里的 22 种短期

性能指标，其他当前工作条件（设备维护率、设备维护时长）也会不同程度地影响实际加工周期，且历史数据库不能完全提取这些指标。若能尽可能多地考虑系统里影响加工周期的因素，将这些因素加入模型，相信预测精度会有更大的提高。相对来说，影响准时交货率的因素较少，因为通常交货期是比较宽松的，使得数据集中准时交货率本身波动性也不大，因而准确率也就更高。

7.2 基于负载均衡的半导体生产线动态调度

由于半导体生产线存在大量的多重入流程，加之部分设备因十分昂贵而数量较少，所以生产线上设备负载通常较重，负载均衡模型的提出能够很好地调节生产线负载分配，提高生产线的整体性能[13]，本节介绍一种考虑负载均衡的闭环优化动态派工规则。

7.2.1 总体设计

基于负载均衡的半导体生产线闭环优化动态调度结构如图 7-11 所示。

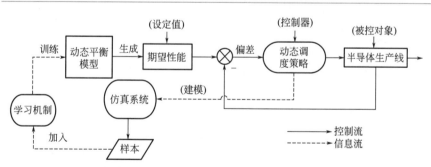

图 7-11 基于负载均衡的半导体生产线闭环优化动态调度结构

本节以半导体生产线为研究对象，从闭环优化调度的角度出发，设计并实现半导体生产线的闭环优化调度策略，实现有目标、可控、快速的生产线工件派工，使整个生产系统达到一个动态平衡状态，从而提高生产率，改善运作性能[14]。该调度方法包括以下三方面的研究：

① 动态平衡方程的确立，即半导体生产线调度系统动态平衡模型的

建立，得出性能指标（输出）与期望性能（参考值）的函数关系；

② 动态控制策略（控制器）的研究，即闭环控制策略的建立，使整个生产线达到动态平衡；

③ 派工调度系统（执行机构）的研究，使派工系统能够根据控制器的指令作出相应调度操作。

7.2.2 负载均衡技术

由于半导体生产线加工过程的复杂性、设备加工能力以及设备数量的差异性，某些设备上排队等待加工的工件还很多（称之为超载），而另一些设备相对空闲（称之为轻载）。在实际调度过程中，一方面要使超载设备尽可能快地完成待加工工件，减少设备前排队队列长度；另一方面，让某些空闲设备能够保证一定负载，避免资源浪费。避免这种空闲与等待并存的问题，有效提高生产线设备利用率，减少平均加工时间，这就是负载均衡问题产生的原因[15]。

负载均衡问题是经典的组合优化难题。对系统各个节点进行负载均衡调节就是通过调度手段使各个节点的负载达到平衡，提高整体设备利用率，最终提高系统性能。所以采用有效的调度策略是实现负载均衡的关键。

负载均衡调节主要有以下两种分类方式。

（1）动态和静态

静态负载均衡方法通常采用列举法、排队论等方法来产生较好的调度方案，这种方法不参考系统当前状态，根据设定好的方法将新的任务分配到系统内各个加工节点，一旦任务分配完成，就不再改变该分配结果。静态负载均衡数学建模相对简单且易于实现，但由于在分配负载的时候并未考虑系统当前负载情况，所以很难达到较好的负载均衡目的，甚至该方法还可能会加剧节点间负载不平衡程度，降低整个系统的性能。

对于简单的调度系统，在调度节点较少且调度任务能够一次性分配的情况下可以采用静态负载均衡方法；但是在大多数情况下，系统中各个调度节点上的任务是动态产生的，各个节点间的负载程度也是时刻变化，对于此类系统则需要采用动态负载均衡调度[16]。动态负载均衡调度能够基于系统当前的负载情况动态地做出负载分配、很好地提高系统的利用率，但其实现较为复杂，调度过程运算量较大，对系统造成一定程度上的额外开销。

（2）局部负载均衡和全局负载均衡

局部负载均衡指只关注生产线部分设备的负载分配，通过调度使之达到均衡，而对于其他设备则不作负载均衡要求，这样能减少计算量及降低模型复杂程度，对于包含瓶颈设备的生产线而言尤为适合[17]。相对于局部均衡而言，全局负载均衡则强调建立完整的负载分配调度模型，尽可能考虑所有节点，以便追求整体性能的最优，其实现较为复杂。

由于半导体制造过程中设备加工区多且关键加工区分布集中，故我们采用局部负载均衡的方法，通过调节生产线四大加工区内工作负载分配来达到均衡要求。

7.2.3 参数选取

7.2.3.1 加工区选择

这里以上海市某半导体生产企业的 6in(1in＝25.4mm) 生产线为背景，其仿真模型能够跟踪实际生产线的变化，从而保持一致。

该企业生产线总共包括九大加工区，分别为：溅射区、注入区、光刻区、背面减薄区、干法刻蚀区、湿法刻蚀区、扩散区、PVM 测试区和BMMSTOK 镜检区，考虑整条生产线加工区较多，且各个加工区在生产过程中的利用率差异，故在研究过程中采用局部动态负载平衡的方法，只针对部分加工区进行负载平衡的动态调度，经过大量仿真对比，最终确定半导体生产线中四大加工区为负载均衡研究对象，见表 7-11。

表 7-11　负载均衡加工区选择

名称	加工工艺介绍
6in 光刻区	IC 制造中最关键步骤，在硅片表面形成所需图形
6in 干法刻蚀区	刻蚀表面是各向异性的，非常好的侧壁剖面控制，刻蚀均匀性好
6in 湿法刻蚀区	对下层材料具有高选择比，不会对器件造成等离子体损害，设备简单
6in 离子注入区	精确控制杂质含量及穿透程度，使杂质均匀分布

7.2.3.2 负载参数选取

在半导体制造调度仿真系统中能得到加工过程中的大量状态信息，四大加工区属性集如表 7-12～表 7-15 所示。

表 7-12   6in 生产线光刻区属性集

序号	属性名称	属性含义
17	WIP	光刻区总在制品的数量
18	Hotlot%	光刻区紧急工件数占光刻区总在制品数的比例
19	Last_1/3_Photo%	光刻区后 1/3 光刻工件数占光刻区总在制品数的比例
20	Bottleneck_M%	光刻区瓶颈设备数占光刻区可用设备数的比例
21	Bottleneck_U%	光刻区瓶颈设备利用率
22	Bottleneck_C	光刻区瓶颈设备产能比
23	RestrainWIP%	光刻区有约束 WIP 占总 WIP 比例
24	Queuing_Job	光刻区排队工件
25	Queuing_Job_Time	光刻区排队工件预期加工时间

表 7-13   6in 生产线干法刻蚀区属性集

序号	属性名称	属性含义
44	WIP	干法刻蚀区总在制品的数量
45	Hotlot%	干法刻蚀区紧急工件数占干法刻蚀区总在制品数的比例
46	Last_1/3_Photo%	干法刻蚀区后 1/3 光刻工件数占干法刻蚀区总在制品数的比例
47	Bottleneck_M%	干法刻蚀区瓶颈设备数占干法刻蚀区可用设备数的比例
48	Bottleneck_C	干法刻蚀区瓶颈设备产能比
49	Bottleneck_U%	干法刻蚀区瓶颈设备利用率
50	RestrainWIP%	干法刻蚀区有约束 WIP 占总 WIP 比例
51	Queuing_Job	干法刻蚀区排队工件
52	Queuing_Job_Time	干法刻蚀区排队工件预期加工时间

表 7-14   6in 生产线湿法刻蚀区属性集

序号	属性名称	属性含义
53	WIP	湿法刻蚀区总在制品的数量
54	Hotlot%	湿法刻蚀区紧急工件数占湿法刻蚀区总在制品数的比例
55	Last_1/3_Photo%	湿法刻蚀区后 1/3 光刻工件数占湿法刻蚀区总在制品数的比例
56	Bottleneck_M%	湿法刻蚀区瓶颈设备数占湿法刻蚀区可用设备数比例
57	Bottleneck_C	湿法刻蚀区瓶颈设备产能比
58	Bottleneck_U%	湿法刻蚀区瓶颈设备利用率
59	RestrainWIP%	湿法刻蚀区有约束 WIP 占总 WIP 比例
60	Queuing_Job	湿法刻蚀区排队工件
61	Queuing_Job_Time	湿法刻蚀区排队工件预期加工时间

表 7-15   6in 生产线注入区属性集

序号	属性名称	属性含义
8	WIP	注入区总在制品的数量

续表

序号	属性名称	属性含义
9	Hotlot%	注入区紧急工件数占注入区总在制品数的比例
10	Last_1/3_Photo%	注入区后 1/3 光刻工件数占注入区在制品数的比例
11	Bottleneck_M%	注入区瓶颈设备数占注入区可用设备数的比例
12	Bottleneck_C	注入区瓶颈设备产能比
13	Bottleneck_U%	注入区瓶颈设备利用率
14	RestrainWIP%	注入区有约束 WIP 占总 WIP 比例
15	Queuing_Job	注入区排队工件
16	Queuing_Job_Time	注入区排队工件预期加工时间

　　为了便于建立负载均衡模型，状态信息的选取应该与调度过程紧密相关，且能很好地反映生产线负载分配，最终挑选以下参数用作半导体生产线负载均衡模型的搭建，具体参数如表 7-16 所示。

表 7-16　负载均衡参数属性集

序号	属性名称	属性含义
1	mov_i	加工区 i 的 Mov 值
2	u_i	加工区 i 的利用率
3	hot_i	加工区 i 内紧急工件数
4	WIP_n	生产线上不同类型工件在加工区 i 内在制品总数
5	l_i	加工区 i 的缓冲区内排队工件长度
6	mov_per_6	生产线计划区间内 Mov(6h)
7	α	DDR 调度算法中设备 i 前排队工件信息变量参数
8	α_1	对应工件完成该加工步骤所需要的时间
9	β_1	下游设备负载程度参数

7.2.4　负载均衡预测模型

　　负载均衡预测模型是基于负载均衡的闭环调度方法的基础，为了能对生产线负载实现闭环控制，首先要能预测出当前状态下最佳负载分布情况，并以此状态作为参考状态，此后才能够利用当前生产线状态值与参考状态作差比较，使生产线负载分布趋向于最佳分布调度，形成闭环反馈。

　　本章负载均衡预测模型的建立首先是通过启发式算法，对生产线进行大量仿真得到大量的状态信息，挑选出优秀样本用来建立负载均衡预测模型，其模型结构如图 7-12 所示。

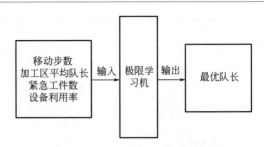

图 7-12　负载均衡预测模型参数结构

其中，输入为四大加工区内 6h 的统计数据，包括各区移动步数、平均队长、平均紧急工件数和设备利用率，共 16 个参数作为极限学习机输入；输出为该生产线当前生产状态下四大加工区的最优队长，在下面的调度算法中会用到。

7.2.5　基于负载均衡的动态调度算法

7.2.5.1　算法参数与变量定义

算法中涉及到的参数与变量较多，整理归纳如下：

B_i　　批加工设备 i 的加工能力

B_{id}　　下游设备 id 的加工能力

D　　生产线四大加工区：光刻区、干法刻蚀区、湿法刻蚀区、离子注入区

D_{id}^n　　工件 n 下游设备 id 所在的加工区

D_n　　工件 n 的交货期

F_n　　工件 n 的实际加工时间比率，为加工周期比上加工时间，其中加工周期包括加工时间和排队等待、工件运输等额外时间消耗

i　　可用设备索引号

im　　设备 i 的菜单索引号

id　　设备 i 的下游设备索引号

k　　批加工设备 i 上排队工件组批索引号

L_{id}^n　　工件 n 下游设备 id 所属加工区的缓冲区内队列长度

$L_{id}^{n'}$　　工件 n 下游设备 id 所属加工区的缓冲区内队列预测最优长度

t　　派工时刻

M_i　　设备 i 上的工艺菜单数目

N_{id} 当前工件下游加工设备 id 缓冲区队列长度

O 时间常数

P_i^n 工件 n 在设备 i 上的占用时间

P_{id}^n 工件 n 在下游设备 id 上的占用时间

Q_i^n 设备 i 上的排队工件 n 的停留时间

R_i^n 工件 n 在设备 i 上的剩余加工时间

S_n 工件 n 的选择概率

T_{id} 下游设备 id 每天的可用时间

Γ_k 工件组批 k 的选择概率

$\tau_i^n(t)$ 设备 i 在时刻 t 要处理工件 n 的紧急程度

$\tau_{id}^n(t)$ 当前加工工件 n 的下游设备的占用程度

x_i^B 二进制变量。如果设备 i 在时刻 t 是瓶颈设备，$x_i^B = 1$；否则，$x_i^B = 0$

x_{id}^I 二进制变量。如果下游设备 id 在时刻 t 处于轻载状态，$x_{id}^I = 1$；否则，$x_{id}^I = 0$

x_n^H 二进制变量。如果工件 n 在时刻 t 是紧急工件，$x_n^H = 1$；否则 $x_n^H = 0$

x_n^{im} 二进制变量。如果工件 n 在设备 i 上采用工艺菜单 m，$x_n^{im} = 1$；否则 $x_n^{im} = 0$

$x_{n,im}^{id}$ 二进制变量。如果处理工件 n 下一步工序的下游设备 id 在时刻 t 处于空闲状态，且该工件在设备 i 采用菜单 im，$x_{n,im}^{id} = 1$；否则 $x_{n,im}^{id} = 0$

7.2.5.2 问题假设

调度算法在实现过程中先进行以下假设。

① 调度过程所需的信息是完全可知的，比如工件所需加工时间、生产线在制品数（Work in Process，WIP）等，该类数据能够通过企业的制造执行管理系统（Manufacturing Execution System，MES）或者其他自动化系统得到。

② 对于非批加工设备在调度决策过程中主要关注其 WIP 在生产线上的快速流动及工件的准时交货率。

③ 对于批加工设备，一旦组批完成则该批次工件加工所用时间是固定值，加工时间不因工件数量多少而改变。

④ 批加工设备的调度决策由两个步骤组成：组批，批加工设备首先要完成工件组批，组批过程中每批次工件总数不得超出最大值，只有使用相同设备且工艺菜单完全一致的工件才能同批次加工；计算各批次待加工工件加工的优先级，这里以加工区设备利用率和工件快速移动为关注点对各批次进行优先级计算。

⑤ 批加工类型工件一旦组批完成且进入加工状态，在完成该步加工前该批次工件不得再次变动。

7.2.5.3　决策流程

基于负载均衡的调度算法的决策流程如图 7-13 所示。

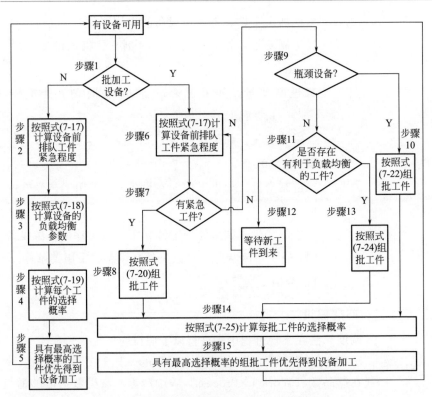

图 7-13　基于负载均衡调度算法的决策流程

步骤 1：判断当前设备加工类型。如果不是批加工设备，转步骤 2；否则，转步骤 6。

步骤 2：根据公式(7-17)，计算设备排队队列中待加工工件的时间权值。

$$\tau_i^n(t) = \begin{cases} \text{MAX} & R_i^n \times F_n \geqslant D_n - t \\ \dfrac{R_i^n \times F_n}{(D_n - t + 1)} & R_i^n \times F_n < D_n - t \end{cases} \qquad (7\text{-}17)$$

公式(7-17)以工件交货期为基础，用以提高产品准时交货率。在 t 时刻，$R_i^n \times F_n$ 指该工件在当前设备上完成加工所需时间，该值包括纯加工时间和等待时间，$D_n - t$ 指该工件实际剩余加工时间，如果工件在当前设备完成加工所需实际时间不小于该工件的实际剩余时间，则将该工件设为紧急工件，该工件在随后加工过程中优先加工，否则其时间权值为两者比值，该值越大说明该工件越紧急。

步骤 3：计算各下游设备的负载均衡参数。

$$\tau_{id}^n(t) = \begin{cases} \sum P_{id}^n / T_{id} & D_{id}^n \notin D \\ \sum P_{id}^n / T_{id} + (L_{id}^n / \sum L - L_{id}^n{}' / \sum L') & D_{id}^n \in D \end{cases} \qquad (7\text{-}18)$$

公式(7-18)表示 t 时刻当前设备对应的负载程度。其中负载程度的计算分两种情况，如果 $D_{id}^n \notin D$，即工件 n 下游设备所在的加工区不属于四大加工区 D，则直接计算其下游设备负载程度即可，否则需要加入校验值，该值由工件 n 下游设备所在的加工区的当前队长与四大加工区总排队队长的比值，与利用极限学习机学习出的下游设备最优队长值与四大加工区最优总排队队长比值作差求得，表示当前负载分配比例与预测最优负载比例的差值，其值越大，说明当前工件 n 的下游设备所在加工区负载较重，反之则负载较小。在决策过程，下游设备所在加工区负载越小的工件加工优先级更高，此目的为通过调度来调整四大加工区的负载分配。

步骤 4：计算各排队工件的选择概率。

$$S_n = \begin{cases} Q_i^n & \tau_i^n(t) = \text{MAX} \\ \alpha_1 \tau_i^n(t) - \beta_1 \tau_{id}^n(t) & \tau_i^n(t) \neq \text{MAX} \end{cases} \qquad (7\text{-}19)$$

其中，α_1 表示交货期紧急程度系数；β_1 表示工件下游设备的负载程度系数。式(7-19)表示在 t 时刻，如果当前工件为紧急工件，则根据该工件在该队列中的停留时间来决定其加工顺序，该值较非紧急工件的计算值大得多，保证紧急工件优先加工；如果当前工件非紧急工件，则通过交货期紧急程度、设备负载程度以及下游设备所在加工区负载情况来共同决定该工件的调度优先级。

步骤 5：根据式(7-19)计算出的队列中工件的选择概率来进行派工，即选择概率最高的工件在当前设备上加工。

步骤 6：根据式(7-17)，计算设备排队队列中待加工工件的时间权值。

步骤 7：判断设备等待队列中是否存在紧急工件，如果存在则转步骤 8；不存在转步骤 9。

步骤 8：按式（7-20）组批工件。

$$\text{for } im = 1 \text{ to } M_i$$
$$\text{if } 0 \leqslant \sum x_n^{im} < B_i$$
$$\text{then Select}\{\min\{(B_i - \sum x_n^{im}),(N_{im} - \sum x_n^{im})\}\}\big|_{\max(Q_i^n)} \quad (7\text{-}20)$$
$$\text{else if } \sum x_n^{im} \geqslant B_i$$
$$\text{then Select}\{B_i\}\big|_{\max\{(R_n^n \times F_n)-(D_n-t)\}}$$

式（7-20）目的是挑选与紧急工件具有相同加工菜单的普通工件与紧急工件一同组批。首先统计工艺菜单为 im 的紧急工件数，判断当前待加工工件中工艺菜单为 im 的紧急工件数量是否小于当前批加工设备的最大加工能力 B_i，如果不超过则表示该类型紧急工件较少，需要从普通工件中挑选具有相同菜单的工件并组加工。如果工艺菜单为 im 的普通工件数量大于等于该批次所缺工件数 $B_i - \sum x_n^H x_n^{im}$，则按照先进先服务的原则挑选所需普通工件一起组批，如果数量小于尚缺少的组批数量，则挑选所有符合条件的普通工件组批；如果工艺菜单为 im 的紧急工件数已经超过或等于最大批量 B_i，则挑选交货期最紧张的紧急工件进行组批加工。组批结束后转步骤 14。

步骤 9：根据式（7-21）判断当前设备 i 是不是处于瓶颈状态。如果是，转步骤 10；否则转步骤 11。

$$\text{If } \sum x_n^{im} \geqslant 24B_i/\min(P_{im}), \text{then } x_i^B = 1 \quad (7\text{-}21)$$

式（7-21）表示当批加工设备前队列长度大于等于该设备全天最大加工工件数时，将该设备标记为瓶颈设备。

步骤 10：按照式（7-22）对加工工件进行组批，组批完成后转步骤 14。

$$\text{Select}\{B_i\}\big|_{\max(Q_i^n)} \quad (7\text{-}22)$$

式（7-22）表示对当前批加工设备 i 前排队工件根据工艺菜单组批，如果满足条件的工件数超过其批处理设备单批加工能力，则按照先到先服务的原则多批处理。

步骤 11：根据式（7-23）来确定工件下游设备所处加工区负载情况。如果其负载参数值为 1 则转步骤 13，如果其负载值为 0 则转步骤 12。

$$\text{if } D_{id}^n \in D$$

$$\text{if } L_{id}^n / \textstyle\sum L < L_{id}^{n'} / \textstyle\sum L', \text{then } x_{id}^I = 1 \tag{7-23}$$

$$\text{else } x_{id}^I = 0$$

$$\text{else if} \textstyle\sum_{im} N_{id} \geqslant (24 B_i / \min(P_{id}^v)), \text{then } x_{id}^I = 1$$

式(7-23) 表示该工件下游设备的负载情况，如果其下游设备所在加工区属于四大加工区 D，则根据该工件下游设备所在加工区内的队列长度所占 D 内总队长比值，与该工件下游设备所在加工区预测最优队长占 D 内总预测队长比值进行比较，如果实际队长比值小于预测队长比值，则表明设备 id 处于轻载，否则为重载；如果下游设备不属于 D，则根据工件下游设备队列长度是否超过该设备的日最大加工能力，超过则设备 id 处于重载（瓶颈设备），不超过属于轻载。

步骤 12： 等待新工件，然后转步骤 6。

步骤 13： 按照式(7-24)组批工件。

$$\text{for } im = 1 \ to \ M_i$$

$$\text{if } 0 \leqslant \textstyle\sum x_{n,im}^{id} < B_i$$

$$\text{then Select}\{\min \{(B_i - \textstyle\sum x_{n,im}^{id}), (N_{im} - \textstyle\sum x_{n,im}^{id})\}\}\big|_{\max(Q_i^n)}$$

$$\text{else if } \textstyle\sum x_{n,im}^{id} \geqslant B_i$$

$$\text{then Select}\{B_i\}\big|_{\max(Q_i^n)}$$

$$\tag{7-24}$$

式(7-24) 目的是挑选下一加工步骤所需设备为空闲设备的工件进行组批。首先统计工艺菜单为 im 且该工件下一步加工设备为空闲设备的工件数目，判断满足条件的工件数量是否小于当前批加工设备的最大加工能力 B_i，如果不超过则表示该类型紧急工件较少，需要从采用工艺菜单 im 但其下游设备不为轻载的工件中挑选工件并批。如果该类工件数量大于等于该批次所缺工件数 $B_i - \textstyle\sum x_{n,im}^{id}$，则按照先进先服务的原则挑选所需工件一起组批，如果数量小于所缺组批数量，则挑选所有符合条件的工件进行组批；如果工艺菜单为 im 且其下游设备轻载的工件数已经超过或等于最大批量 B_i，则根据工件在设备上的停留时间挑选工件满批加工。组批完成后转步骤 14。

步骤 14： 按照式(7-25)确定各组批工件的优先级。

$$\Gamma_k = \alpha_2 \frac{N_{ik}^h}{B_i} + \beta_2 \frac{B_k}{\max(B_k)} - \gamma \frac{P_i^k}{\max(P_i^k)} - \sigma \frac{N_{id}^k}{\sum_k N_{id}^k + 1} \tag{7-25}$$

其中，N_{ik}^h 表示组批 k 中紧急工件数目；B_k 是组批 k 的组批大小；P_i^k 是组批 k 在设备 i 上的占用时间；N_{id}^k 是组批的下游设备的最大负载；参数$(\alpha_2, \beta_2, \gamma, \sigma)$是衡量各类信息相对重要程度的指标。

式(7-25)为组批工件优先级计算式，第一项表示该组批中紧急工件占的比例，体现准时交货率；第二项表示所有组批中当前批次工件数量与所有批次中单批数量最多批次数量的比值，体现设备利用率及 Mov；第三项表示当前组批加工时间与所有组批中所需加工时间最长的批次加工时间的比值，体现 Mov 及加工周期；最后一项表示设备的负载水平，体现设备利用率。另外可以通过调整$(\alpha_2, \beta_2, \gamma, \sigma)$等参数值来追求不同的期望性能指标。

步骤 15： 选择具有最高选择概率的组批工件在设备 i 上开始加工。

7.2.6　仿真验证

在该基于负载均衡的半导体生产线派工方法中，与调度相关的生产线实时状态信息封装在算法的内部，包括了生产线的预测负载比例，而后通过加权处理，来决定该工件的加工优先级，其中加权过程中涉及到权值，即$(\alpha_1, \beta_1, \alpha_2, \beta_2, \gamma, \sigma)$，通过调整加权参数来得出不同的性能指标。

在本次方法中主要验证引进负载均衡参数对生产线性能指标的影响，故在验证过程中采用固定参数的方式，在本次验证过程中，加权值分别设置为：$\alpha_1 = 0.5$，$\beta_1 = 0.5$，$\alpha_2 = 0.25$，$\beta_2 = 0.25$，$\gamma = 0.25$，$\sigma = 0.25$，验证过程分为两部分，包括在生产线不同负载情况下和传统启发式规则相对比，负载情况分别为：WIP 为 6000 片的轻载、7000 片的满载和 8000 片的超载；以及和去掉负载均衡参数的动态派工规则相对比，其中去掉负载均衡参数的方法与当前方法相比主要有两点不同：

① 在非批处理设备负载处理的过程中，步骤 3 中下游设备负载计算公式均采用式(7-26)计算，不必考虑负载均衡的预测值与实际值的关系。

$$\tau_{id}^n(t) = \sum P_{id}^n / T_{id} \qquad (7-26)$$

② 在批加工过程中，跳过步骤 11，若果存在瓶颈设备则转步骤 10，否则转步骤 12。

验证结果如表 7-17 所示。本次仿真验证过程中主要关注的性能参数是日 Mov 和生产线设备利用率，这里以加工区为单位统计了四大加工区的设备利用率，分别是离子注入区、光刻区、干法刻蚀区、湿法刻蚀区，加工区内包含未使用的设备，故整体区设备利用率较低。为了保证得到生产线稳定后的统计结果，已经剔除生产线前 30 天的生产数据，总共统计生产线稳定后的 60 天生产数据。

表 7-17　结果统计

负载	性能/规则	DDRLB	DDR	FIFO	EDD	CR	SPT	LPT	SRPT	LS
轻载	平均 MOV	29658	29204	29022	29542	28931	29186	28927	27444	29593
	平均 EU	0.286	0.278	0.277	0.283	0.275	0.277	0.277	0.255	0.284
	日出片量	145	137	142	145	144	136	143	146	143
满载	平均 MOV	29608	29179	28894	29151	28541	29140	28827	27350	29718
	平均 EU	0.286	0.278	0.279	0.285	0.270	0.278	0.277	0.254	0.285
	日出片量	147	144	138	145	147	139	133	149	142
超载	平均 MOV	29688	29495	29240	29743	28696	29495	29108	27453	29611
	平均 EU	0.285	0.281	0.281	0.287	0.271	0.283	0.279	0.253	0.284
	日出片量	152	140	129	147	148	139	128	159	146

为了便于性能指标的比较，各项统计数据均用柱状图展示如图 7-14～图 7-16。

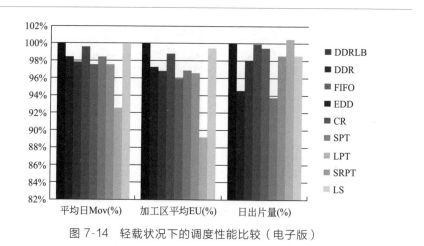

图 7-14　轻载状况下的调度性能比较（电子版）

图 7-14～图 7-16 中平均日 Mov、四大加工区平均设备利用率、日出片量均采用了归一化方法处理，即以图中 DDRLB 方法的结果作为标准，将其他指标与该值作商，求出各项性能指标和 DDRLB 的比值，以便能更直观地将各项性能指标与该方法进行比较。可得如下结论。

① 在不同负载且算法加权参数均相同的情况下，DDRLB 较普通 DDR 在各项指标上均有所提升，特别是在轻载和满载的情况下，四大加

工区平均设备利用率分别提高了 2.7％和 2.8％，通过闭环手段来调节生产线负载分配来达到提高生产线设备利用率的目的，同时在轻载和满载情况下，平均日 Mov 分别提升了 1.53％，1.45％，日出片量分别提升了 5.56％，1.92％。

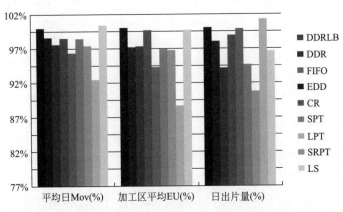

图 7-15　满载状况下的调度性能比较（电子版）

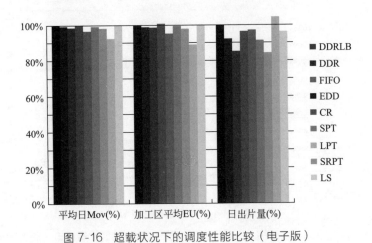

图 7-16　超载状况下的调度性能比较（电子版）

②　对于生产线处于超载的情况下，如图 7-16 所示，DDRLB 较普通 DDR 性能提升不多，因为在超载的情况下，生产线设备负载过重，生产线产能饱和，此时负载均衡方法的优势并不明显。

③　仿真过程中采用控制变量法，DDRLB 和 DDR 方法中采用相同加权参数，用以比较加入负载均衡前后生产线性能指标的变化，该参数并不能保证当前采用的动态派工方法较普通启发式方法在性能方面

有较大提升，另外采用 DDRLB 方法的性能指标较一般启发式方法均有所提高。

7.3 性能指标驱动的半导体生产线动态调度

本节将研究半导体生产线性能驱动的闭环优化动态调度，建立动态调度系统，该系统能动态识别生产线状态变化并生成相应的调度方案。在动态调度中引入闭环反馈环节，分析调度结果（针对本文的研究对象，特指半导体生产线性能）与期望值，以生产状态和性能指标的期望值为输入，反向优化调度规则参数，实现性能驱动的闭环优化过程。

7.3.1 性能指标驱动的调度模型结构

本节提出的性能指标驱动的半导体生产线调度方法，根据生产线的实时数据信息预测出适合生产线做出最优派工的最佳参数，其模型主要包括五个部分，分别是仿真系统、学习机制、性能预测模型、调度参数预测模型以及派工策略，其整体结构如图 7-17 所示。

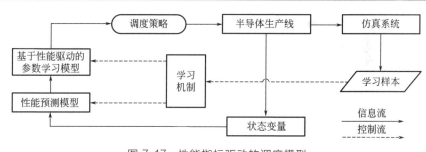

图 7-17 性能指标驱动的调度模型

① 仿真系统：仿真系统是对半导体生产线生产过程的模拟仿真，通过仿真模型能够得到详细的生产线实时状态信息，包括设备排队队长、紧急工件数、加工区缓冲区排队队长、6h Mov 值、日 Mov 值等，可以根据不同需求对相应性能指标进行统计记录。

② 学习机制：文中采用了 ELM 作为学习机制，基于半导体生产线仿真系统产生的大量样本，运用 ELM，分别建立生产线的性能预测模型和参数学习模型[18]。

③ 性能指标预测模型：根据生产线的状态信息，以当前状态信息作

为模型输入，预测出该状态下生产线所能达到的最优性能指标，该预测出的参数将作为调度参数预测模型的输入[19]。

④ 调度参数预测模型：根据预测出的最优性能指标，结合生产线当前的状态信息共同作为输入，预测出派工决策过程中动态调度方法中所需参数，将该组预测出的参数用于生产线调度策略中指导生产线正确派工[20]。

⑤ 调度策略：本节中所用到的是基于生产线状态的动态派工算法，能够根据生产线状态信息动态地作出派工决策，最终使生产线性能趋向于预测参数值[21]。

通过离线学习，建立半导体生产线的性能指标预测模型和基于性能指标的参数学习模型，在实际调度过程中，以 6h 为时间单元，先通过性能指标预测模型，基于当前时间单元最后时刻的生产线状态信息，预测出下一个时间单元内生产线所能达到的最优性能指标，在下一个时间单元内的调度决策中，根据该预测出的性能指标值，结合当前生产线的状态信息，再次通过学习模型在线学习调度决策过程中动态调度方法参数，用以指导生产线合理派工，最终促使生产线达到预测的性能指标，提高生产线整体性能。

7.3.2　动态派工算法

为了解决传统的启发式调度规则不能考虑生产线实时状况，一旦方法固定就只能按照该方法逻辑进行调度的情况，提出一种动态派工方法 DDR，该方法能够根据对生产线调度过程中所关注性能指标的不同，为调度优先级方程指定不同参数来动态地对生产线实施调度。

7.3.2.1　算法参数与变量意义

在算法中所用到的参数进行如下定义：

m_i	加工区 i 的 Mov 值
u_i	加工区 i 的设备利用率
hot	生产线上紧急工件数
wip_k	生产线上不同类型工件在四大加工区内在制品总数
l_i	加工区 i 的缓冲区内排队工件长度
Mov_per_6	生产线下一时间段（6h）
α	DDR 调度算法中设备 i 前排队工件信息变量参数
β	下游设备负载程度参数

7.3.2.2 问题假设

由于本章主要研究性能指标驱动的半导体生产线动态调度，故在求解派工问题中进行如下假设：

① 与派工相关的信息是已知的，如工件加工时间、设备前排队的在制品（Work-in-Process，WIP）数、设备可用时间等，这些数据都可由企业的 MES 或其他自动化系统得到；

② 对于非批加工设备的派工决策主要关注点在工件的准时交货率与 WIP 在生产线上的快速移动，提出了动态派工规则 DDR；

③ 对于批加工设备的派工决策，采用常用的组批方法，根据工件加工菜单及版本号进行组批，组批后采用 FIFO 进行按批加工。

7.3.2.3 决策流程

DDR 是一种基于生产线实时状态，来对加工工件进行加工优先级判定的一种方法，本文主要考虑待加工工件的紧急程度以及工件下游设备的负载程度，作为工件调度优先级的判断标准。在派工过程中，选择具有最高优先级工件优先加工，达到优化生产线整体性能的目的，其决策流程如下。

步骤 1：计算当前设备 i 前排队工件的信息变量。

$$\tau_i^n(t) = \frac{R_i^n \times F_n}{D_n - t + 1} - \frac{P_i^n}{\sum_n P_i^n} \tag{7-27}$$

式(7-27) 是在准时交货率的基础上提出的，其中，P_i^n 表示工件 n 在设备 i 上的占用时间，t 时刻时，生产线在制品的理论剩余加工时间与实际剩余加工时间的比值越大，则表明其拖期率越高，在调度过程中应该优先对其进行加工。另一方面，WIP 对于所用设备的占用时间也影响信息变量值，加工所需时间越短则该工件的信息变量值越高，优先加工该工件，这样能保证在制品快速在生产线上流动，提高设备利用率和生产线工件移动步数。

步骤 2：计算工件 n 下游设备的负载程度。

$$\tau_{id}^n(t) = \frac{\sum P_{id}^n}{T_{id}} \tag{7-28}$$

式(7-29) 中，P_{id}^n 表示工件 n 在其下游设备 id 上的占用时间，T_{id} 表示下游设备 id 每天的理论可用时间，在当前 t 时刻，设备负载越大，其信息变量越高。如果当 $\tau_i^n(t) \geq 1$ 时，设备的负载总量已经大于其一天内所有可用加工时间，此时该设备被认定为瓶颈设备。

步骤 3：计算各排队工件的选择概率。

$$S_n = \alpha \tau_i^n(t) - \beta \tau_{id}^n(t) \tag{7-29}$$

其中，参数 α、β 分别表示工件的紧急交货和对设备的占用程度的相对重要性。公式(7-29)表示在 t 时刻，对该设备上排队工件的调度过程中，会同时考虑排队工件的交货期、对设备的占用程度，以及该工件的下游设备的负载情况，最终使工件能够在生产线上快速流动，提高生产线整体性能。

步骤 4：根据公式(7-29)的计算结果，挑选队列中选择概率最高的工件在当前设备上进行加工。

7.3.3 预测模型搭建

7.3.3.1 模型参数的选取

首先，通过生产线加工区相关性分析，选取生产线最主要的四大加工区作为研究对象，分别为 6in 注入区、6in 光刻区、干法区、湿法区。在仿真过程中，以 6h 作为计划区间，统计生产线四大加工区每 6h 内的工件移动步数（mov_i）、设备利用率（u_i）、紧急工件数（hot）、不同类型工件在四大加工区内在制品总数（wip_k）、生产线下一计划区间的移动步数（Mov_per_6）、DDR 调度算法中确定的工件优先级参数 α、β 以及实时的缓冲区工件排队队长（l_i），总共 26 个参数，作为生产线预测模型搭建的样本。如表 7-18 所示。

表 7-18 生产线预测模型参数列表

序号	属性名称	属性含义
1	mov_i	加工区 i 的 Mov 值
2	u_i	加工区 i 的设备利用率
3	hot	生产线上紧急工件数
4	wip_k	生产线上不同类型工件在四大加工区内在制品总数
5	l_i	加工区 i 的缓冲区内排队工件队长
6	Mov_per_6	生产线计划区间内 Mov(6 小时)
7	α	DDR 调度算法中设备 i 前排队工件信息变量参数
8	β	下游设备负载程度参数

7.3.3.2 基于 ELM 的模型搭建

步骤 1：样本生成。生产线通过采用随机赋值的 DDR 方法，分别在

WIP 为 6000，7000，8000 这三种工况下各自进行 200 天仿真，记录表 7-18 中所需的部分参数（mov_i，u_i，hot，wip_k，Mov_per_6）。

步骤 2：样本筛选，确定 ELM 的输入和输出。为了预测当前生产线状态下所能达到的最优性能指标，对所得样本按照所选性能指标进行筛选，这里主要关注生产线 Mov，所以选择 6h 内 Mov 大于 8000 的样本作为样本集，用于模型搭建，为了保证得到的是生产线稳定后的数据，去掉前 30 天的仿真样本。确定 ELM 的输入，即在不同工况下所选生产线属性集；确定极限学习机的输出，即下一计划区间的生产线 Mov_per_6。

步骤 3：ELM 的参数确定。确定 ELM 的隐含层神经元数 l，选择合适的激活函数 $g(x)$，此处选择 Sigmoid 函数。

步骤 4：ELM 的训练过程。根据公式 $\boldsymbol{\beta} = \boldsymbol{H}^+ \boldsymbol{T}$，计算输出权值矩阵 $\boldsymbol{\beta}$。由于整个训练过程中只有输出权值矩阵 $\boldsymbol{\beta}$ 未知，所以训练得出 β 则表明极限学习机模型已经训练完成。

步骤 5：选择需要学习的测试集，即使用极限学习机训练测试数据并与测试数据结果比对。

性能指标预测模型和参数预测模型的主要区别在于学习机输入输出参数不同，性能指标预测模型中输入参数为生产线当前属性值（mov_i，u_i，hot，wip），输出值为下一计划区间生产线的 Mov_per_6，用以建立生产线当前状态信息与下一计划区间性能指标之间的关系。

参数预测模型中输入参数由性能指标预测模型预测出的预测性能指标值（Mov_per_6）以及当前生产线的属性值（mov_i，u_i，hot，wip）共同组成，将预测性能参数用于生产线调度参数的预测中。

7.3.4 仿真验证

以上海市某半导体生产制造企业 6in（1in＝25.4mm）硅片生产线为研究对象，根据企业实际需求，结合动态建模方法，通过西门子公司的 Tecnomatix Plant Simulation 软件搭建始终与实际生产线保持一致的生产线仿真模型为研究平台进行仿真验证。

该企业生产线目前有九大加工区，分别为：注入区、光刻区、溅射区、扩散区、干法刻蚀区、湿法刻蚀区、背面减薄区、PVM 测试区和 BMMSTOK 镜检区，所使用的派工规则是基于人工的优先级调度方法，简称 PRIOR。其主旨思想是按照人工经验来设定优先级，在最大程度上保证产品能够按时交货，即满足交货期指标。

在本书采用的闭环动态调度模型中，通过为 DDR 方法根据生产线实时状态动态产生参数，来达到对生产线实施动态调度的目的，同时将当前时间单元（6h）内生产线的实际 Mov 与预测 Mov 进行比较，根据比较结果为生产线选择不同的调度算法，最终实现生产线 Mov 的提高。统计结果分以下三种情况进行验证：Case1：WIP＝6000，此时生产线为轻载；Case2：WIP＝7000，此时生产线为满载；Case3：WIP＝8000，此时生产线为超载。在整个派工过程中，轻载、满载、超载情况下，其生产线在各个时间单元内实际 Mov 与预测 Mov 之间偏差值小于10％的比例分别达到81.2％、83.2％、82.8％。

平均 Mov 值与一般启发式规则比较如图 7-18 所示，文中将 Mov 结果作了归一化方法处理，将统计结果中所有数据分别与最大值作商，这样能更直观地显示各组数据的关系。

通过图 7-18 可以看出，在轻载、满载、重载三种不同的工况下，由性能指标驱动的 DDR 算法较之其他启发式规则对于生产线 Mov 均有所提高，较之其他启发式规则日平均 Mov 的平均值，该方法分别提高了3.1％、4.0％、2.7％。

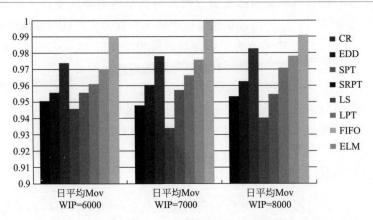

图 7-18　性能指标驱动的 DDR 算法与启发式规则比较（电子版）

7.4　本章小结

本章基于两种半导体生产线模型提出了相应的符合生产线特点的长期性能指标预测模型，并在同一实际半导体生产线数据集上进行验证对比。针对单瓶颈半导体生产模型，提出了基于多元线性回归方法的长期性能指标预测方法；针对多瓶颈半导体生产模型，提出了基于高斯过程回归方法的长期性能指标预测模型。在此基础上，提出了基于负载均衡的半导体生产线的动态调度和性能指标驱动的半导体生产线动态调度这两种不同的闭环调度方法，并在实际生产线上验证其有效性。

参考文献

[1] 李鑫,周炳海,陆志强. 基于事件驱动的集束型晶圆制造设备调度算法. 上海交通大学学报,2009,43(6).

[2] 李程,江志斌,李友,等. 基于规则的批处理设备调度方法在半导体晶圆制造系统中应用. 上海交通大学学报,2013,47(2):230-235.

[3] 周光辉,张国海,王蕊,等. 采用实时生产信息的单元制造任务动态调度方法. 西安交通大学学报,2009,43(11).

[4] Tan W,Fan Y,Zhou M C,et al. Data-driven service composition in enterprise SOA solutions: A Petri net approach. IEEE Transactions on Automation Science and Engineering, 2010, 7 (3): 686-694.

[5] 卫军胡,韩九强,孙国基. 半导体制造系统的优化调度模型. 系统仿真学报,2001,13(2):133-135,138.

[6] Holzinger A,Dehmer M,Jurisica I. Knowledge discovery and interactive data mining in bioinformatics-state-of-the-art, future challenges and research directions. BMC bioinformatics,2014,15(6):I1.

[7] Anzai, Yuichiro. Pattern recognition & machine learning. Elsevier,2012.

[8] Blei D M, Ng A Y, Jordan M I. Latent dirichlet allocation. Journal of Machine Learning Research,2003,1(3):993-1022.

[9] Seng J L,Chen T C. An analytic approach to select data mining for business decision. Expert Systems with Applications, 2010,37(12):8042-8057.

[10] Li T S,Huang C L,Wu Z Y. Data mining using genetic programming for construction of a semiconductor manufacturing yield rate prediction system. Journal of Intelligent Manufacturing, 2006,17(3):355-361.

[11] Chen Z M,Gu X S. Job shop scheduling with uncertain processing time based on ant colony system. Journal of Shandong University of Technology,2005:74-79.

[12] Qiu X,Lau H Y K. An AIS-based hybrid algorithm for static job shop scheduling problem. Journal of Intelligent Manufacturing,2014,25(3):489-503.

[13] Senties O B,Azzaro-Pantel C,Pibouleau L, et al. Multiobjective scheduling for semiconductor manufacturing plants. Computers & Chemical Engineering, 2010,34(4),555-566.

[14] Wu J Z,Hao X C,Chien C F,et al. A novel bi-vector encoding genetic algorithm for the simultaneous multiple resources scheduling problem. Journal of Intelli-

gent Manufacturing, 2012, 23 (6): 2255-2270.

[15] 闫博,王中杰. 基于机器加工能力的半导体生产线多智能体建模. 系统仿真技术, 2007,1-28.

[16] Lee Y F,Jiang Z B,Liu H R. Multiple-objective scheduling and real-time dispatching for the semiconductor manufacturing system. Computers & Operations Research,2009,36(3):866-884.

[17] Senties O B,Azzaro-Pantel C,Pibouleau L,et al. A neural network and a genetic algorithm for multiobjective scheduling of semiconductor manufacturing plants. Industrial & Engineering Chemistry Re-

search,2009,48(21):9546-9555.

[18] 张怀,江志斌,郭乘涛,等. 基于 EOPN 的晶圆制造系统实时调度仿真平台. 上海交通大学学报,2006,40(11):1857-1863.

[19] Amin S H,Zhang G. A multi-objective facility location model for closed-loop supply chain network under uncertain demand and return. Applied Mathematical Modelling,2013,37(6):4165-4176.

[20] 施於人,邓易元,蒋维. eM-Plant 仿真技术教程. 北京: 科学出版社,2009.

[21] 廖海燕. Access 数据库与 SQL-Server 数据库的区别及应用. 计算机光盘软件与应用,2010,1(5):146-148.

第8章

大数据环境下
的半导体制造
系统调度发展
趋势

随着大数据时代的到来，传统制造行业在获取、处理、分析大数据的过程中，如何有效挖掘其隐含的模式和规则，用来指导和预测未来，从而实现数据的价值转换，被视为未来获得竞争优势的主要途径。因此，半导体制造业应充分利用其高度自动化、信息化、数字化优势，以领头羊的姿势实现大数据环境下的智能制造探索。如何有效获取、存储、分析、解释工业大数据，挖掘其隐含的模式和规则，用来指导和预测未来是大数据环境下的半导体调度的关键挑战。

8.1 工业 4.0

工业 4.0 又称第四次工业革命，最初为德国政府的一项高科技战略举措，旨在确保德国未来的工业生产基地的地位[1]。工业 1.0 首次使用机械生产代替手工劳作，经济社会从以农业、手工业为基础转型为工业、机械制造带动经济发展的新模式，但这一阶段的机械制作粗糙，只能完成有限的工作。工业 2.0 发展新的能源动力——电力，极大地促进电气机械的发展，带动产品批量生产，提高生产效率。工业 3.0 为电子信息化时代，以互联网为主的信息技术的快速发展，极大地提高了生产的自动化程度，机器逐步替代人类作业。工业 4.0 意在充分利用嵌入式控制系统，实现创新交互式生产技术的联网，相互通信，即物理信息融合系统，将制造业向智能化转型[1]，如图 8-1 所示。

工业 4.0 的发展历程如图 8-2 所示。工业 4.0 提出的契机是物联网和物理信息融合系统的发展。1999 年，在研究物品编码（RFID）技术时 Ashton 教授提出了物联网的概念。2005 年，世界信息峰会上，国际电信联盟发布了《ITU 互联网报告 2005：物联网》[2]。物联网借助于传感器、嵌入式技术、网络技术、通信技术等，将具备网络接口的设备连接、通信、管理、控制。而物理信息融合系统（Cyber Physical System，CPS）首先由美国在 2006 年提出，被定义为具备物理输入输出且可相互作用的元件组成的网络，它是物理设备与互联网紧密耦合的产物[1]。2010 年 7 月，德国政府通过了《高技术战略 2020》，把工业确定为十大未来项目之一[3]。2011 年，德国汉诺威工业博览会上，工业 4.0 一词首次被提出。在 2012 年 10 月由罗伯特·博世有限公司的 SiegfriedDais 及德国科学院的 HenningKagermann 组成的工业 4.0 工作小组，向德国政府提出了工业 4.0 的实施建议。而在 2013 年德国政府正式将工业 4.0 纳入国家战略。相对于德国的工业 4.0，中国在 2015 年提出"中国制造 2025"，旨在全面提升制造水平，实现制造强国战略目标。美国政府则提出"工业互联网"，通过数字化转型，提高制造业水平。物理信息融合系统（Cyber Physical System，CPS）首先由美国提出，被定义为具备物理输入输出且可相互作用的元件组成的网络。它是物理设备与互联网紧密耦合的产物，而物联网正是这一系统的体现。物联网借助于传感器、嵌入式技术、网络技术、通信技术，将具备网络接口的设备连接、通信、控制。随着各项技术的进步，特别是 5G 技术的应用，未来的物联网将实现"万物互联"。

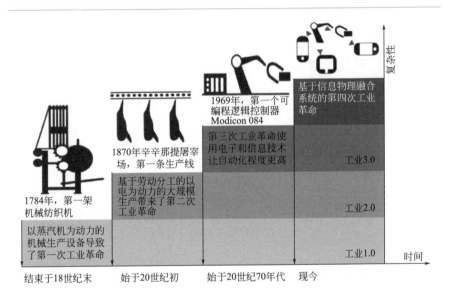

图 8-1　工业革命发展历程（来源：DFKI 2011）

工业 4.0 自提出到现在，进展缓慢，很多方面面临诸多挑战。具体挑战来自于技术改进、工厂变革、软硬件平台和教育水平等。工业 4.0 依赖的技术有工业物联网、云计算、工业大数据、3D 打印、工业机器人、工业网络安全、工业自动化、人工智能等，而这些技术目前还远远没有达到成熟运用到工业的程度，处于发展的初级阶段。关键的通信技术还处于第四代，5G 技术还在研发，工业的网络化控制无法实时，延迟的机器状态信息也给控制带来了困难。另一方面，经过前几十年的发展，大部分工厂的组织结构和工作方式已经固定，工业 4.0 需要工厂进行大刀阔斧地变革，而收益在短期内又无法取得，工厂还处于犹豫阶段。同时，没有相应成熟的软硬件可以对工业产品状态监测，反馈给工人，来对机器实时调整。还有，工业 4.0 对于工厂工作人员的教育水平要求较高，而这方面存在跨学科人才缺口，高校也缺失对口的专业和技能培养。

挑战同样带来诸多机遇。部分产业，诸如人工智能、服务型机器人在工业 4.0 的背景下兴起，促进新兴技术发展和大众就业。工业 4.0 为企业提供了平台，企业可以利用平台建立自己的发展策略，借助新一代信息技术，创造更多的经济效益。工业 4.0 可以很好地采用分布式控制，大企业的"垄断"情况得到缓解，中小企业发挥自己的优点，促进产业平衡。第三世界发展中国家可以在这次浪潮中快速发展，摆脱贫困，促进世界的发展平衡。

图 8-2 工业 4.0 的发展历程

未来的工业 4.0 借助物联网，实现"万物互联"，全面掌握产品整个生产周期的历史、实时的生产过程和设备状态，对设备实时监测，控制和进行预测性维护，提高资源利用效率、设备的生产效率和人员利用效率，打造真正的"智能工厂"。

8.2 工业大数据

对于工业领域而言，大数据并不是一个完全陌生的名词。从 20 世纪 80 年代起，工业领域就开始利用历史数据库来管理生产过程中的数据。随着工业 4.0 时代的到来，工业领域产生的数据也呈现出爆炸性增长的趋势。无论是公司企业还是政府机构，对工业大数据的关注度日益增长。

虽然很多机构和学者都对大数据、工业大数据进行了定义[4-12]，但大数据仍是一个抽象的概念，"大数据"和"大量数据"之间的区别仍很模糊。一般来说，工业大数据是指贯穿工业整个价值链的、可通过大数据分析等技术实现智能制造的快速发展的海量数据。

工业大数据的发展及应用主要经历了以下三个阶段，如图 8-3 所示。

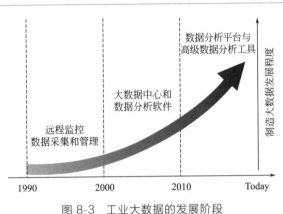

图 8-3　工业大数据的发展阶段

第一阶段（1990～2000）：20 世纪 90 年代，设备作为工业的重要组成部分，直接影响着企业的经济效益，所以一旦设备出现故障将会对企业造成巨大损失。因此公司研发了以远程监控和数据采集与管理为主要技术的产品监控系统，通过传输设备对产品进行实时监控，大大减少了由于故障造成的损失。OTIS 是世界上最大的电梯制造公司，1998 年该公司推出电梯远程监控中心 REM（Remote Elevator Mainte-nance），该监控中心通过获取电梯的运行数据，不仅可以对电梯进行远程监督与故障维修，还能在发生突发情况时与用户及时联系，保障用户安全。

第二阶段（2001～2010）：与第一阶段的远程监控不同，第二阶段采用大数据中心综合管理产品，通过数据分析软件从数据中挖掘价值，为产品的使用和管理提供最优的解决方案。以法国为例，受大数据时代影响，法国加大了信息系统建设，于 2006 年建设了 16 个重大的数据中心项目。其中，法国电信旗下企业 Orange 在法国高速公路数据检测的基础上，利用大数据中心进行数据挖掘与分析，通过云计算系统为车辆提供实时准确的道路信息，为用户的出行提供便利。

第三阶段（2011 年至今）：即"工业大数据"时代。为满足工业大数据的业务需求，大数据中心开始向大数据分析平台转变，该平台集大数据集成技术、大数据存储技术、大数据处理技术、大数据分析技术和大数据展示技术为一体，可以满足多种类型的数据获取与存储，且在性能方面具有高容错性、高安全性和低成本等特点。目前数据分析平台主要有以工具为主和以解决方案为主两种形式。以工具为主的平台，比如 IMS（Intelligence Maintenance System）与美国 NI（National Instruments）合作开发的基于 LabVIEW 的 Watchdog Agent，该系统以工业透明化的特征确保信息获取的正确性，便于管理者做出正确的评估；而且它还可以通过大数据分析工具有针对性地满足用户不同方面的要求，为他们提供解决问题的方案；GE 的工具互联网 Predix 是以解决方案为主的平台（Solution-Based Ecosystem Platform）的典型案例，在该平台上开发者与用户可以自由沟通，由用户提出需求，开发者根据其需求开发出定制化的数据分析和应用解决方案。

随着企业生产线和生产设备内部的信息流量增加，制造过程和管理工作的数据量暴涨，"以动态数据驱动业务发展并提升企业核心竞争力"的理念逐渐被大部分企业接受和重视。在这种情况下，制造系统由原先的能量驱动型加速转变为数据驱动型，数据成为制造企业应当重视并充分利用的新的资源。因此，"以数据为中心"必将成为制造系统进一步发展的重要趋势，工业大数据分析方法势必成为智能制造的关键技术实现手段。

8.3 大数据环境下半导体制造调度发展趋势

随着信息技术的发展，ERP、MES、APC、SCADA 等信息系统产生了丰富的数据，这些数据中含有丰富的调度相关知识，可以用于解决复杂的调度问题，即利用大数据技术从相关的在线/离线数据中提取有用的知识，以帮助更好地构建调度模型。基于数据的方法实际上是利用历史知识，而不是从新的数据空间探索可行的解决方案，这样可以节省大量的计算资源和计算时间。

8.3.1 基于数据的 Petri 网

收集来自管理系统的生产线设备布局数据和产品工艺流程信息，并将其映射为时间 Petri 网模型，并在模型中引入一些启发式调度规则[13]。Mueller 等[14] 提出了一种将半导体制造系统的数据映射转化为面向对象的 Petri 模型的方法，模型的基本要素包括设备的生产过程、工艺流程信息、设备和工具信息。该方法考虑了批处理过程、刀具和设备的停机时间以及返工作业，容易造成生产线过于简化的不足，无法将半导体制造系统的非零状态纳入模型中。

8.3.2 动态仿真

受仿真软件平台的限制，静态仿真模型的结构难以修改以适应物理制造环境。因此，基于生产线的静态和动态信息，建立能够反映实际加工情况的离散事件仿真模型受到了广泛关注[15]。动态仿真的缺点是数据到模型的转换在工厂模拟中受到限制，而工厂模拟是一种特殊的模拟软件，即转换方法的通用性有待进一步提高。

8.3.3 预测模型

通过大数据技术挖掘制造系统中各种数据中的知识，发现与生产线属性相关的规则和模式，有助于更加准确地描述生产线的状态，使其与物理制造环境相一致。结合生产制造过程中产生的实时数据，可以预测未来的生产参数或性能指标，有助于更好地指导生产调度。

加工时间预测：Baker 等[16] 将气体流量、射频功率、温度、压力、直流偏置电压等监测数据记录作为神经网络的输入，预测离子腐蚀过程的运行时间。Zhu 等[17] 利用 MES 中的制造信息，基于支持向量机构建加工时间预测模型，结果表明一个工作步骤的加工时间，包括等待时间、设备调整时间、纯加工时间、目视检查时间，是由机器的状态、硅片的属性和工人的操作习惯决定的。

故障发生预测：为了预测生产线故障的发生并调整模型配置，Susto 等[18] 提出了采用高斯核密度估计预测技术的卡尔曼预测器和粒子滤波预测技术，并比较了它们在监测晶圆温度方面的准确性，以防止有缺陷晶圆的生产。Kikuta 等[19] 将相关历史数据、专家经验等信息集成到知识管理系统，分析半导体制造设备的平均故障恢复时间，提高维修效率。

周期时间预测：Chang 等[20] 结合自组织映射采用基于案例推理、反向传播网络、模糊规则等方法，有效提高了半导体制造中周期时间的预测精度。Meidan 等[21] 采用最大条件互斥法和选择性朴素贝叶斯分类器进行特征选择，从 182 特征中提取出最重要的 20 个影响硅片加工周期的因素，有效地提高了预测精度近 40%。

8.4 应用实例：复杂制造系统大数据驱动预测模型

在晶圆制造过程中，工件加工周期的预测是每个制造商都最为重视的任务之一。对于加工周期的准确预测可以帮助制造商加强对于自身生产线状况的了解，强化与客户之间的联系，把握住市场动态形势，实现可持续发展。

在晶圆制造生产线中部署有不同层次多粒度的数据管理系统，能够采集生产线最底层执行机构的动作数据、制造过程中生产线所有资源的状态信息以及管理制造企业的业务和管理信息等。晶圆加工周期的预测是对经过预处理的工业大数据的实际应用，图 8-4 所示的预测方法包括预测模型的离线训练及在线调用模块。构建基于工业大数据的加工周期预测模型时，首先依据数据中提取出的知识对晶圆进行分类处理；然后对不同类别的晶圆数据进行相关性分析，选择出与加工周期对应的输入变量，构造预测模型。

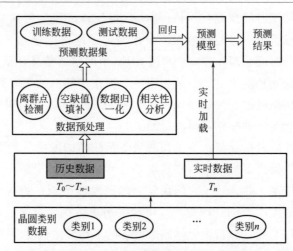

图 8-4　基于工业大数据的预测方法框架

晶圆加工周期的分类与构成：晶圆加工周期指的是晶圆从原材料投入生产开始，按照派工规则完成既定的工艺流程，到产品加工完成的全部时间。晶圆的加工周期影响因素为与工件相关的晶圆固有属性、晶圆加工状态、工艺流程等，以及与生产线相关的加工路线中的设备号、设备的负载、WIP、排队队长等。

晶圆加工周期预测：晶圆制造的管理系统将采集的数据传输到生产数据库中，其中生产初始时刻为 T_0，当前时刻为 T_n，$T_0 \sim T_{n-1}$ 时刻的生产数据为历史数据，T_n 时刻的数据为实时数据；对历史数据进行各种预处理之后，得到可用于预测建模的数据集，对数据集中的数据建立回归关系后可得到相应的预测模型，同时将实时数据作为输入代入回归关系则可以得出对应的预测结果。考虑到支持向量回归算法在处理非线性及小样本数据上的优势，综合运算效率和预测精度，选择支持向量机作为回归算法。

以上海某晶圆制造企业 5in、6in 产品混合生产线采集的生产数据为研究对象，验证上述预测方法框架及算法的有效性。选取该企业 3 个月的生产数据，其生产线上同期有数百种不同工艺流程的产品，该企业数据管理系统共产生了 970286 条有效生产数据。首先按照晶圆的固有属性如晶圆大小、型号、光刻掩模版号、技术号等进行初步分类；对其数据进行预处理后整理出晶圆完整加工信息。取某型号晶圆的加工周期作为研究样本，其中该类晶圆工艺流程共有 45 道工序，按本书方法共生成 406 个样本、224 个特征变量，经降维处理后剩余 179 个特征变量；采用 10 重交叉验证建立模型后得到的加工周期预测结果如图 8-5 所示。

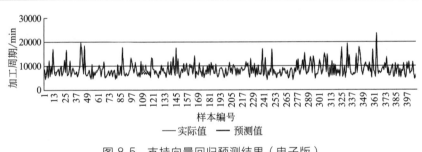

图 8-5　支持向量回归预测结果（电子版）

8.5　本章小结

本章主要介绍了大数据环境下的半导体制造系统调度发展趋势。以介绍工业 4.0 为开端，接着介绍了工业大数据及其发展的三个阶段。基于工业 4.0 和工业大数据的基础，介绍了大数据环境下半导体制造调度发展趋势，包括：基于数据的 Petri 网、动态仿真、预测模型；最后以一个具体的应用实例"复杂制造系统大数据驱动预测模型"来说明大数据环境下半导体制造调度问题。

参考文献

---

［1］　乌尔里希·森德勒. 工业 4.0：即将来袭的第四次工业革命[M]. 邓敏，李现民译. 北京:机械工业出版社,2014.

［2］　刘云浩. 物联网导论[M]. 北京:科学出版社，2010.

［3］　什么是工业 4.0？［2019］. http://www.gii4.cn/about.shtml# gy.

［4］　Villars R L,Olofson C W,Eastwood M. Big data:What it is and why you should care [J]. White Paper,IDC,2011:14.

［5］　Luo S,Wang Z,Wang Z. Big-data analytics: Challenges, key technologies and prospects［J］. ZTE Communications, 2013,2:11-17.

［6］　Sagiroglu S,Sinanc D. Big data:A review ［C］//Collaboration Technologies and Systems(CTS), 2013 International Conference on. IEEE,2013:42-47.

［7］　Wielki J. Implementation of the big data concept in organizations-possibilities,impediments and challenges[C]// Computer Science and Information Systems. IEEE, 2013:985-989.

［8］　Wan J,Tang S,Li D,et al. A manufacturing big data solution for active preventive maintenance［J］. IEEE Transactions on Industrial Informatics, 2017, 2（16）: 2039-2047.

［9］　Addo-Tenkorang R,Helo P T. Big data applications in operations/supply-chain management:A literature review[J]. Computers & Industrial Engineering, 2016, 101:528-543.

［10］　Lee J. Industrial big data: The revolutionary transformation and value creation in industry 4.0 era[M]. Beijing:China Machine Press,2015.

［11］　顾新建,代风,杨青梅,等. 制造业大数据顶层设计的内容和方法(上篇)[J]. 成组技术与生产现代化,2015,32(4):12-17.

［12］　Mourtzis D,Vlachou E,Milas N. Industrial big data as a result of IoT adoption in manufacturing[J]. Procedia Cirp, 2016, 55:290-295.

［13］　Gradišar D, Muši č G. Automated Petri-net modelling based on production management data［J］. Mathematical and Computer Modelling of Dynamical Systems,2007,13(3):267-290.

［14］　Mueller R,Alexopoulos C,McGinnis L F. Automatic generation of simulation models for semiconductor manufacturing[C]//Proceedings of the 39th conference on winter simulation: 40 years! The best is yet to come. IEEE Press, 2007:648-657.

［15］　Ye K,Qiao F,Ma Y M. General structure of the semiconductor production scheduling model[C]//Applied Mechanics and Materials. Trans Tech Publications,2010,20:465-469.

[16] Baker M D,Himmel C D,May G S. Time series modeling of reactive ion etching using neural networks[J]. IEEE Transactions on Semiconductor Manufacturing,1995,8(1):62-71.

[17] Zhu X C,Qiao F. Processing time prediction method based on SVR in semiconductor manufacturing[J]. Journal of Donghua University(English Edition), 2014(2):98-101.

[18] Susto G A,Beghi A,De Luca C. A predictive maintenance system for epitaxy processes based on filtering and prediction techniques [J] . IEEE Transactions on Semiconductor Manufacturing, 2012,25(4):638-649.

[19] Kikuta Y,Tsutahara K,Kinaga T,et al. The knowledge management system for the equipment maintenance technology[C]//2007 International Symposium on Semiconductor Manufacturing. IEEE,2007:1-4.

[20] Chang P C,Liao T W. Combining SOM and fuzzy rule base for flow time prediction in semiconductor manufacturing factory [J] . Applied Soft Computing, 2006,6(2):198-206.

[21] Meidan Y,Lerner B,Rabinowitz G,et al. Cycle-time key factor identification and prediction in semiconductor manufacturing using machine learning and data mining[J]. IEEE Transactions on Semiconductor Manufacturing, 2011, 24 (2): 237-248.

索　引